图 1-3-1

图 2-1-2

图 2-1-26

图 2-2-1

图 2-2-16

图 2-3-1

图 2-3-18

图 3-1-3

图 3-1-15

图 3-2-8

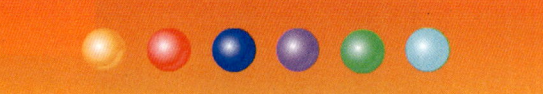

图 3-2-39

五彩缤纷的文字

图 3-3-4

图 3-3-14

送上 可爱生日帽

图 3-4-2

图 3-4-33

图 3-5-3

图 3-5-17

hello

图 4-1-4

FLASH
动画制作的首选

图 4-1-17

少壮不努力　老大徒伤悲

图 4-2-2

图 4-2-11

图 5-1-1

图 5-1-26

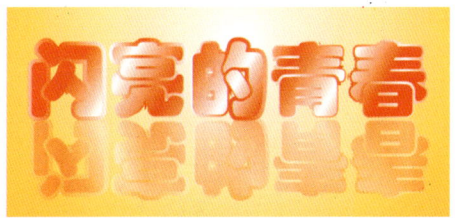

图 5-2-1

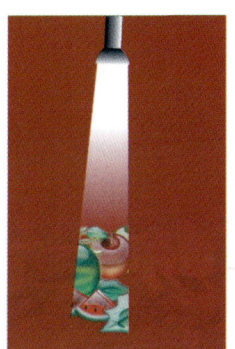

图 5-2-17

图 5-3-1

图 5-3-17

图 5-4-1

图 5-4-16

图 6-1-1

图 6-1-23

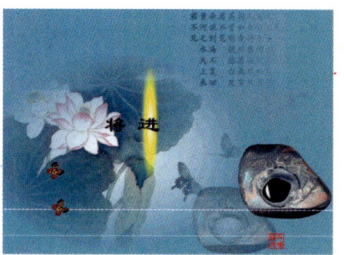

图 6-2-1

图 6-2-20

图 6-3-1

图 6-3-7

图 7-1-5

图 7-1-17

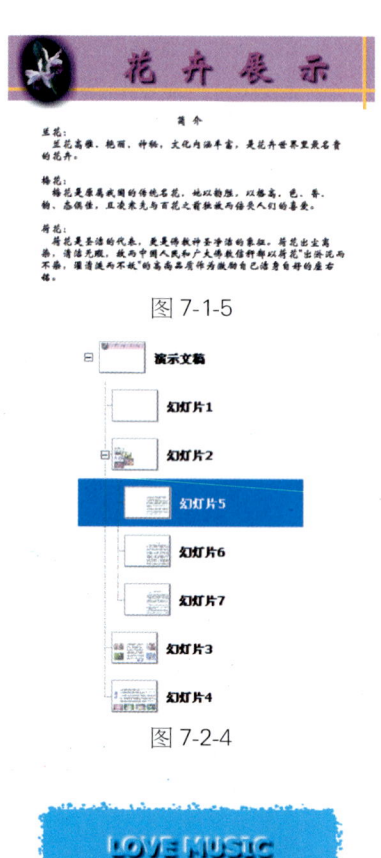

图 7-2-4

图 7-2-9

图 8-1-1

图 8-1-10

图 8-2-6

图 8-2-18

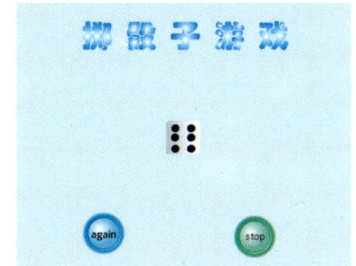

图 9-2-1

图 9-2-17

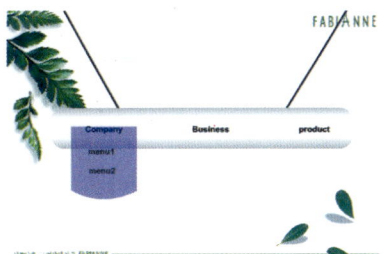

图 9-3-1

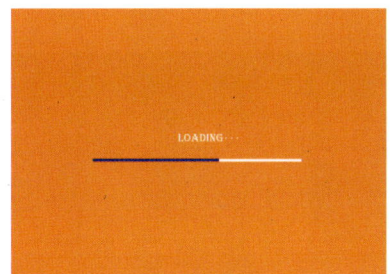

图 9-3-23

图 9-3-24

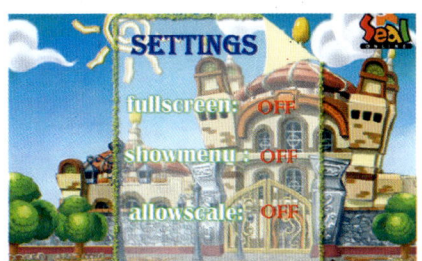

图 9-4-1

图 9-4-19

图 10-1-1

图 10-1-12

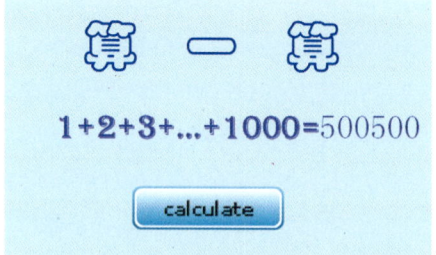

图 10-2-1

图 10-2-13

图 10-3-1

图 10-3-9

图 10-4-1

图 10-4-19

图 10-5-1

图 10-5-11

图 10-6-1

图 10-6-2

图 10-6-3

图 10-6-19

图 11-1-3

图 11-1-11

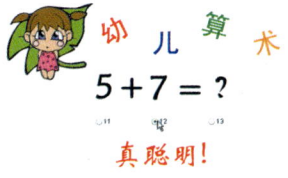

图 11-2-1

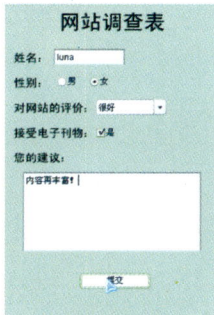

图 11-2-9

调查结果

图 11-2-10

图 12-1-1

图 12-1-12

图 12-2-1

图 12-2-13

图 12-3-1

图 12-3-11

华东师范大学出版社

ERWEIDONGHUAZHIZUO

二维动画制作

Flash 8.0

（第二版）

职业教育多媒体应用技术专业教学用书

主 编 陆 莹

华东师范大学出版社

·上海·

图书在版编目(CIP)数据

二维动画制作 Flash 8.0/陆莹主编. —上海:华东师范大学出版社
中等职业学校教材
ISBN 978 - 7 - 5617 - 5924 - 0

Ⅰ.二... Ⅱ.陆... Ⅲ.动画-设计-图形软件,Flash 8.0-专业学校-教材 Ⅳ.TP391.41

中国版本图书馆 CIP 数据核字(2008)第 029260 号

二维动画制作 Flash 8.0(第二版)

职业教育多媒体应用技术专业教学用书

主　　编　陆　莹
责任编辑　李　琴
审读编辑　李云凤
装帧设计　蒋　克

出版发行　华东师范大学出版社
社　　址　上海市中山北路 3663 号　邮编 200062
网　　址　www.ecnupress.com.cn
电　　话　021 - 60821666　行政传真 021 - 62572105
客服电话　021 - 62865537　门市(邮购)电话 021 - 62869887
地　　址　上海市中山北路 3663 号华东师范大学校内先锋路口
网　　店　http://hdsdcbs.tmall.com

印 刷 者　宜兴市德胜印刷有限公司
开　　本　787 毫米×1092 毫米　1/16
印　　张　17.75
插　　页　4
字　　数　375 千字
版　　次　2010 年 12 月第 2 版
印　　次　2026 年 1 月第 14 次
书　　号　ISBN　978 - 7 - 5617 - 5924 - 0
定　　价　28.10 元

出 版 人　王　焰

出版说明（第二版）

CHUBANSHUOMING

本书是职业学校多媒体应用技术专业的教学用书。

本书将 Macromedia Flash 8.0 作为教学介绍软件，以项目教学和任务驱动为编写的总原则，任务的设计贴近学生的生活、生动有趣，在吸引学生的同时培养其实际的操作能力。

全书共 12 章，具体章节栏目设计如下：

知识点和技能：各章节要求掌握的知识要点和操作技能。

范例：针对知识点和技能的实例项目，配以详细的操作步骤。

小试身手：模仿范例的活动项目，使学生巩固相关知识，拓展视野。

在每个实例中又设计以下栏目：

● 设计结果：给出任务目标，配以效果图展现完成后的动画效果。

● 设计思路：将复杂的操作步骤归纳为一个操作流程。

● 范例解题引导：通过图文并茂的形式，详细讲解实例项目的制作过程，引导学生完成项目任务。

● 小贴士：在讲解过程中给予学生的一些技术和关键性知识的提示。

本次改版主要更新了一些更贴近学生生活的案例。

为了方便老师的教学活动，本书还配套有：

《二维动画制作实训 Flash 8.0(第二版)》：提供与各章节知识点相对应的实例项目，与教材互为补充，可供学生练习使用。

本书相关的素材和资料，请到 have. ecnupress. com. cn 搜索"flash"下载。

华东师范大学出版社

2010 年 10 月

二维动画制作 Flash 8.0

编者的话（第二版）

本书主要以目前常用的二维动画制作软件 Macromedia Flash 8.0 作为介绍对象，使学生通过学习，掌握基本的动画制作技能。

在章节和内容的安排上，本书以任务驱动为主旨，将知识点融入到实际的 Flash 制作中去。本书最大的特点是让学生通过多个实例的操作，掌握相应章节的知识点，书中对各知识点的讲解都是由浅入深、循序渐进的，让学生在做中学、学中做。

党的二十大报告指出，"职业教育应优化类型定位，突出职业教育特点，促进提质培优"。根据二十大"坚持教育质量的生命线""教育要注重以人为本、因材施教，注重学用相长、知行合一"的精神。为了适应中职学生的现有能力水平和今后的就业需求，本书在内容安排上以操作为主、理论为辅，着重培养学生的实际动手能力。让学生在完成具体项目的同时，逐步领会相关知识点，从而掌握相关技能和技巧，做到举一反三、融会贯通。

本书在章节的栏目上做了以下安排：

（1）知识点和技能

该栏目设置在章节的开头，主要介绍当前章节实例中涉及的知识点，目的是让学生对接下来的实例操作能有一个初步的了解。

（2）范例

每节安排一个针对知识点的实例项目，并有详细的操作步骤，让学生能循序渐进地完成任务。

（3）小试身手

在每个范例项目之后，还安排了一个使用相同知识点的实例项目。让学生进一步巩固相关的知识点，拓展自己的视野。

在每个实例中又设计了以下栏目：

● 设计结果

在讲解具体实例项目前，给出任务目标，用效果图配以文字说明，

二维动画制作 Flash 8.0

展现完成后的动画效果。

● 设计思路

将复杂的操作步骤整理归纳成为一个操作流程,使学生在完成实例项目时,不是一味按部就班地操作,而是对项目本身有个总体的认识和规划。

● 范例解题引导

这是范例项目中最重要的部分,通过图文并茂的形式,详细讲解了实例项目的制作过程。在"小试身手"项目中,本栏目变为了"操作提示",以简洁的语句给予学生操作上的提示。

● 小贴士

在活动具体的讲解中,根据需要,给予学生的一些操作技巧和关键性知识的提示信息。

本书根据中职学生的特点,让学生多动手、多参与,充分发挥他们的自主学习能力,激发他们尝试创新的积极性。每章所涉及的实例项目都贴近实际,为学生今后就业积累了实战的经验。使学生从以往只会单一的软件操作变为具有一定设计及编程能力的动画制作人员。

本次改版主要完善了前版中的一些案例,并更新了一些更贴近学生生活的案例。

本书由陆莹主编,参与编写的有:陆莹(第 1、11、12 章)、倪珺(第 5、6 章)、沈贤(第 3、4、7、8 章)、何烨(第 2、9、10 章)。

由于编者学识所限且时间仓促,书中不妥和错误之处,敬请广大读者批评指正。

陆 莹

2023 年 9 月

目　录

二维动画制作 Flash 8.0

第1章　Flash 8.0 基础知识

1.1　初识 Flash 8.0

1.1.1　Flash 简介

Flash 是美国 Macromedia 公司于 1999 年推出的优秀网页动画设计软件。该公司于 2005 年被 Adobe 公司收购,Flash 也就成为 Adobe 旗下的软件,它与同为该公司出品的 Dreamweaver(网页设计)和 Fireworks(图像处理)合称为网页三剑客。

Flash 是一款优秀的二维动画制作软件。我们通过它可以制作出不同形式的动画,如 Flash MTV、Flash 网页、Flash 游戏、Flash 动画短片等,这些都是当今 Internet 上最流行的动画作品。Flash 已经成为实际运用中的交互式矢量动画标准,连微软公司也在其新版的 Internet Explorer 中内嵌了 Flash 播放器。

由于在 Flash 中采用的是矢量作图技术,因此只用少量的数据就可以描述一个复杂的对象,从而大大压缩了动画文件的大小。同时,矢量图像的缩放不会使图像的质量受损。Flash 之所以在网上广为流传,还有一个很重要的原因是它采用了流控制技术,也就是边下载边播放的技术,不用等整个动画文件下载完,就可以开始播放。

Flash 动画是以时间为顺序,由一系列的帧组成的。每一秒中包含的帧数,我们称之为帧频。Flash 除了制作传统的逐帧动画外,还支持过渡变形技术,包括动画补间和形状补间。我们利用过渡变形技术,只需制作出动画的第一帧和最后一帧,中间的过渡帧可通过计算机自动生成。例如:要制作小球从左侧滚动到右侧的动画,我们只要设置小球起始和终止的位置,把剩下的工作交给计算机就可以了。这样不仅可以大大减少动画制作的工作量,缩减动画文件的占用空间,而且过渡效果也会非常流畅。

Flash 动画与过去的传统动画最大的区别就是它具有交互性。用户可以通过键盘、鼠标等工具,使动画更具人性化。目前很多网上流行的 Flash 小游戏、多媒体的动画教学软件就是充分利用 Flash 的这一特性开发制作的。Flash 的交互特性是通过 ActionScript 实现的。ActionScript 是 Flash 的脚本语言,随着其版本的不断更新而日趋完善。我们可以通过 ActionScript 来控制 Flash 动画中的对象、创建导航和交互元素,制作更具吸引力的作品。

尽管 Flash 功能强大,但学习 Flash 并不是一件很难的事。Flash 的设计界面友好,操作方便,对于初学者来说是很容易入门的,只要经过短期的培训,就可以轻松地用 Flash 做出简单的动画。如果想要成为 Flash 高手,则还要花更多的时间在 ActionScript 的理解与应用上。

1.1.2　了解 Flash 8.0 的工作环境

我们对 Flash 已经有了初步的认识,在本书中我们学习的是 Flash 8.0 的版本。Flash 8.0 包含了两种版本:Flash 8.0 和 Flash Professional 8.0。前者主要是针对设计人员开发的,而后者主要是针对高级设计人员和程序开发者开发的。在本书中我们使用的是 Flash Professional 8.0 版本,下面我们就对它的界面做一个简单的介绍,如图 1-1-1 所示:

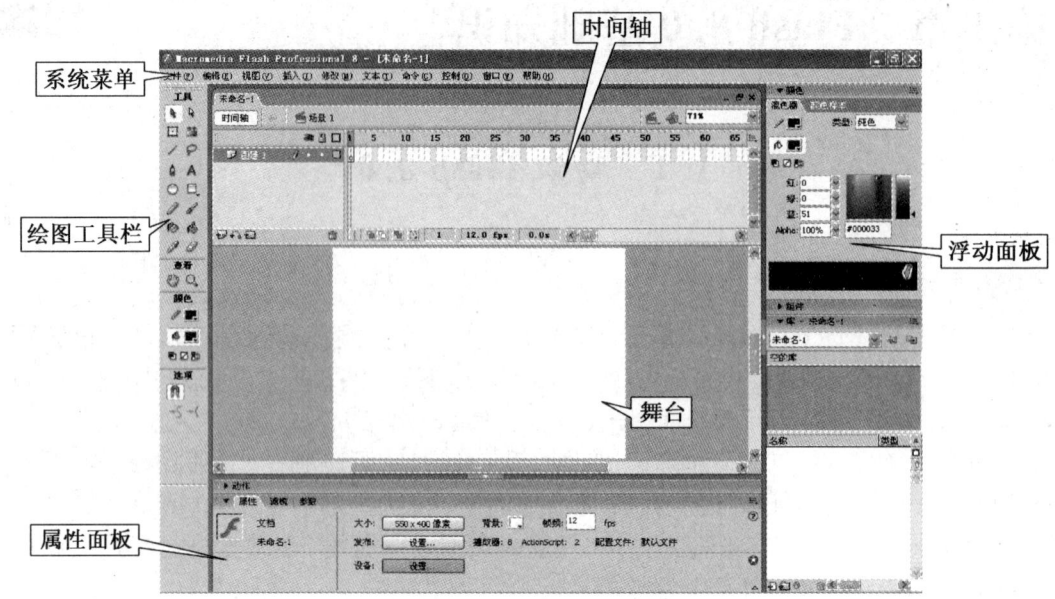

图 1-1-1　操作界面

1. 系统菜单

系统菜单主要包含了"文件"、"编辑"、"视图"、"插入"、"修改"、"文本"、"命令"、"控制"、"窗口"、"帮助"这十个菜单。通过这些菜单中的命令,我们可以实现文件管理、图形和动画的编辑、文本的制作,以及界面设置、动画测试等多项操作。

2. 绘图工具栏

绘图工具栏包含了多种工具,用于绘图、上色、选择、修改插图和更改舞台视图等多项工作。绘图工具栏被划分为"工具"、"查看"、"颜色"和"选项"这四个区域。"工具"区域包含了绘图、上色和选择工具。"视图"区域包含了在应用程序窗口内进行缩放和移动的工具。"颜色"区域包含了用于笔触颜色和填充颜色的功能键。"选项"区域显示用于当前所选工具的功能键。

3. 舞台

在操作界面中心的白色矩形区域被称为舞台。我们在创建 Flash 文档时,在该区域中放置图形内容,这些图形内容包括矢量插图、文本框、按钮、导入的位图图形或视频剪辑等。所有的动画元素将在这个区域内呈现出来,因此,我们在具体的操作时,一定要注意当前动画元素是否在舞台上,如果超出舞台的范围,就无法看到动画效果了。为了制作方便,我们可以在操作时对其放大或缩小以调整舞台的视图。

4. 时间轴

时间轴用于组织和控制文档内容在一定时间内播放的图层数和帧数。与胶片一样,Flash 文档也将时长分为帧。图层就像堆叠在一起的多张幻灯胶片一样,每个图层都包含一个显示在舞台中的不同图像。时间轴的主要组件是图层、帧和播放头。时间轴左侧显示的是图层列,右侧为其所对应的帧。时间轴顶部的时间轴标题显示帧编号。播放头指示当前在舞台中显示的帧。播放 Flash 文档时,播放头从左向右通过时间轴。时间轴状态显示在时间轴的底部,它指示所选的帧编号、当前帧频和到当前帧为止的运行时间。

5. 属性面板

通过属性面板,我们可以快速地设定当前选定对象的属性,而不用访问控制这些属性的菜单或面板。属性面板中的显示内容取决于当前选定的对象,它可以显示当前文档、文本、元件、形状、位图、视频、组、帧和工具的信息和设置。当选定了两个或多个不同类型的对象时,属性面板会显示选定对象的总数。

6. 浮动面板

Flash 中的各种面板可以帮助我们查看、组织和更改文档中的元素。面板中的可用选项控制着元件、实例、颜色、类型、帧和其他元素的特征。我们可以通过显示特定任务所需的面板并隐藏其他面板来自定义 Flash 界面。通过浮动面板可以处理对象、颜色、文本、实例、帧、场景和整个文档。默认情况下,面板以组合的形式显示在 Flash 工作区的右侧。

1.2 文档的创建、发布与导出

1.2.1 文档的创建

当我们每次打开 Flash 8.0 时,都会显示起始页界面,如图 1-2-1 所示。在起始页界面我们可以快速打开最近编辑过的项目、创建不同类型的项目,以及根据需要利用现有的模板建立项目。

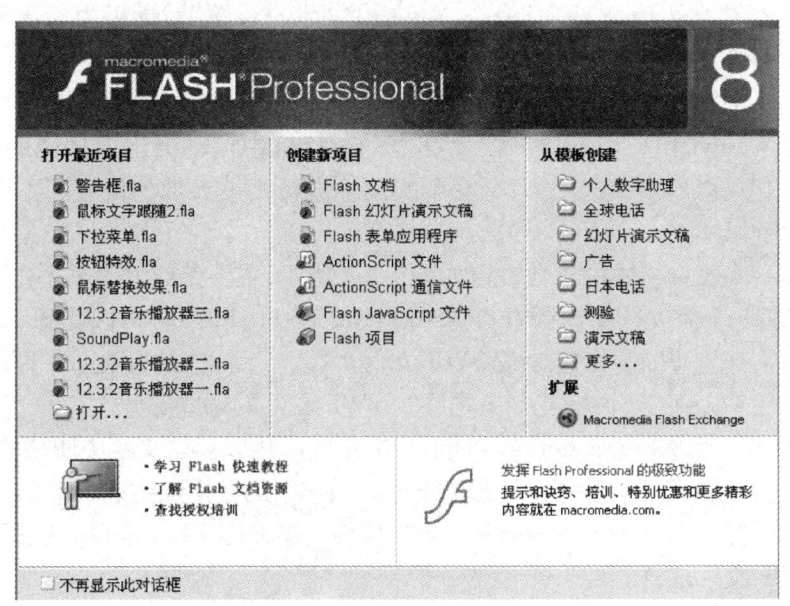

图 1-2-1 起始页

例如:要制作一个 Flash 测验小程序,我们可以通过选择起始页中"从模板创建"选项的"测验"来快速建立测验项目,所要做的工作就是将模板里的试题内容进行修改即可。

除了通过起始页来建立新文档外,我们还可以通过执行菜单"文件/新建"命令,在弹出的"新建文档"对话框中选取文档的类型,如图 1-2-2 所示。

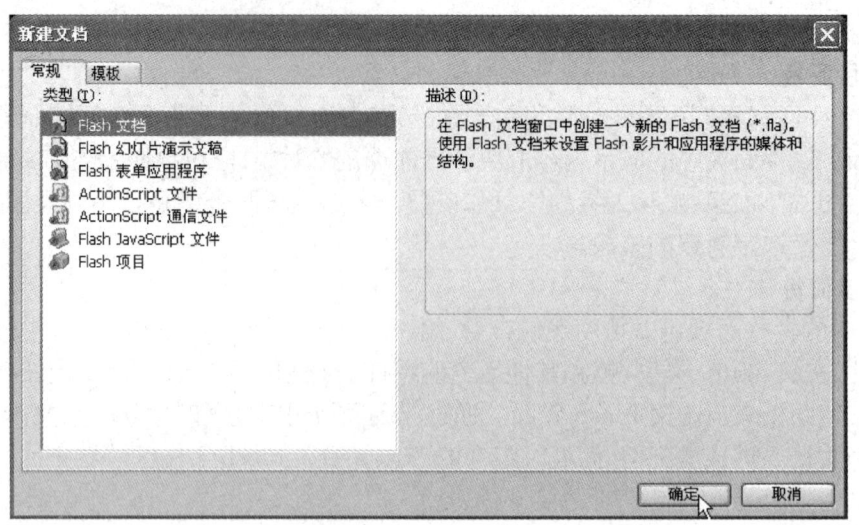

图 1-2-2　新建文档

1.2.2　文档的发布与导出

Flash 文档的保存操作与其他的一些应用软件相同,通过执行菜单"文件/保存"命令,选择相应的保存路径即可。Flash 的保存文件格式为 *.fla。

Flash 的原文件是无法直接插入网页或者直接打开播放的。因此,我们要将它转换为其他格式。执行菜单"文件/发布设置"命令,在弹出的"发布设置"对话框中勾选所要发布文件的格式即可,如图 1-2-3 所示。

Flash 在提供这些不同的发布格式时,同时提供了该文件格式的一些参数的选择。如图 1-1-4 中选择了 *.swf 和 *.html 格式后,在当前对话框中自动会出现相应的选项卡 Flash 和 HTML。我们可以单击该选项卡,对发布的文件进行相关参数的设置。下面对常用文件格式的参数进行说明。

Flash(*.swf)文件格式的参数设置如图 1-2-4 所示,主要参数说明如下:

● 版本:选择一个播放器版本,版本为 Flash Player 1~Flash Player 8 以及 Flash lite 1.0/1.1。

● 加载顺序:指定 Flash 如何加载 SWF 文件。"由下而上"或"由上而下"控制着 Flash 在速度较慢的网络或调制解调器连接上先绘制 SWF 文件的哪些部分。

● ActionScript 版本:选择 ActionScript 1.0 或 2.0,用以反映文档中使用的版本。

● 生成大小报告:可按文件列出的最终 Flash 内容中的数据量生成一个报告。

● 防止导入:用于防止他人导入 SWF 文件并将其转换回 FLA 格式。选择此选项后,可以为 Flash SWF 文件加密。

● 省略 trace 动作:使 Flash 忽略当前 SWF 文件中的跟踪动作(trace)。

● 允许调试:激活调试器并允许远程调试 Flash SWF 文件。

● 压缩影片:压缩 SWF 文件以减小文件大小和缩短下载时间。此选项为默认选项,当文件包含大量文本或 ActionScript 时,使用此选项十分有益。经过压缩的文件只能在 Flash Player 6 或更高版本中播放。

● JPEG 品质:控制位图压缩,图像品质越低,生成的文件就越小;图像品质越高,生成的文件就越大。
- 音频流：为 SWF 文件中的所有声音流设置采样率和压缩方式。
- 音频事件：为 SWF 文件中所有事件声音设置采样率和压缩方式。

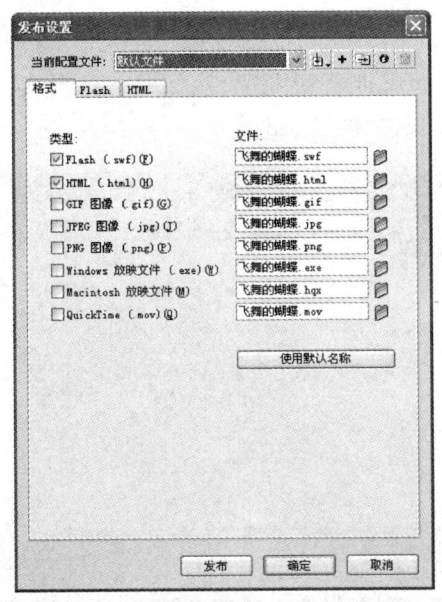

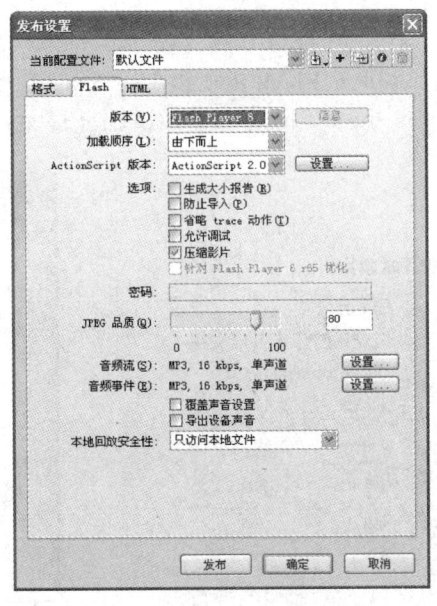

图 1-2-3　发布设置　　　　　　　　图 1-2-4　Flash 格式发布参数

　　我们可以利用"文件/导出"命令，将 Flash 内容直接导出为单一的格式。例如，当我们要导出静止图像格式时，执行"文件/导出/导出图像"命令，可将当前帧内容或当前所选图像导出为静止图像格式或导出为单帧 Flash Player 应用程序。而执行"文件/导出/导出影片"命令，选取"JPEG 序列文件"，则可以将 Flash 文档导出为静止图像格式，并且可以为文档中的每一帧都创建一个带有编号的图像文件。

1.3　制作简单的动画

　　在 Flash 中可以直接使用绘图工具绘制动画元素，也可利用现有的一些素材来完成动画的制作。由于我们对绘图工具还不熟悉，因此，在下面的例子中将使用现有的素材来完成蝴蝶飞舞的动画。

设计结果
　　制作蝴蝶在花丛中飞舞的效果。如图 1-3-1 所示。

设计思路
　　(1) 导入素材背景和蝴蝶。
　　(2) 制作动画。
　　(3) 导出动画。

图 1-3-1　"飞舞的蝴蝶"效果图

范例解题引导

Step1　首先要进行的工作是导入素材背景和蝴蝶动画。

（1）打开 Flash 8.0 后，在起始页选择"创建新项目"中的"Flash 文档"，如图 1-3-2 所示。

（2）在进入 Flash 8.0 的工作界面后，先为画面添加背景图片，执行"文件/导入/导入到舞台"命令，在弹出的导入对话框中选择素材 1.3.1a，如图 1-3-3 所示。

图 1-3-2　创建新文档

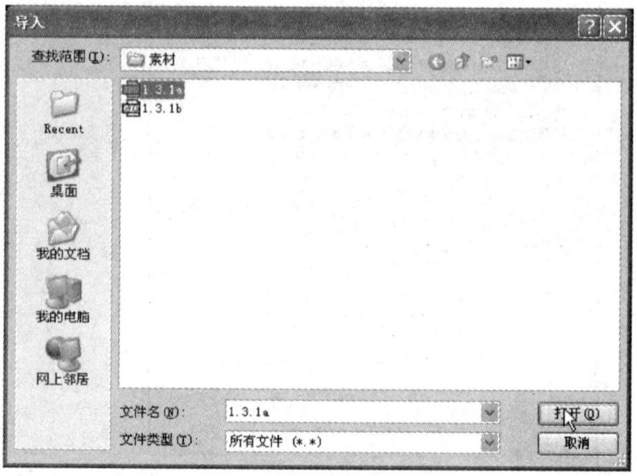

图 1-3-3　选择导入图片

（3）确保当前绘图工具栏中选择的是选择工具 ，利用选择工具将导入的图片移动至舞台的左上角，注意将图片的左上角与舞台的左上角重合，如图 1-3-4 所示。

图 1-3-4　移动图片

（4）单击舞台中的白色区域，此时底部的属性面板变为文档属性，如图 1-3-5 所示。

图 1-3-5　设置文档属性

（5）单击文档属性面板中的"文档属性"按钮，在弹出的文档属性对话框中的"匹配"项中选中"内容"一项，并确认，如图 1-3-6 所示。

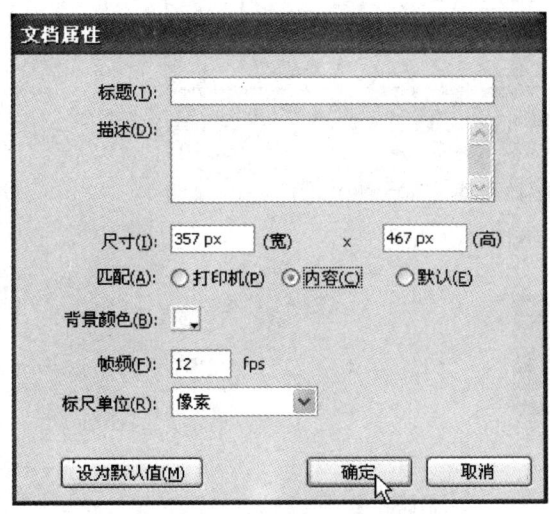

图 1-3-6　设置文档属性

小贴士

　　选择匹配项中的"内容"，可以让舞台自动调整到与背景图相匹配的大小。

（6）执行"插入/创建新元件"命令，在弹出的对话框中选择影片剪辑，并取名为"蝴蝶"，如图 1-3-7 所示。

图 1-3-7　创建影片剪辑

（7）此时我们进入了"蝴蝶"影片剪辑的编辑状态，执行"文件/导入/导入到舞台"命令，在弹出的导入对话框中选择素材 1.3.1b，如图 1-3-8 所示。

（8）导入后，时间轴上将出现 12 帧的动画，如图 1-3-9 所示。

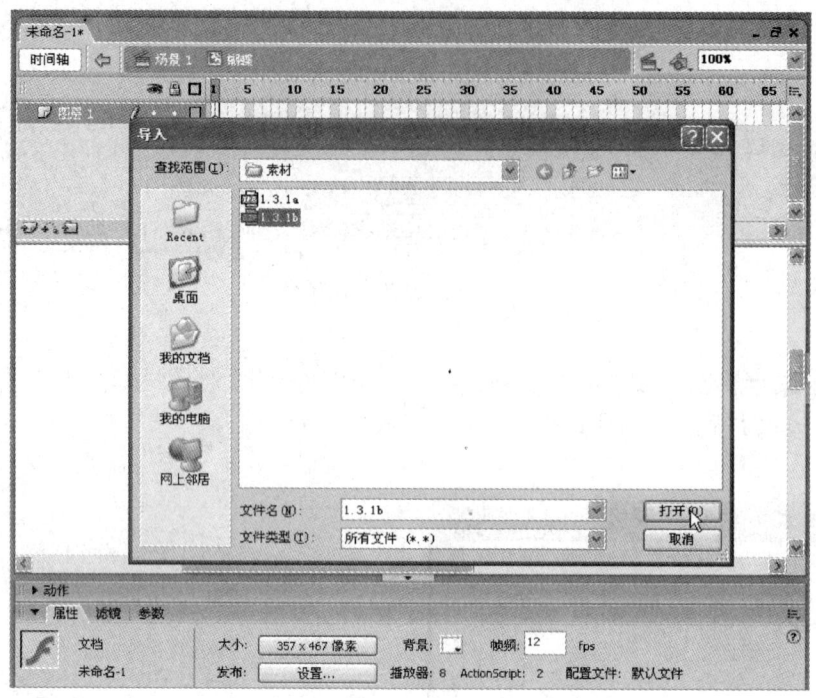

图 1-3-8　导入图像

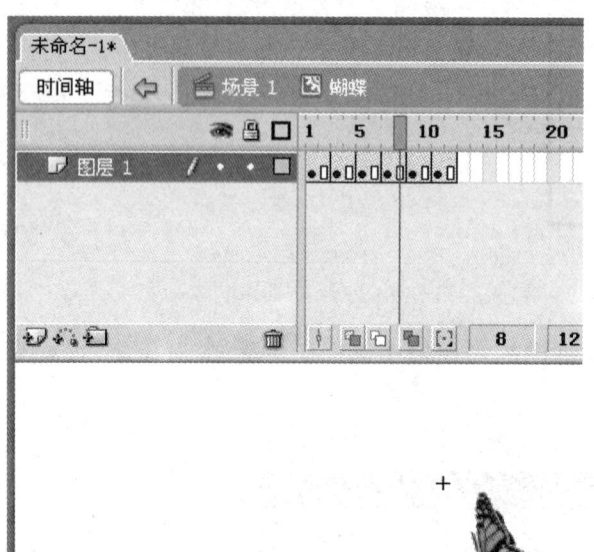

小贴士

　　由于导入的是 gif 动画文件，因此，可以看到导入的图像其实是由多张蝴蝶不同展翅状态的图像组成的。当按下回车键后，这些图像就会连续播放。此时，我们就可以看到蝴蝶飞舞的样子了。

图 1-3-9　导入成功

Step2　我们已经将所需要的图像素材导入到 Flash 中了，下面可以开始我们的动画之旅了。

二维动画制作 **Flash 8.0**

（1）单击时间轴上的"场景1"按钮，返回主场景中，如图1-3-10所示。

（2）将光标定位在第40帧处，按F5键，快速插入帧，如图1-3-11所示。

图1-3-10　返回主场景

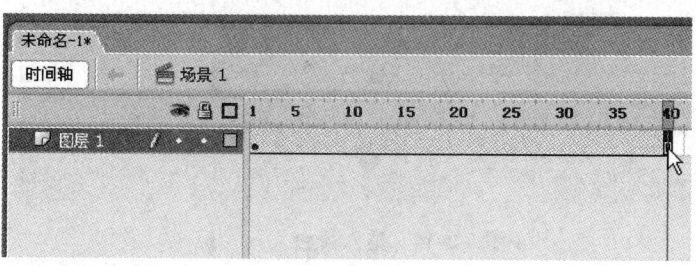

图1-3-11　插入帧

小贴士

在图层1的第40帧处插入帧的目的是确保背景图可以在40帧的动画播放中，一直保持显示状态。

（3）单击时间轴底部的"插入图层"按钮 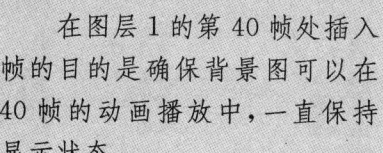，建立新图层，为我们下面进行蝴蝶动画做准备，如图1-3-12所示。

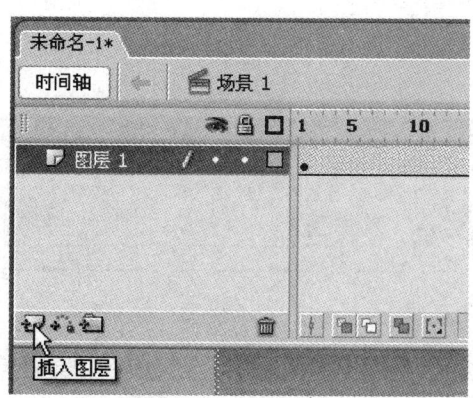

图1-3-12　插入图层

小贴士

在Flash中，每个动画元素必须放置在不同的图层中。这样才能使画面中的不同元素在设置动画时，互不影响。

（4）如果右侧浮动面板中的库面板没有打开的话，执行"窗口/库"命令，打开库面板。此时，库面板中将显示我们前面导入的位图及建立的影片剪辑，如图1-3-13所示。

（5）单击时间轴上的图层2，保持当前选取的是图层2，将库中的蝴蝶影片剪辑直接拖入舞台。此时，蝴蝶将显示在图层2中，如图1-3-14所示。

（6）选择绘图工具栏中的任意变形工具 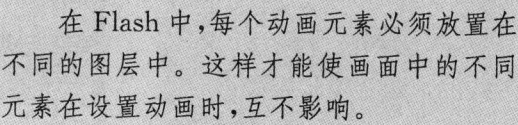，调整蝴蝶所在位置及其大小，如图1-3-15所示。

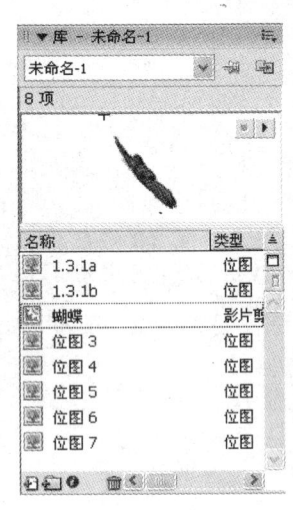

图 1-3-13　库

图 1-3-14　拖入舞台

　　(7) 将光标定位在时间轴上图层 2 的第 10 帧处,按 F6 键,在第 10 帧处快速插入关键帧,关键帧将记录下当前蝴蝶影片剪辑的属性,如图 1-3-16 所示。

图 1-3-15　调整元件大小

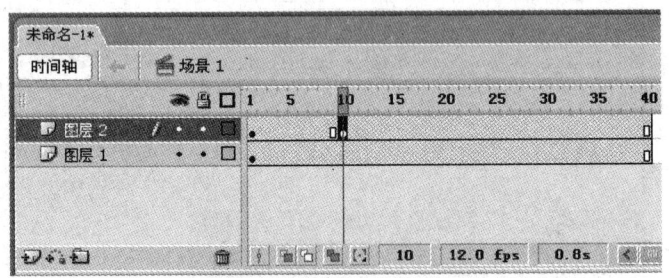

图 1-3-16　插入关键帧

　　(8) 使用上述方法,分别在图层 2 的第 20、30 和 40 帧处插入关键帧,如图 1-3-17 所示。

　　(9) 分别选取第 20、30 和 40 帧关键帧,使用任意变形工具 ⊞ ,调整蝴蝶在不同关键帧时的状态,如图 1-3-18 至 1-3-20 所示。

　　(10) 选取第 10 帧关键帧,将属性面板中的"补间"选项设置为"动画",如果设置正确,则时间轴上将出现箭头,如图 1-3-21 所示。

　　(11) 使用上述方法,分别设置第 20、30 帧关键帧的动画,如图 1-3-22 所示。

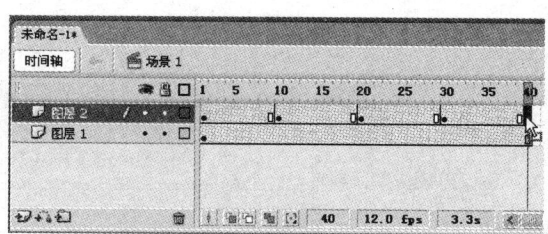

图 1-3-17　插入关键帧

图 1-3-18　第 20 帧时的状态

图 1-3-19　第 30 帧时的状态

图 1-3-20　第 40 帧时的状态

Step3　第一个动画已经完成了,下面我们将制作完成的动画分别导出不同的格式,来看一下效果有什么不同。

　　(1) 执行"文件/保存"命令,由于这是第一次保存该文档,因此系统将直接弹出"另存为"对话框,选择保存的路径,设置保存的文件名为"飞舞的蝴蝶",保存类型为"Flash 文档",如图 1-3-23 所示。

　　(2) 保存为 Flash 原文件,可以方便我们再次修改它。执行"文件/发布设置"命令,在弹出的对话框中,我们勾选"Flash"和"Windows 放映文件",并单击"发布"按钮确认,如图 1-3-24 所示。

　　(3) 发布的文件将自动保存在原文件的同一路径下,如果我们只要生成 *.swf 格式,可以在保存完当前文档后,直接按 Ctrl＋Enter 快捷键,在测试影片的同时,生成 *.swf 格式的文档。

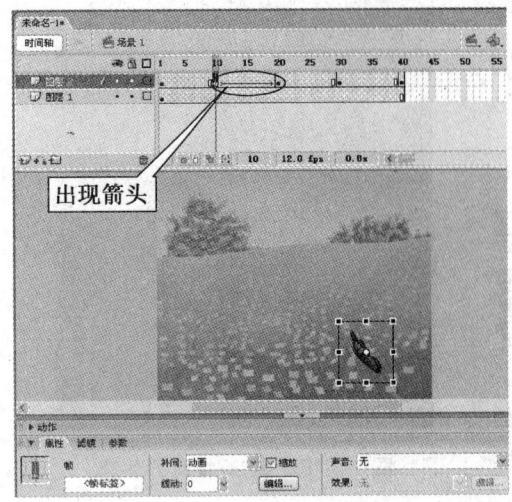

出现箭头

图 1-3-21　设置动画

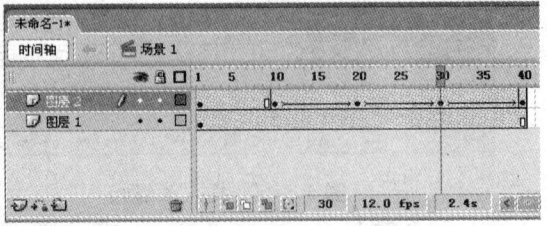

图 1-3-22　设置剩余动画

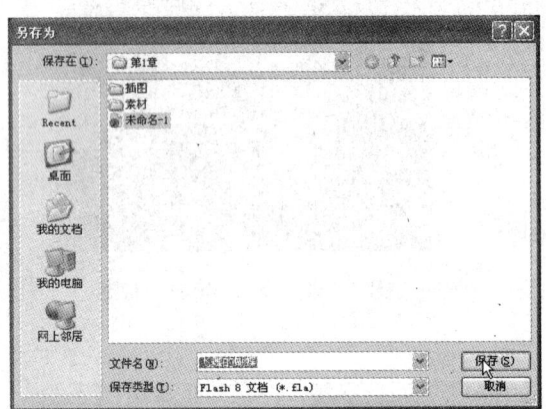

图 1-3-23　保存动画

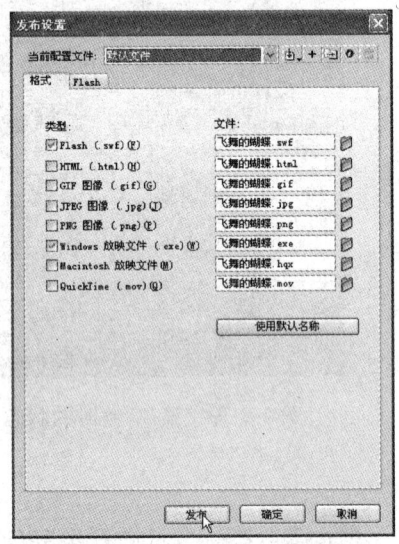

图 1-3-24　设置发布格式

第2章 简单动画

2.1 动画补间动画

2.1.1 知识点和技能

众所周知,Flash 的主要功能就是制作动画,那么其动画制作原理又是什么呢? 实际上和传统动画一样,在计算机动画的制作中,也是利用人类视觉暂留的特性,使一幅幅静止的画面连续播放以此产生动态效果。为了打下扎实的动画基础,我们必须牢牢掌握一些基本概念。

1. 有关帧的概念

帧:构成动画的一系列画面叫帧,它是进行 Flash 动画制作的最基本的单位。一帧就是一幅静止的画面。它在时间轴上显示为灰色填充的小方格,如图 2-1-1 所示。

帧频:指动画播放的速度,它以每秒钟播放的帧数为度量单位,Flash 默认的帧频为 12 fps。高的帧频可以得到更流畅、更逼真的动画效果。

空白帧:指没有定义的帧,当用户新建了一个 Flash 文档后,除了第一帧外都是空白帧,这些帧只有在用户对其进行定义了以后才有意义。

关键帧:用来定义动画变化、更改状态的帧,即编辑舞台上存在实例对象并可对其进行编辑的帧。它在时间轴上显示为实心的圆点,如图 2-1-1 所示。

空白关键帧:是在舞台上没有任何内容的关键帧,用户可自行定义,一旦在空白关键帧上绘制了内容,它就变成了关键帧。它在时间轴上显示为空心的圆点,如图 2-1-1 所示。

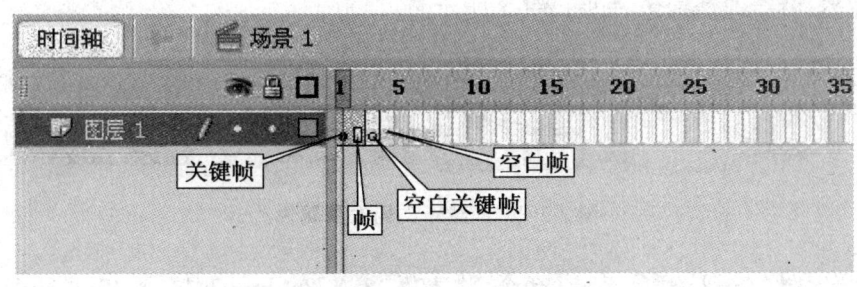

图 2-1-1 关键帧、帧、空白关键帧、空白帧

2. 动画基本类型

补间动画:可分为动画补间动画和形状补间动画(详见 2.2),它是一种便捷的动画制作方法。用户只需绘制起始关键帧和结束关键帧的内容,中间帧的动画效果就会由动画软件自动计算得出。

二维动画制作 Flash 8.0

动画补间动画:是在两个关键帧端点之间,通过改变舞台上实例的位置、大小、旋转角度、色彩变化等属性,并由程序自动创建中间过程的运动变化而实现的动画。

正确创建动画补间动画的条件:

● 被操作对象必须在同一图层上。

● 动作不能发生在多个对象上。

● 被操作的对象不能是矢量图形,可以是文字、元件或组合。

2.1.2 范例——卡通人物顶球

设计结果

球从高处向下运动,落到笑脸上方时笑脸突然转为哭脸并伴有弹性形变,随后恢复原形继而变为笑脸,在这过程中,球的位置也发生相应变化,最后球再向上运动回到原处。如图 2-1-2 所示。

设计思路

(1) 将三张图片导入到库中,随后新建图层,分别将两张图片放置在两层上。

(2) 利用对齐面板,调整小球和卡通图形的位置。

(3) 制作小球移动动画和卡通图形的变形动画。

图 2-1-2 "卡通人物顶球"效果图

范例解题引导

> **Step1** 先将三张图片导入到库中,随后创建新图层,分别将两张图片放置在两层上。

(1) 执行"文件/新建"命令,创建一个新的 Flash 文档,展开属性面板设置舞台大小为550×400 像素,背景为淡绿色,如图 2-1-3 所示。

图 2-1-3 创建新文档设置属性

(2) 执行"文件/导入/导入到库"命令,将素材"2.1.2a. bmp"、"2.1.2b. bmp"、"2.1.2c. bmp"导入到库中。

(3) 如果右侧浮动面板中的库面板没有打开的话,执行"窗口/库"命令,我们可以在库面板中看到先前导入的三张图片,如图 2-1-4 所示。

(4) 单击时间轴上的"插入图层"按钮 ,新建图层。使用选择工具 分别将"2.1.2a. bmp"和"2.1.2c. bmp"拖至图层 1 和图层 2 中,如图 2-1-5、2-1-6 所示。

图 2-1-4 打开库面板   图 2-1-5 "时间轴"窗口   图 2-1-6 主场景中的图片

> **Step2** 接着利用对齐面板调整小球和卡通图片的位置。对齐面板中提供了多种对齐分布方式,现在我们就去体验一下它的妙用吧!

(1) 选择图层 2 的第 1 帧,使用选择工具 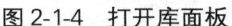,将球拖至场景上方。按 Ctrl＋K 键打开对齐面板,使球相对于舞台水平居中,如图 2-1-7、2-1-8 所示。

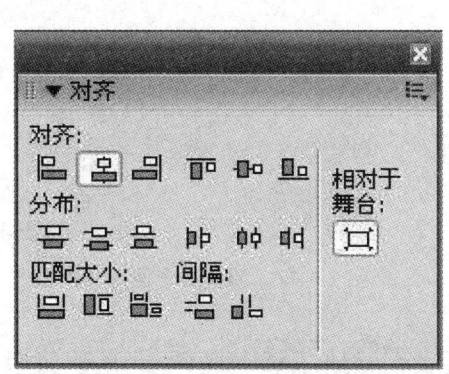

图 2-1-7 对齐面板的设置   图 2-1-8 调整后小球的位置

小贴士

　　要实现对齐效果,首先必须选中场景中所需对齐的图形,若是使图形相对于舞台对齐,需要在对齐面中先点击"相对于舞台"按钮,随后在左侧选择相应的对齐方式。

(2) 选择图层1的第1帧,用同样的方法使卡通笑脸图片相对于舞台水平居中且底对齐,如图2-1-9、2-1-10所示。

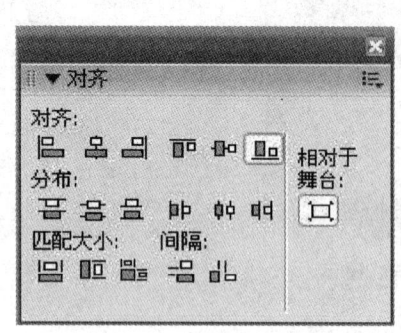

图2-1-9　对齐面板的设置　　　　　图2-1-10　调整后卡通图片的位置

(3) 选择图层1的第5帧,单击鼠标右键,在弹出的菜单中单击"插入空白关键帧"命令,我们可以看到时间轴上出现了空心的小圆圈,如图2-1-11所示。

(4) 使用选择工具,将"2.1.2b.bmp"拖至场景,同样使用对齐面板,使图形相对于舞台水平居中且底部对齐,如图2-1-12所示。

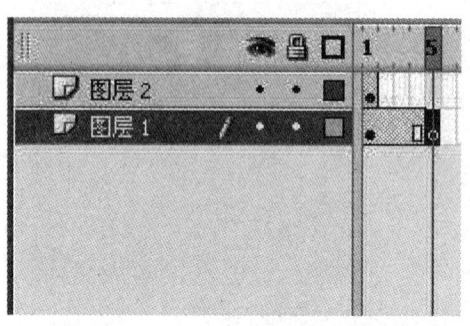

图2-1-11　插入空白关键帧　　　　　图2-1-12　调整后卡通图片的位置

> **Step3**　最后是制作小球移动和卡通图形变形动画,这是本节的重点和难点。

(1) 选中图层2的第5帧,按F6键插入关键帧。使用选择工具,按下Shift键,将球垂直向下移至如图2-1-13所示的位置。

(2) 回到第1帧,展开属性面板,设置补间类型为动画补间。为了更真实地体现运动过程中速度的变化,我们将缓动值设为"-30",如图2-1-14、2-1-15所示。

图2-1-13　第5帧球所处位置

小贴士

在制作动画的过程中,经常会使用快捷键快速执行某个命令。下面是常用快捷键及其功能介绍:

快捷键	功　能
F5	插入帧
F6	插入关键帧
F7	插入空白关键帧
F8	转换为元件
Shift＋F5	删除帧
Ctrl＋K	打开对齐面板
Ctrl＋T	打开变形面板
Ctrl＋Enter	测试动画

图2-1-14　"时间轴"窗口

图2-1-15　属性面板的设置

小贴士

"缓动"这一属性用来调整补间帧之间的变化率。如果是加速变化可以向下拖动滑块或输入－1～－100之间的值。反之则可向上拖动滑块或输入1～100之间的值。用户还可以点击"编辑"按钮进行更为精细的调整。

（3）选择图层1的第5帧,展开属性面板,设置补间类型为动画补间,选中图层1的第10帧,按F6键插入关键帧。使用任意变形工具,调整变形中心至图片底部中心并向下稍稍挤压图形,如图2-1-16、2-1-17所示。

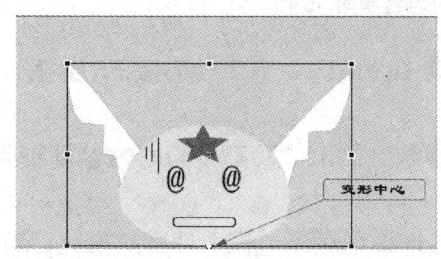

图2-1-16　调整变形中心

图2-1-17　挤压后的图形

（4）回到第 5 帧,同样将变形中心移至图片底部中心,完成卡通图形的变形动画,如图 2-1-18 所示。

（5）选中图层 2 的第 10 帧,按 F6 键插入关键帧。使用选择工具 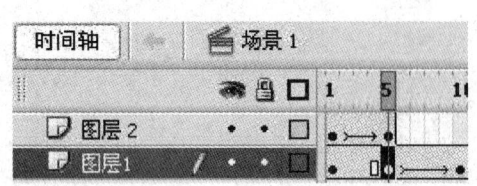,按下 Shift 键将球垂直向下移至如图 2-1-19 所示的位置。

图 2-1-18　"时间轴"窗口　　　　　　　　　　　图 2-1-19　球的位置

（6）回到第 5 帧,展开属性面板,设置补间类型为动画补间。

（7）选中图层 1 的第 5 帧,单击鼠标右键,在弹出菜单中单击"复制帧"命令;选中第 15 帧并在鼠标右键菜单中单击"粘贴帧"命令,将第 5 帧的内容复制到第 15 帧,如图 2-1-20 所示。

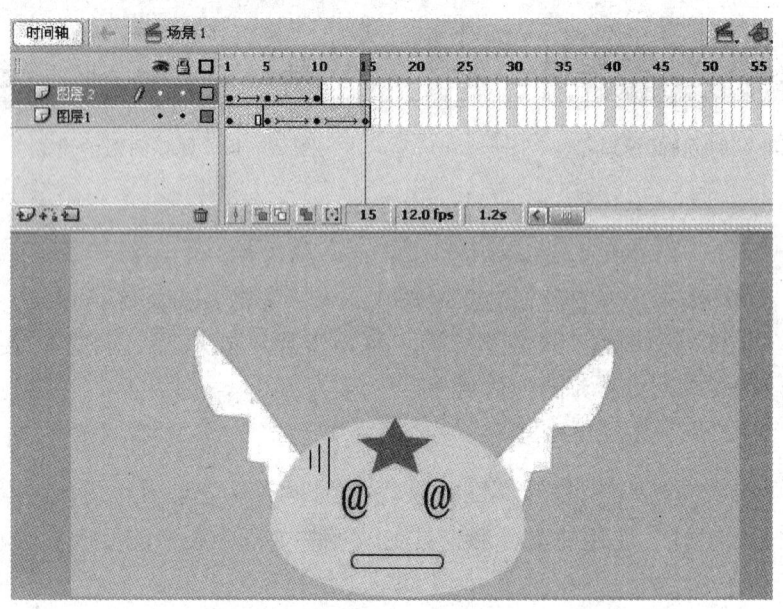

图 2-1-20　复制第 5 帧的内容到第 15 帧

（8）使用同样的方法将第 1 帧的内容复制到第 16 帧;选中第 20 帧,按 F5 键插入帧,使状态延续,如图 2-1-21 所示。

（9）再以同样的方法将图层 2 第 5 帧的内容复制到第 15 帧,第 1 帧的内容复制到第 20 帧,如图 2-1-22、2-1-23 所示。

（10）回到第 15 帧,展开属性面板,为了更真实地体现运动过程中速度的变化,我们将缓动值设为 30,如图 2-1-24、2-1-25 所示。

图 2-1-21　图层 1 第 16 帧的图形

图 2-1-22　图层 2 第 15 帧球的位置　　　图 2-1-23　图层 2 第 20 帧球的位置

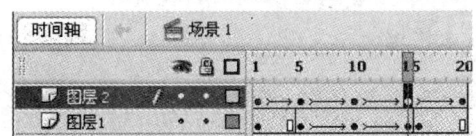

图 2-1-24　"时间轴"窗口

图 2-1-25　属性面板的设置

（11）按下 Ctrl＋Enter 键测试动画。最后执行"文件/另存为"命令，以文件名"2.1.2 卡通人物顶球. fla"保存。

2.1.3　小试身手——快乐大转盘

设计结果

　　大转盘不断地转动，从远处飞来一个飞镖直击转盘中心，随即天使从天而降，宣布获奖结果。如图 2-1-26 所示。

设计思路

（1）利用文字工具输入文本并通过对变形和
属性面板的设置创建文字特效。

（2）将现有的图片导入库中，利用补间动画制
作图形旋转和移动的效果。

图 2-1-26　"快乐大转盘"效果图

操作提示

（1）创建一个新的 Flash 文档，设置舞台大小为 500×400 像素，背景为白色。

（2）使用工具栏中的文字工具 **A**，在场景的正上方输入文字"快乐大转盘"，展开属性面
板设置相关属性，如图 2-1-27 所示。

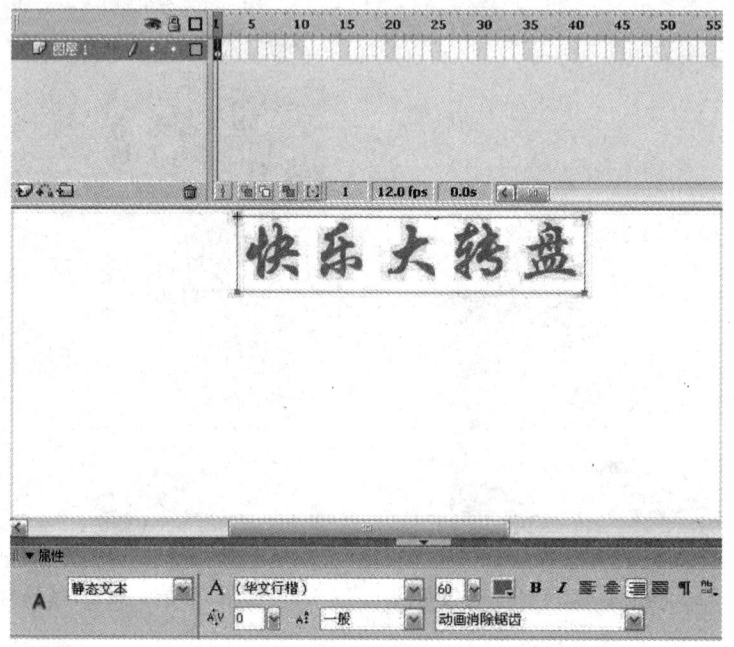

图 2-1-27　设置文本格式

（3）选中第 1 帧，单击"修改/转换为元件"或按 F8 键打开"转换为元件"对话框，将名称
设为"文字"，类型选择"图形"选项，如图 2-1-28 所示。

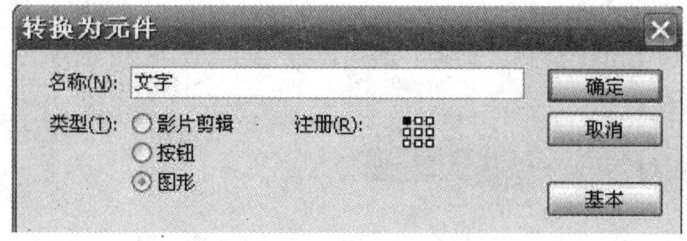

图 2-1-28　"转换为符号"对话框

小贴士

"元件"是在 Flash 中创建的图形、按钮或影片剪辑。元件只需创建一次便可在整个文档中重复使用。我们可以通过对元件对象的属性面板中的"颜色"选项进行设置,制作出更为丰富多彩的动画。有关元件的用法在之后的章节中会做详细介绍。

(4) 选中第 20 帧插入关键帧。选择场景中的文字元件,展开属性面板,将"色调"设为黄色。

(5) 回到第 1 帧,展开属性面板创建动画补间。

(6) 单击时间轴上的"插入图层"按钮 ，新建图层。

(7) 选中第 10 帧插入关键帧,展开属性面板创建动画补间。使用工具栏中的文字工具 ，在原有文字的左下方输入单词"Ready",同时设置其属性,如图 2-1-29 所示。

图 2-1-29　属性面板设置

(8) 选中第 15 帧插入关键帧。

(9) 回到第 10 帧,按 Ctrl＋T 键打开变形面板,将横向和纵向比例都设为 1000％,回车确认,如图 2-1-30 所示。

小贴士

变形面板是比较常用的面板之一,它由三部分组成。

第一部分用于调整图形的横纵向比例,若希望按同比例变化,应勾选"约束"复选框。

第二部分用于旋转图形,我们可在右边文本框内输入－360～360 之间的旋转度数;正值表示顺时针旋转,负值表示逆时针旋转。

第三部分用于倾斜图形,它提供了两种倾斜方式,分别为水平倾斜和垂直倾斜,我们同样可在两个文本框内输入－360～360 之间的倾斜度数。

在面板的右下方有两个按钮,第一个按钮表示复制原有图形并对副本应用变形设置。第二个按钮表示重置变形设置。

(10) 新建图层 3,选中第 19 帧插入关键帧创建动画补间;使用文字工具 在场景的右

二维动画制作 Flash 8.0

下方输入单词"go"并设置其属性。

（11）仿照步骤(8)、(9)制作此文字的变形动画,如图 2-1-31 所示。

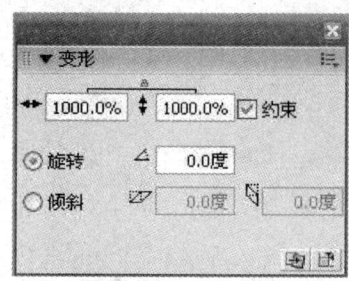

图 2-1-30　变形面板设置

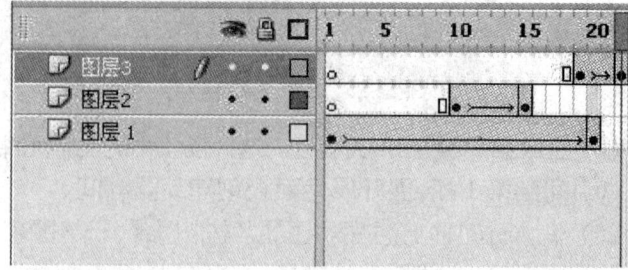

图 2-1-31　时间轴窗口

（12）按 Shift 键同时选中 3 个图层的第 25 帧,按 F5 键插入帧,使所有文字延续到该帧,如图 2-1-32 所示。

（13）将素材"2.1.3a. png"、"2.1.3b. gif"、"2.1.3c. gif"导入到库中。

（14）新建图层 4,在第 26 帧处插入一个关键帧,将"2.1.3a. png"拖入到场景的右侧,如图 2-1-33 所示。

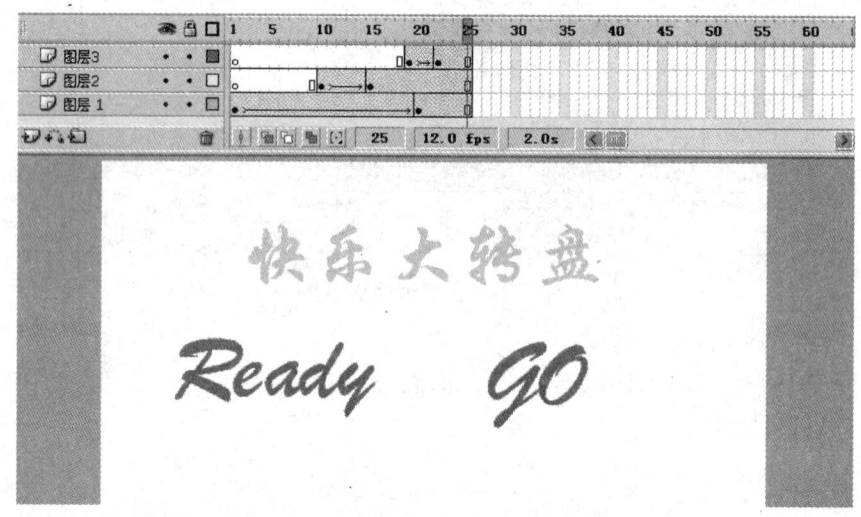

图 2-1-32　效果图

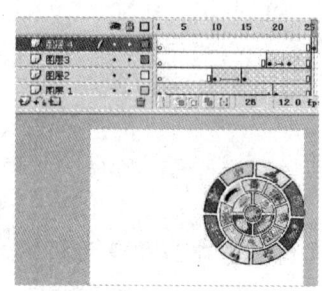

图 2-1-33　图片的位置

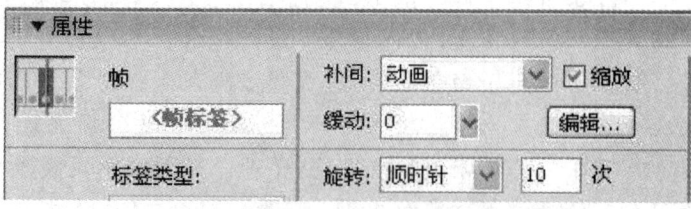

图 2-1-34　属性面板设置

（15）在第 40 帧处插入关键帧,返回第 26 帧,展开属性面板,选择补间下拉菜单中的"动画"选项,选择旋转下拉菜单中的"顺时针"选项,次数为10,使转盘旋转,如图2-1-34所示。

(16) 在第60帧处插入关键帧,返回第40帧创建动画补间,展开属性面板,将旋转次数设为2,使转盘逐渐停止转动。

(17) 新建图层5,制作飞镖由场景外飞至转盘中心的动画,如图2-1-35、2-1-36所示。

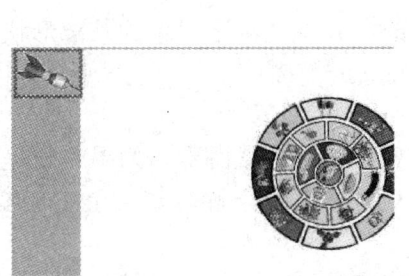

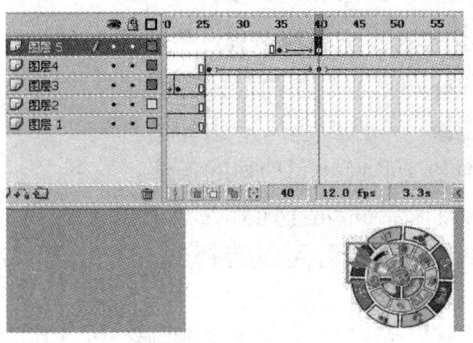

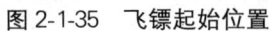

图2-1-35　飞镖起始位置　　　　　图2-1-36　飞镖最终位置

(18) 新建图层6,制作天使从天而降的动画,如图2-1-37、2-1-38所示。

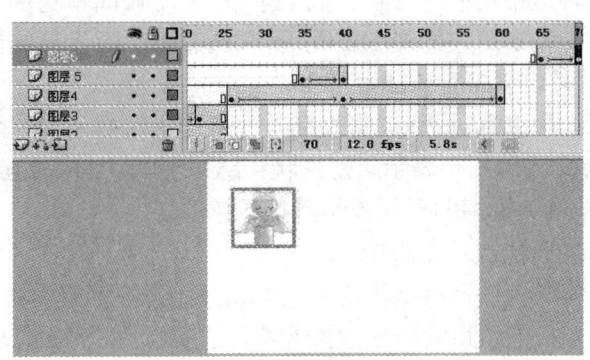

图2-1-37　天使起始位置　　　　　　图2-1-38　天使最终位置

(19) 新建图层7,选中第70帧插入关键帧。在天使的下方输入文字"恭喜你,一等奖",如图2-1-39所示。

(20) 按Shift键同时选中第4、5、6、7图层的第75帧,按F5键插入帧,使状态延续,如图2-1-40所示。

(21) 测试动画,并以文件名"2.1.3 快乐大转盘.fla"保存。

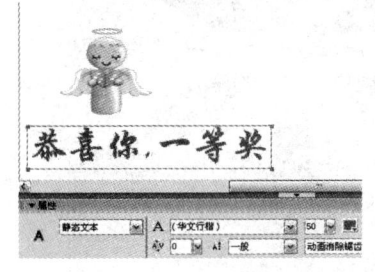

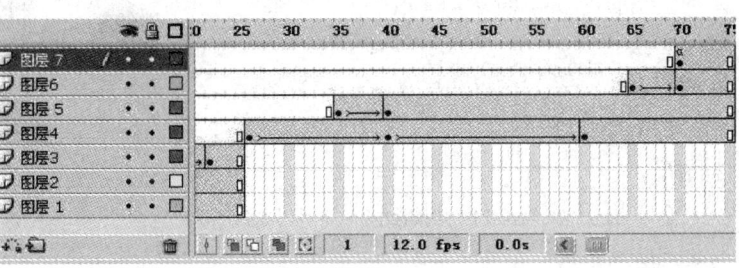

图2-1-39　设置字体属性　　　　　　图2-1-40　最终时间轴图层排列效果

2.2 形状补间动画

2.2.1 知识点和技能

1. 基本概念和创建条件

形状补间动画是在两个关键帧端点之间,通过改变首尾两帧上对象的外部形状,或改变对象的位置、尺寸、颜色来产生动画。

正确创建形状补间动画的条件:

● 与动画补间动画不同,形状补间动画中的对象必须是矢量图形。如果对象是元件、文字、位图或群组的话,可以选择"修改/分离"或按 Ctrl+B 键分解对象直至它们变为矢量图形。

● 在属性面板中,有两种形状混合方式即分布式和角形,选择不同的混合方式能够得到不同的形变效果。

2. 形状补间动画的分类

一种是不可控的形状补间动画,用于比较简单的形变效果。

另一种是可控的形状补间动画,通过添加提示点制作较为精确的形变效果。

3. 形状提示点的添加

我们可以通过选择"修改/形状/添加形状提示"来添加形状提示点。形状提示点是使用 26 个英文字母用于表示起始形状和结束形状相对应的点。起始关键帧上的形状提示点是黄色的,结束关键帧的形状提示点是绿色的。

添加形状提示点的技巧:

● 将形状提示点从形状的左上角开始按逆时针顺序摆放,可使变形提示工作更有效。

● 形状提示点的摆放位置要符合逻辑顺序。例如,起始关键帧和结束关键帧上各有一个三角形,我们使用 3 个"形状提示点",如果它们在起点关键帧的三角形上的顺序为 abc,那么在结束关键帧的三角形上的顺序就不能是 acb,而也要是 abc。

● 增加提示点只能从起始帧开始进行。

2.2.2 范例——超级变变变

设计结果

屏幕上一个圆形逐渐转化成其他几何图形。如图 2-2-1 所示。

设计思路

(1) 插入多个关键帧,利用绘图工具绘制图形。

(2) 展开属性面板创建形状补间动画。

图 2-2-1 各帧绘制的图形

> **Step1** 我们首先来绘制各个关键帧的图形,当然大家也可以自己设计喜欢
> 的图形。

(1) 创建一个新的 Flash 文档,设置舞台大小为 550×400 像素,背景为白色。

(2) 分别选择第 1 帧、第 10 帧、第 20 帧、第 30 帧、第 40 帧、第 50 帧,按 F6 键插入关键帧。

(3) 选择第 1 帧,单击椭圆工具 ,展开属性面板,设置笔触颜色为无,填充颜色为紫色。按 Shift 键,在主场景中绘制一个圆,如图 2-2-2 所示。

(4) 按 Ctrl＋K 键打开对齐面板,使圆相对于舞台中心左对齐,如图 2-2-3 所示。

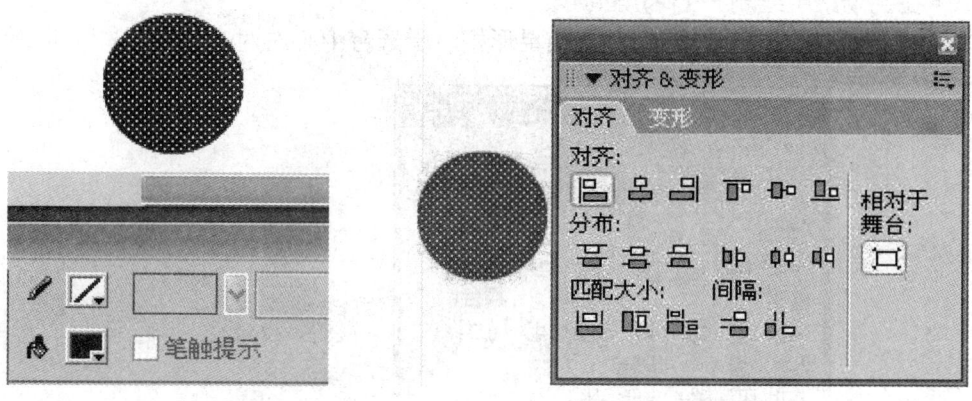

图 2-2-2　绘制圆　　　　　　　　　　图 2-2-3　对齐圆

(5) 选择第 10 帧,使用椭圆工具 ,按 Shift 键,在主场景中绘制一个笔触颜色为无、填充颜色为红色的圆。

(6) 按 Alt＋Shift 键,水平向右复制一个圆,使两圆相交,如图 2-2-4 所示。

(7) 使用部分选取工具 ,删除并调整图形的节点,最终形成一颗心,如图 2-2-5 所示。

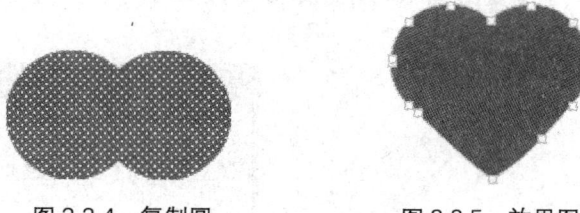

图 2-2-4　复制圆　　　　　　图 2-2-5　效果图

(8) 按 Ctrl＋K 键打开对齐面板,使心相对于舞台中心上对齐,如图 2-2-6 所示。

(9) 选择第 20 帧,单击多角星形工具 ,展开属性面板,设置笔触颜色为无,填充颜色为黄色。点击"选项"按钮,在工具设置对话框中设置,样式为星形,边数为 6,星形定点大小为 0.5,如图 2-2-7 所示。

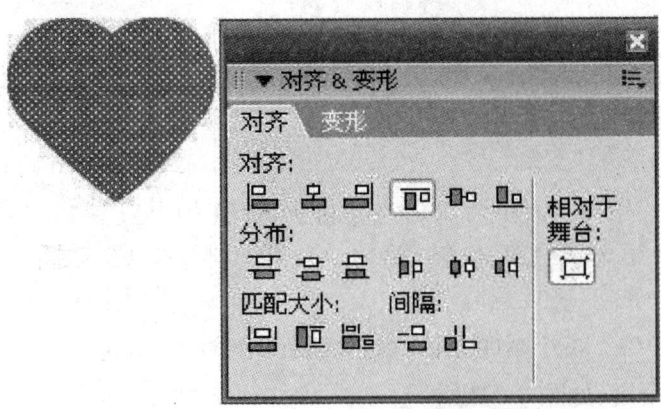
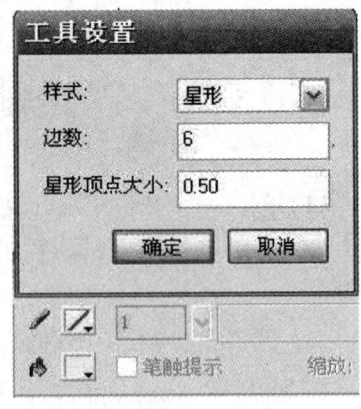

图 2-2-6 对齐心　　　　　　　　　　　　　　图 2-2-7 属性设置

（10）在主场景中绘制一个六角星形。

（11）按 Ctrl＋K 键打开对齐面板，使星形相对于舞台中心右对齐，如图 2-2-8 所示。

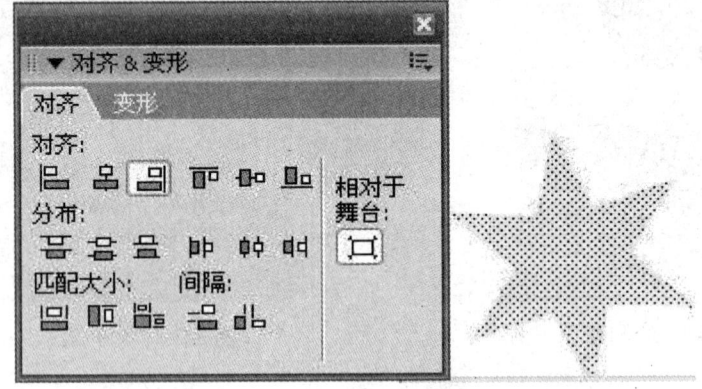

图 2-2-8 对齐星

（12）选择第 30 帧，使用椭圆工具 ◎，在主场景中绘制一个笔触颜色为无、填充颜色为绿色的椭圆。

（13）选择椭圆，使用任意变形工具 ▦，将变形中心移至椭圆下端，如图 2-2-9 所示。

（14）按 Ctrl＋T 键打开变形面板，设置旋转度数为 60 度，点击下方的"复制并应用变形"按钮 6 次，如图 2-2-10 所示。

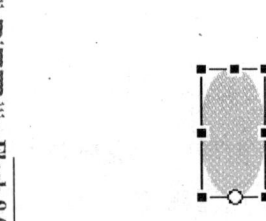

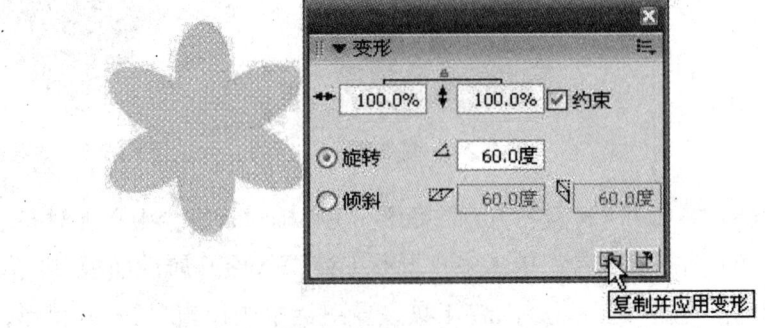

图 2-2-9 调整变形中心　　　　　　图 2-2-10 旋转并复制图形

（15）按 Ctrl＋K 键打开对齐面板，使图形相对于舞台中心底部对齐，如图 2-2-11 所示。

（16）选择第 40 帧，使用椭圆工具 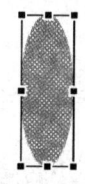，在主场景中绘制一个笔触颜色为无、填充颜色为橘色的椭圆。

（17）选择椭圆，使用任意变形工具 ，将变形中心移至椭圆的下方，如图 2-2-12 所示。

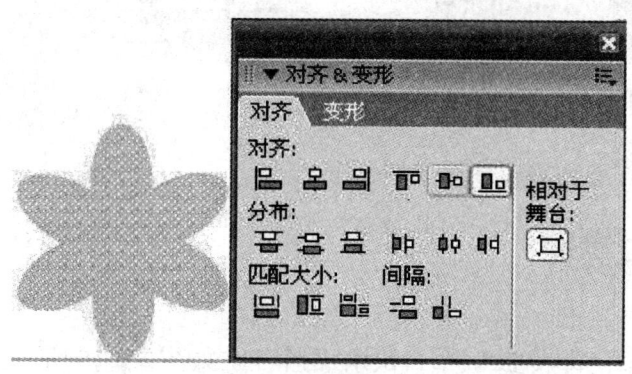

图 2-2-11　对齐图形　　　　　　　　　　　图 2-2-12　调整变形中心

（18）按 Ctrl＋T 键打开变形面板，设置旋转度数为 60 度，点击下方的"复制并应用变形"按钮 6 次，如图 2-2-13 所示。

（19）复制第 40 帧的图形粘贴到第 50 帧，选择图形，按 Ctrl＋T 键打开变形面板，设置宽度和高度都为 500％，如图 2-2-14 所示。

（20）选择图形，执行"窗口/混色器"命令，打开混色器面板，将填充颜色的 Alpha 值设为 0％，回车确认。

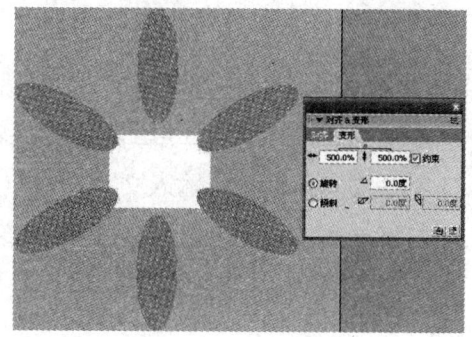

图 2-2-13　旋转并复制图形　　　　　　　　图 2-2-14　放大图形

Step2　最后我们来创建形状补间动画。

（1）分别选择第 1 帧、第 10 帧、第 20 帧、第 30 帧、第 40 帧，展开属性面板，创建形状补间动画，如图 2-2-15 所示。

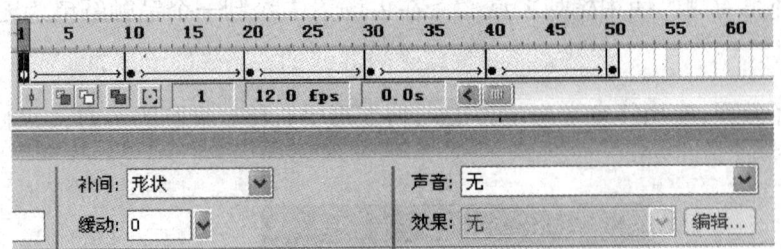

图 2-2-15 创建形状补间动画

（2）测试动画，并以文件名"2.2.2 超级变变变.fla"保存。

2.2.3 小试身手——节日快乐

设计结果

四颗五角星从礼盒中旋转而出，随即转变为"节日快乐"四个字。如图 2-2-16 所示。

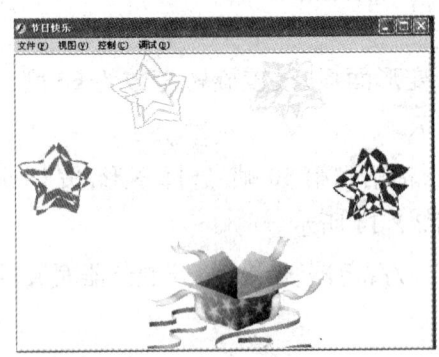

图 2-2-16 "节日快乐"效果图

设计思路

（1）利用绘图工具绘制五角星并制作旋转放大的动画。

（2）利用文本工具 **A**，输入文字。

（3）打散五角星和文字，制作五角星转变为文字的动画。

操作提示

（1）创建一个新的 Flash 文档，设置舞台大小为 550×400 像素，背景为白色。将素材"2.2.3a.jpg"导入到库中。

（2）将"2.2.3a.jpg"拖至主场景。

（3）添加 4 个新层，分别选择每一层的第 1 帧，使用多角星形工具 **Q**，在各层中都绘制一颗五角星。

（4）使用任意变形工具 ，调整五角星的旋转角度，如图2-2-17所示。

（5）按F8键打开"转化为元件"对话框,分别将四颗五角星转化为名为"1"、"2"、"3"、"4"的图形元件。

（6）分别选择图层2、图层3、图层4、图层5的第10帧,按F6键插入关键帧。

（7）选择图层1的第10帧,按F5键插入帧。

（8）选择图层2的第1帧,展开属性面板,创建动画补间动画,设置选择旋转下拉菜单中的"顺时针"选项,次数为1。

（9）选择图层2第1帧的五角星,按Ctrl+T键打开变形面板,将五角星的宽度和高度比例都设为0%。

（10）将五角星移至礼盒内部,如图2-2-18所示。

图2-2-17　绘制五角星　　　　　　　图2-2-18　调整五角星的位置

（11）使用同样的方法制作其他三个五角星的旋转放大动画,如图2-2-19所示。

（12）选择图层2的第11帧和第20帧,按F6键插入关键帧。

（13）选择第20帧,使用文本工具 ,输入文字"节"并删除五角星,如图2-2-20所示。

（14）执行"修改/分离"命令,将文字打散。

（15）选择第11帧的五角星,执行"修改/分离"命令,将五角星打散。

（16）选择第11帧,展开属性面板,创建形状补间动画,如图2-2-21所示。

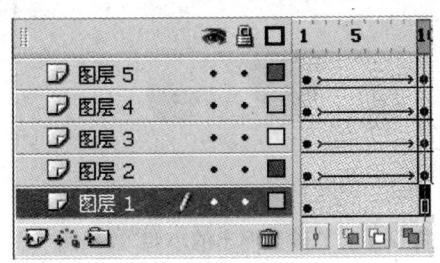

图2-2-19　时间轴窗口　　　图2-2-20　输入文字"节"　　　图2-2-21　形状补间动画

二维动画制作 Flash 8.0

（17）使用同样的方法，制作另外三个五角星转变为文字的动画，如图 2-2-22 所示。

（18）选择图层 1 的第 20 帧，按 F5 键插入帧，将动画延续。

（19）测试动画，并以文件名"2.2.3 节日快乐.fla"保存。

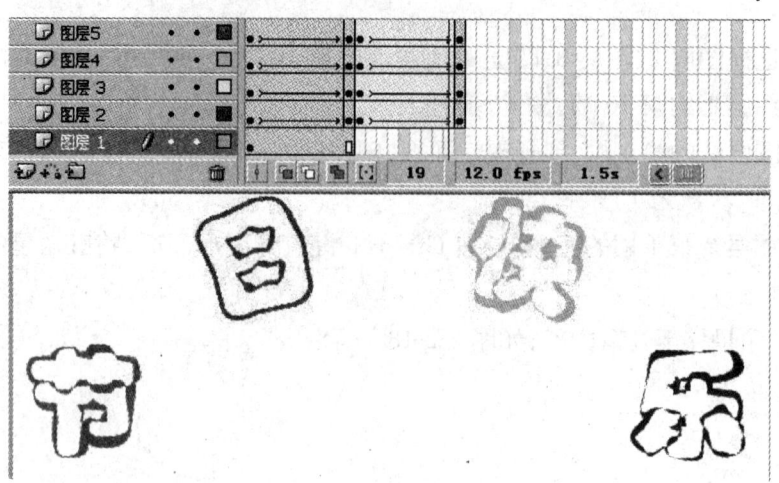

图 2-2-22　效果图

2.3　逐 帧 动 画

2.3.1　知识点和技能

　　逐帧动画是编辑每一帧中场景的内容，连续播放而形成的动画效果。它的优点在于表现力强，常用于表现一些质地柔软、动作复杂，又无规律、形态发生变化的物体动态，例如人步行、奔跑、模仿写字效果等。

2.3.2　范例——破壳而出的小鸡

设计结果

　　蛋壳渐渐破裂，一只可爱的小鸡破壳而出。如图 2-3-1 所示。

设计思路

（1）利用椭圆工具绘制鸡蛋。

（2）利用线条绘制裂缝并制作蛋壳逐渐破裂的动画。

（3）制作小鸡破壳而出的动画。

图 2-3-1　"破壳而出的小鸡"效果图

范例解题引导

Step1 我们首先来绘制鸡蛋。

(1) 创建一个新的 Flash 文档,设置舞台大小为 550×400 像素,背景为白色;将素材"2.3.2a. gif"和"2.3.2b. gif"导入到库中。

(2) 使用椭圆工具 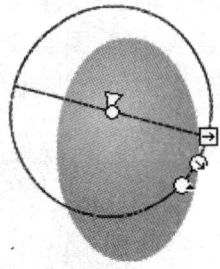,绘制一个笔触颜色为无、填充颜色为橘黄色的椭圆。

(3) 选择椭圆填充颜色,执行"窗口/设计面板/混色器"命令,打开混色器面板,选择"放射状"渐变,调整由淡橘黄色到橘黄色的渐变,如图 2-3-2 所示。

(4) 使用填充变形工具 ,调整渐变中心的位置和渐变的方向,如图 2-3-3 所示。

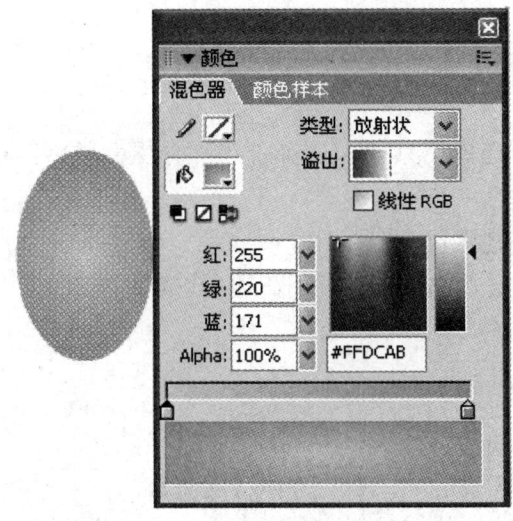

图 2-3-2　调整渐变色

图 2-3-3　调整渐变中心的位置和渐变的方向

Step2 接着我们来绘制裂缝并制作蛋壳逐渐破裂的动画。

(1) 选择第 3 帧,按 F6 键插入关键帧,单击线条工具 设置笔触颜色为橘黄色,如图 2-3-4 所示。

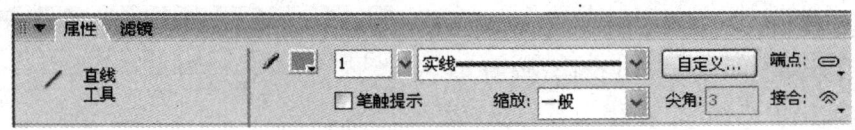

图 2-3-4　设置笔触颜色

(2) 在鸡蛋的左上边缘处绘制一条斜线,如图 2-3-5 所示。

(3) 每隔一帧插入关键帧,使用线条工具 ,单击选项面板中的"贴紧至对象"按钮 ,逐一绘制出一条连贯的裂缝,如图 2-3-6 所示。

图 2-3-5　绘制斜线

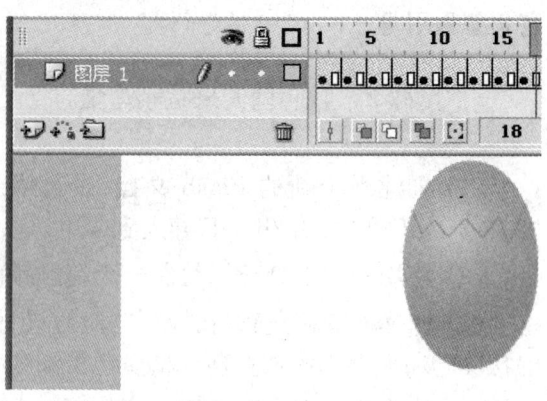

图 2-3-6　绘制裂缝

小贴士

点击"贴紧至对象"按钮 🧲 可以方便地将对象沿着其他对象的边缘直接与它们贴紧。

Step3　最后我们来制作小鸡破壳而出的动画。

（1）选择第 19 帧，按 F6 键插入关键帧，使用选择工具 ▶，选择上半部分蛋壳并将其稍稍向上移，如图 2-3-7 所示。

（2）单击时间轴上的"插入图层"按钮 🖼，新建图层 2。

（3）将图层 2 移至图层 1 的下方，选择图层 2 的第 19 帧，按 F6 键插入关键帧，将"2.3.2a. gif"拖至主场景相应位置，如图 2-3-8 所示。

图 2-3-7　选择并移动上半部分蛋壳

图 2-3-8　图片所处的位置

（4）选择第 22 帧，按 F6 键插入关键帧，选中小鸡，展开属性面板，点击"交换"按钮，在交换位图对话框中选择"2.3.2b. gif"，这样就能保证新的图片与原图片处在同一位置。如图2-3-9 所示。

（5）选择第 25 帧，按 F6 键插入关键帧，选中小鸡，执行"修改/变形/水平翻转"命令，如图 2-3-10 所示。

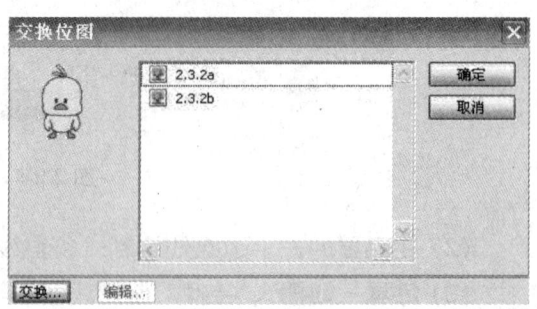

图 2-3-9　交换位图

二维动画制作 Flash 8.0

（6）同时选择图层 1 和图层 2 的第 28 帧，按 F6 键插入关键帧。

（7）选择图层 1 第 28 帧的上半部分蛋壳，使用任意变形工具 □，将变形中心移至右下角，调整蛋壳的旋转角度，如图 2-3-11 所示。

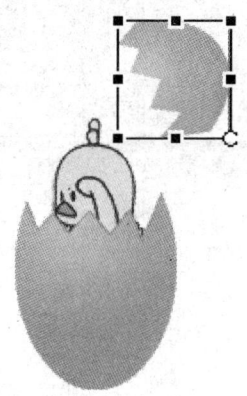

图 2-3-10　水平翻转图片　　　　　图 2-3-11　调整蛋壳的旋转角度

（8）选择"编辑/剪切"命令，剪切蛋壳。

（9）单击时间轴上的"插入图层"按钮 ⧉，添加新层。

（10）将图层 3 移至图层 1 的下方，选择第 28 帧，按 F6 键插入关键帧。

（11）执行"编辑/粘贴到当前位置"命令，将蛋壳粘贴到图层 3 的第 28 帧。

（12）选择图层 2 第 28 帧的小鸡图片，使用选择工具 ▶，将它稍稍向上移，如图 2-3-12 所示。

（13）选择图层 1 第 32 帧，按 F5 键插入帧。

（14）选择图层 2 第 32 帧，按 F6 键插入关键帧，将小鸡向下移至如图 2-3-13 的位置。

图 2-3-12　向上移动图片　　　　　图 2-3-13　向下移动图片

（15）回到图层 2 的第 28 帧，展开属性面板创建动画补间动画，如图 2-3-14 所示。

（16）选择图层 3 的第 32 帧，按 F6 键插入关键帧，将蛋壳向下移并使用任意变形工具调整蛋壳的旋转角度，如图 2-3-15 所示。

二维动画制作 Flash 8.0

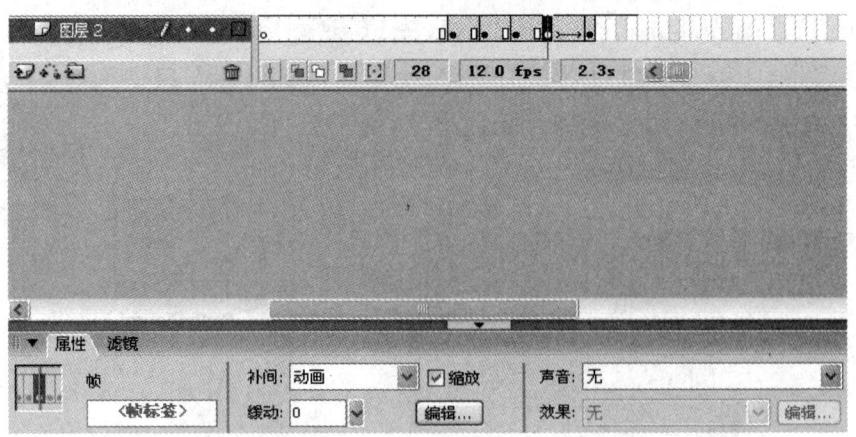

图 2-3-14　创建动画补间动画

图 2-3-15　移动蛋壳并调整旋转角度

（17）回到图层 3 的第 28 帧，展开属性面板创建动画补间动画。

（18）选择图层 2 的第 33 帧，按 F6 键插入关键帧，选择小鸡，执行"修改/分离"命令，将它转化成位图。

（19）展开属性面板，点击"交换"按钮，在交换位图对话框中选择"2.3.2a.gif"，如图 2-3-16 所示。

（20）分别选择图层 1、图层 2、图层 3 的第 36 帧，按 F5 键插入帧，如图 2-3-17 所示。

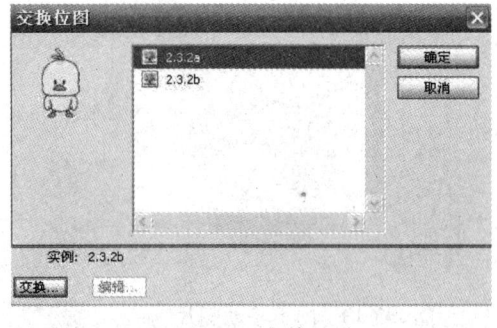

图 2-3-16　交换图片

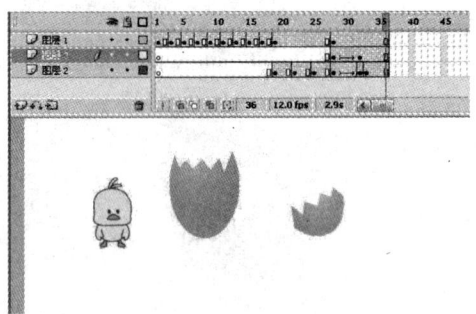

图 2-3-17　效果图

（21）测试动画，并以文件名"2.3.2 破壳而出的小鸡.fla"保存。

2.3.3 小试身手——花朵绽放

设计结果

花朵逐渐绽放并随风微微摇曳,旁边的文字也渐渐显现。如图 2-3-18 所示。

设计思路

(1) 利用线条工具 ✏、椭圆工具 ⬭ 和任意变形工具 ⊞ 绘制花朵。

(2) 利用橡皮擦工具 ⌧ 和"翻转帧"命令创建花朵绽放的动画。

(3) 利用文本工具 🅰 创建文本 "FLOWER"。

(4) 利用橡皮擦工具 ⌧ 和"翻转帧"命令创建文本渐渐显现的动画。

图 2-3-18 "花朵绽放"效果图

操作提示

(1) 创建一个新的 Flash 文档,设置舞台大小为 550×400 像素,背景为淡蓝色。

(2) 使用线条工具 ✏ 绘制花朵的茎秆并使用选择工具 ▶ 调整它的弧度,如图 2-3-19 所示。

(3) 使用橡皮擦工具 ⌧,逆着茎秆生长的方向由上向下逐帧擦除,如图 2-3-20、2-3-21 所示。

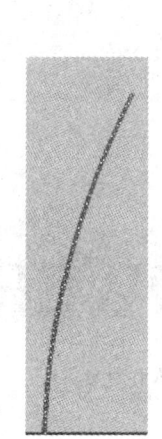
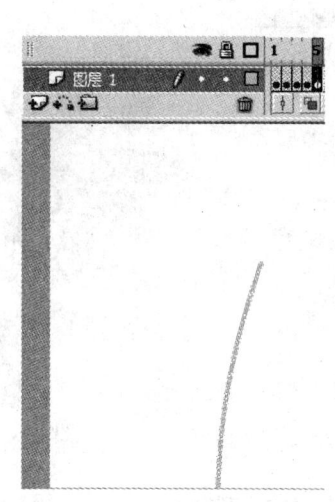
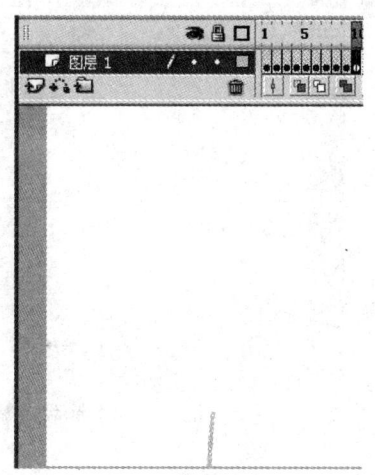

图 2-3-19　花的茎秆　　　　图 2-3-20　第 5 帧的擦除效果　　　　图 2-3-21　第 10 帧的擦除效果

(4) 选择图层 1 的所有帧,在鼠标右键菜单中点击"翻转帧"命令,使动画翻转,如图 2-3-22 所示。

二维动画制作 Flash 8.0

（5）选择第 13 帧，按 F6 键插入关键帧，使用椭圆工具 ⭕ 绘制一片橘色的花瓣。

（6）选择花瓣，执行"修改/组合"命令。

（7）使用变形面板按顺时针方向复制出一组花瓣，如图 2-3-23 所示。

（8）按逆时针方向逐帧删除花瓣，如图 2-3-24 所示。

（9）选择第 13 帧到第 20 帧，在鼠标右键菜单中点击"翻转帧"命令，使动画翻转。

（10）新建图层 2，选择第 20 帧，按 F6 键插入关键帧。

（11）使用文本工具 A，在花朵旁输入英文文本"FLOWER"，如图 2-3-25 所示。

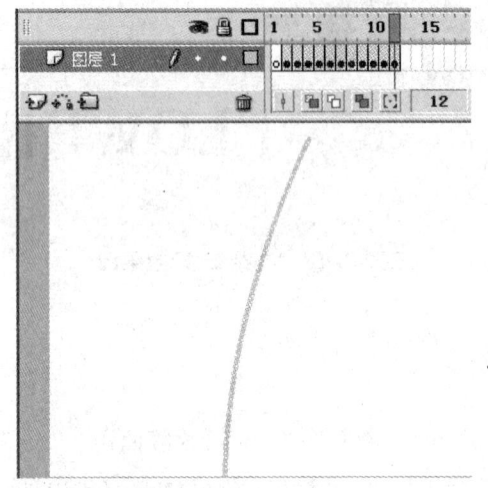

图 2-3-22　翻转动画

图 2-3-23　花朵

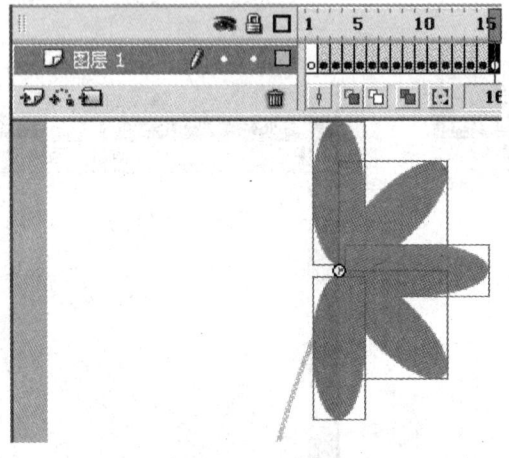

图 2-3-24　删除花瓣

图 2-3-25　输入英文文本

（12）执行"修改/分离"命令两次，将文本打散。

（13）使用橡皮擦工具 🖋，从最后一个字母开始，逆着笔顺进行擦除，如图 2-3-26，2-3-27 所示。

（14）选择图层 2 的所有帧，单击鼠标右键菜单中的"翻转帧"命令，使动画翻转。

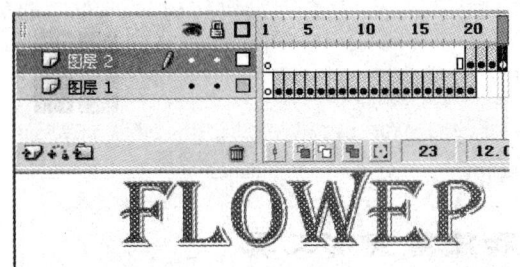

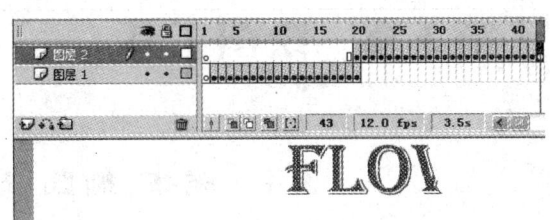

图 2-3-26　第 22 帧的擦除效果　　　　　　图 2-3-27　第 43 帧的擦除效果

（15）选择图层 1 第 20 帧的花朵和花的茎秆，选择"修改/组合"命令，将两者合为一体。

（16）使用任意变形工具 ，调整变形中心至茎秆底部，如图 2-3-28 所示。

（17）通过调整组合图形的旋转角度，制作花朵随风摇曳的动画，如图 2-3-29 所示。

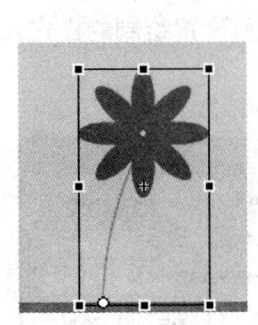

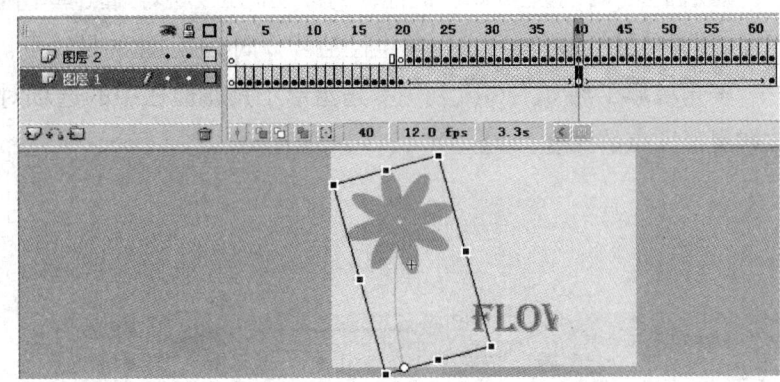

图 2-3-28　调整变形中心　　　　　　图 2-3-29　调整旋转角度并制作动画

（18）测试动画，并以文件名"2.3.3 花朵绽放.fla"保存。

第3章 绘图工具

3.1 线条、椭圆、矩形和任意变形工具

3.1.1 知识点和技能

线条工具 ✏ :按住 Shift 键拖动可以绘制以 45 度倍数倾斜的线条。

椭圆工具 ◯ :按住 Shift 键拖动可以绘制圆形。

矩形工具 ▢ :按住 Shift 键拖动可以绘制正方形。通过单击圆角矩形 🔲 并输入一个角半径值即可绘制圆角矩形。当角半径值为 0 时,则创建的是矩形。

多角星形工具 ◯ :可以利用多角星形工具属性栏中的选项对话框,设置绘制的样式,边数和星形顶点的深度,如图 3-1-1、3-1-2 所示。

图 3-1-1 | 多角星形工具属性栏

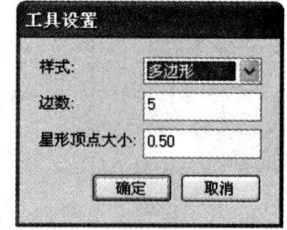

图 3-1-2 多角星形工具设置

任意变形工具 ▣ :利用任意变形工具变形对象时,要先移动变形工具到相关位置,以选择变形对象。

- 任意变形工具移动到对象边角,指针变为 ⤢ 时,可以同时改变对象的宽度和高度。
- 任意变形工具移动到对象的左右边线中部,指针变为 ↔ 时,可以改变对象的宽度。
- 任意变形工具移动到对象的上下边线中部,指针变为 ↕ 时,可以改变对象的高度。
- 任意变形工具移动到对象边线,指针变为 ⫽ 时,可以改变对象的倾斜角度。
- 任意变形工具移动到对象边角外,指针变为 ↻ 时,可以旋转对象。

3.1.2 范例——蛋糕和美酒

设计结果

可以看到一幅蛋糕加美酒的图片。如图 3-1-3 所示。

设计思路

(1) 利用圆角矩形工具绘制图片边框。

(2) 利用椭圆工具和矩形工具绘制酒杯。

(3) 利用线条工具和椭圆工具绘制蛋糕和点点星光。

图 3-1-3 "蛋糕和美酒"效果图

范例解题引导

> **Step1** 我们首先要进行的工作是绘制一个圆角矩形边框。

(1) 创建一个新的 Flash 文档,设置舞台大小为 550×400 像素,背景为白色。

(2) 使用矩形工具 🔲,单击"边角半径设置"按钮 🔳,将边角半径设置为 60 点,如图 3-1-4 所示。

(3) 将笔触高度设置为 25,绘制圆角矩形,保持圆角矩形处于编辑状态,在信息窗口将圆角矩形的宽和高分别设置为 320,如图 3-1-5 所示。

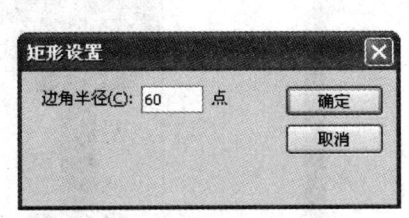

图 3-1-4 设置边角半径图

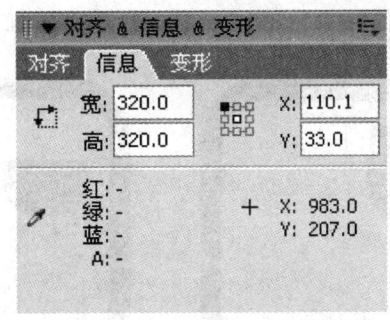

图 3-1-5 设置圆角矩形宽和高

(4) 使用选择工具 ,将圆角矩形的填充部分删除。

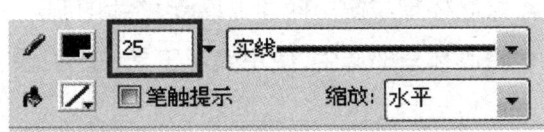

图 3-1-6 设置圆角矩形的笔触高度

> **Step2** 接着使用椭圆工具和矩形工具绘制酒杯。

(1) 使用矩形工具 🔲,将圆角矩形的边角半径设置为 0 点,将笔触颜色设置为黑色,笔触高度设置为 1,填充颜色设置为黑色,绘制矩形。使用椭圆工具 ⊙ 在矩形下方绘制圆,使两个图形部分重叠,如图 3-1-7 所示。

(2) 使用选择工具 ▶ 调整矩形,如图 3-1-8 所示。

图 3-1-7　设置圆和矩形　　　　　　　　图 3-1-8　调整矩形

小贴士

选择工具移动到某个对象,指针变为 ⬧ 时,可以选择工作区中的对象。

选择工具移动到线条的中央,指针变为 ⬧ 时,拖动线条可以改变线条的形状。

选择工具移动到线条边角的位置,指针变为 ⬧ 时,拖动线条可以改变边角的形状。

(3) 使用选择工具,选取图形上半部分,将其删除,如图 3-1-9、3-1-10 所示。

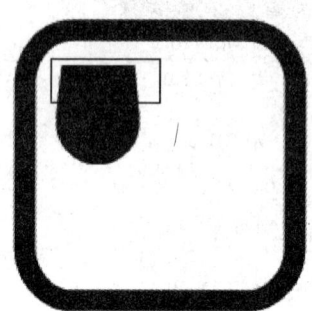 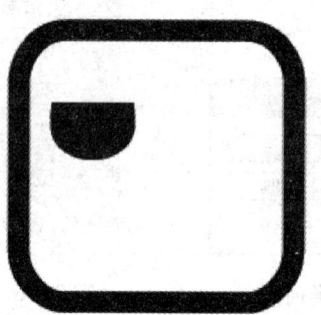 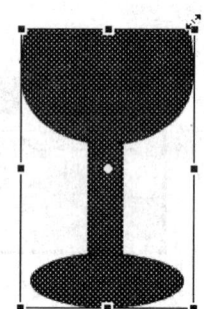

图 3-1-9　绘制矩形　　　　图 3-1-10　删除多余部分　　　图 3-1-11　绘制酒杯并调整大小

(4) 使用矩形工具 ▭ 绘制杯脚。使用椭圆工具 ◯ 绘制杯底。

(5) 使用选择工具 ▶ 将酒杯全部选中,使用变形工具 ⊞ 将酒杯调整到合适的大小,如图 3-1-11 所示。

> **Step3**　接下来使用线条工具和椭圆工具绘制蛋糕和点点星光。

(1) 使用椭圆工具 ◯ ,将笔触高度设置为 10,笔触颜色设置为黑色,绘制蛋糕底盘并将多余部分删除,如图 3-1-12 所示。

(2) 使用线条工具 ✏ 和椭圆工具 ◯ 绘制蛋糕,如图 3-1-13 所示。

二维动画制作 Flash 8.0

（3）使用多角星形工具 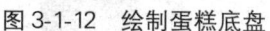 绘制三角形，其余的三个可以通过复制完成。使用变形工具 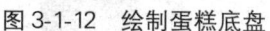 改变它们的方向，如图 3-1-14 所示。

图 3-1-12　绘制蛋糕底盘

图 3-1-13　绘制蛋糕

图 3-1-14　绘制点点星光

（4）以文件名"3.1.2 蛋糕和美酒.fla"保存。

3.1.3　小试身手——宁静的夜晚

设计结果

设计制作一幅乡村夜晚的美景图片。如图 3-1-15 所示。

设计思路

（1）利用矩形工具、椭圆工具和星形工具绘制背景、山丘、月亮、星星、村舍和树木。

（2）利用时间轴来完成星星的闪烁动画。

（3）利用形状补间完成山间小路的动画效果。

图 3-1-15　"宁静的夜晚"效果图

操作提示

（1）创建一个新的 Flash 文档，设置舞台大小为 550×400 像素，背景为白色。

（2）使用矩形工具 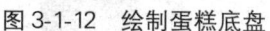 完成圆角矩形背景的制作，圆角矩形需设置适当的笔触颜色和笔触高度，完成效果如图 3-1-16 所示。

（3）执行"插入/时间轴/图层"命令，新建图层 2，并在当前层使用椭圆工具 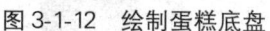 绘制山丘，注意绘制的顺序，如图 3-1-17 所示。

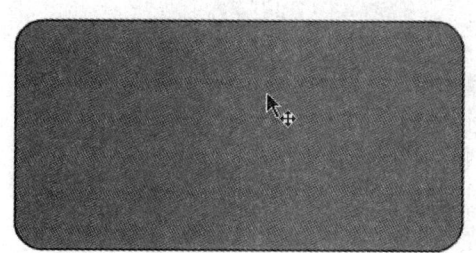
图 3-1-16　绘制圆角矩形

图 3-1-17　绘制山丘

二维动画制作 Flash 8.0

（4）将圆角矩形的边框选中，剪切到图层2，如图3-1-18、3-1-19所示。

小贴士

我们可以利用Flash中的图形边框来分割其他图形的边框或进行填充，并通过去除多余的部分，使绘制的图形和圆角矩形背景完美融合。

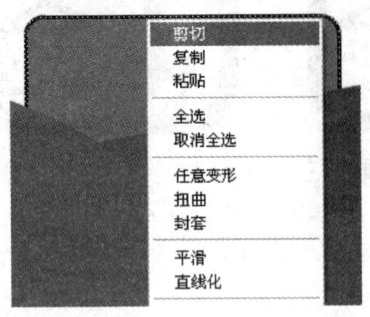

图3-1-18 剪切圆角矩形边框

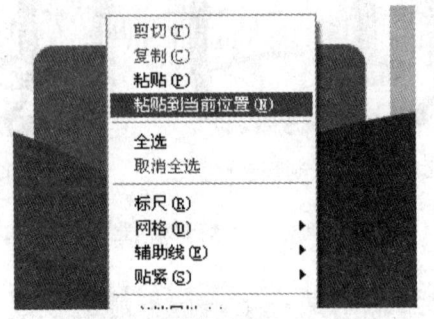

图3-1-19 粘贴圆角矩形边框

（5）将多余部分删除，包括圆角矩形的边框，如图3-1-20所示。

（6）创建图形元件"月亮"，使用椭圆工具 进行绘制。先后绘制两个颜色和大小都不同的圆，将其叠加在一起，并将多余部分删除，如图3-1-21、3-1-22所示。

图3-1-20 删除多余部分

图3-1-21 绘制两个圆

图3-1-22 月亮

（7）创建图形元件"星星"，使用多角星形工具 进行绘制，如图3-1-23所示。创建图形元件"村舍"，使用矩形工具 、椭圆工具 和选择工具 进行绘制，如图3-1-24所示。创建图形元件"树木"，使用矩形工具 和多角星形工具 绘制，如图3-1-25所示。

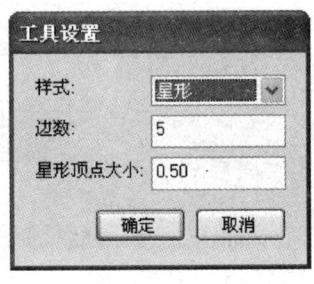

图3-1-23 多角星形工具设置

图3-1-24 绘制村舍

图3-1-25 绘制树木

（8）返回到主场景中，新建图层3，将库中的元件"月亮"、"星星"、"村舍"、"树木"拖动到舞台中，摆放位置如图 3-1-26 所示。

（9）设置部分星星图形属性中的透明度，如图 3-1-27 所示。

图 3-1-26　月亮、星星、村舍、树木的放置位置

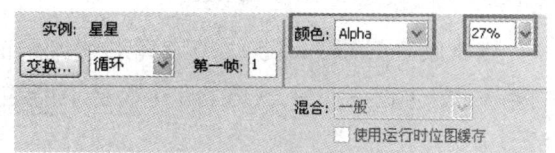

图 3-1-27　设置星星的透明度

（10）新建图层4，制作星星闪烁的动画。将库中的图形元件"星星"拖动到舞台中，在第 20 帧处插入关键帧，分别调整两个关键帧中"星星"图形属性，设置它们的透明度，并添加动画补间。以此方法，设置其他星星的动画，如图 3-1-28 所示。

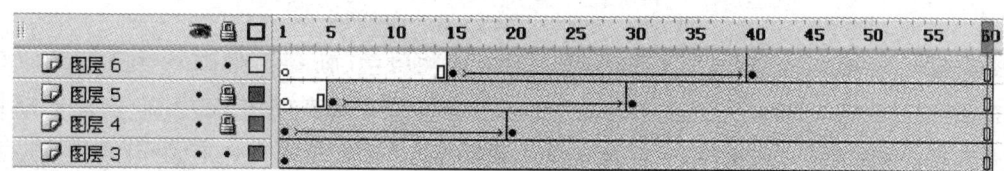

图 3-1-28　设置星星闪烁

小贴士

在制作星星闪烁效果的时候，可以通过设置不同的起始帧和不同的透明度来达到不同的效果。我们可以多设置几图层，这样效果会更好哦。

（11）新建图层8，使用椭圆工具 和选择工具 绘制弯曲的小路，如图 3-1-29。位置摆放如图 3-1-30 所示。

图 3-1-29　绘制小路

图 3-1-30　小路位置摆放

图 3-1-31　删除小路多余部分

（12）在第 60 帧处按 F6 键添加关键帧，返回到第 1 帧，删除小路多余的部分只留一个点，如图 3-1-31 所示。在第 1 帧处添加形状补间，制作小路慢慢延伸的动画。

（13）测试动画，以文件名"3.1.3 宁静的夜晚. fla"保存。

3.2 墨水瓶、颜料桶和填充变形工具

3.2.1 知识点和技能

墨水瓶工具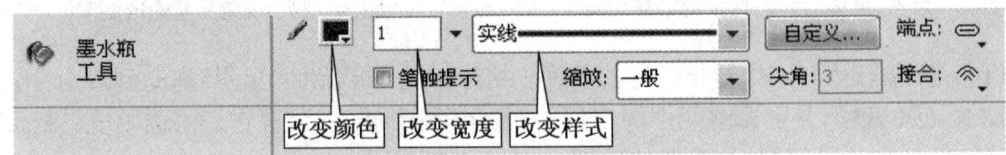：更改线条或者形状轮廓的笔触颜色、宽度和样式。它能够在选定图形的轮廓线上加上规定的线条，但其本身不能在工作区中绘制线条。墨水瓶工具属性栏如图 3-2-1 所示。

图 3-2-1 墨水瓶工具属性栏

颜料桶工具：更改填充区域的颜色。它能够将颜色、渐变、位图填充到区域中。颜料桶工具属性栏如图 3-2-2 所示。对于不闭合的区域它也可以填充并自动将它封闭。颜料桶的填充方式设置如图 3-2-3 所示。在颜料桶工具中使用"锁定填充"按钮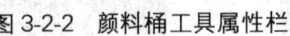可以将所填充的区域视为同一区域，应用同一种渐变或位图。颜料桶工具可以和窗口菜单中的混色器窗口配合使用，如图 3-2-4 所示。

小贴士

　　图 3-2-3 中所示的颜料桶能填充不同大小的空隙。然而空隙大小都是相对的，如果空隙过大，是不可以使用颜料桶工具填充的，需要先手工修改空隙的大小哦！

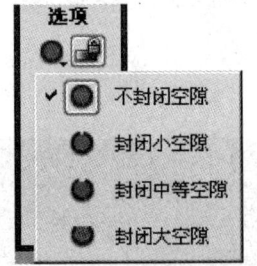
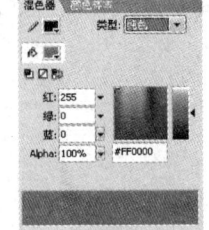

图 3-2-2 颜料桶工具属性栏　　图 3-2-3 颜料桶填充方式设置　　图 3-2-4 混色器窗口

填充变形工具：应用渐变效果，渐变是指由某种颜色过渡到另一种颜色的变化过程。渐变效果有两种，即线性渐变和放射性渐变，如图 3-2-5 所示。使用填充变形工具 改变线性渐变时，有如图 3-2-6 所示的功能。使用填充变形工具 改变放射性渐变时，有如图 3-2-7 所示的操作方法。

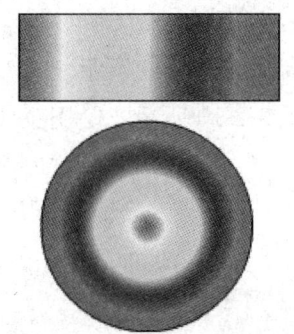

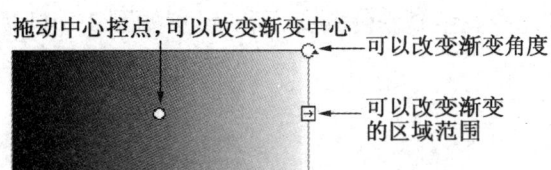

拖动中心控点,可以改变渐变中心

可以改变渐变角度

可以改变渐变的区域范围

图 3-2-5 线性渐变和放射性渐变

图 3-2-6 改变线性渐变时的功能

可以拖动中心的控点改变圆形渐变的中心

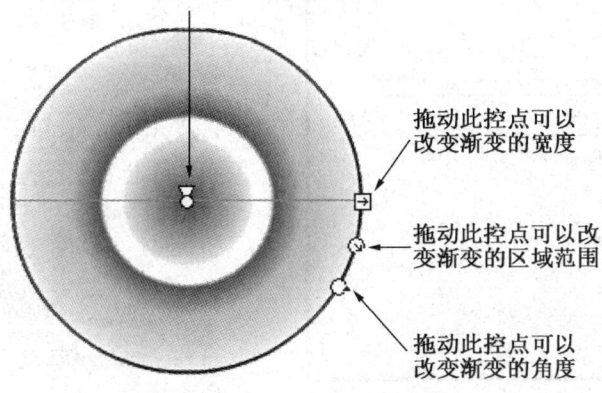

拖动此控点可以改变渐变的宽度

拖动此控点可以改变渐变的区域范围

拖动此控点可以改变渐变的角度

图 3-2-7 改变放射性渐变时的操作方法

3.2.2 范例——远航的帆船

设计结果

可以看到一幅帆船在海面上航行的美景。如图 3-2-8 所示。

图 3-2-8 "远航的帆船"效果图

设计思路

（1）利用椭圆工具、矩形工具绘制海面背景。

（2）利用多角星形工具、铅笔工具和颜料桶工具绘制帆船。

（3）制作帆船远航的动画效果。

范例解题引导

> **Step1**　我们首先要进行的工作是绘制一个湛蓝的海面背景,有海、有云、有山丘、有树木。

二维动画制作 Flash 8.0

（1）创建一个新的 Flash 文档。

（2）执行"修改/文档"命令，将尺寸修改为 700×320 像素，如图 3-2-9 所示。

（3）使用矩形工具 ，将笔触设置为无，绘制矩形。如图 3-2-10 所示。使用颜料桶工具 填充浅蓝色到白色渐变，渐变设置如图 3-2-11 所示。

图 3-2-10　绘制矩形

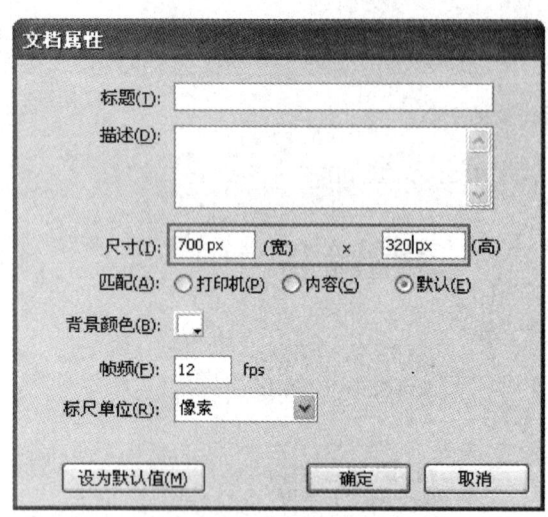

图 3-2-9　修改舞台的尺寸

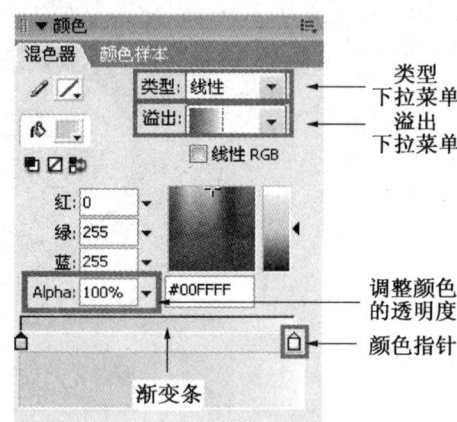

图 3-2-11　设置浅蓝色到白色渐变

小贴士

在使用颜料桶填充渐变时，可以利用混色器浮动窗口来设置渐变颜色。

● 点击"类型"的下拉菜单可以选择渐变的类型，可以是纯色、线性、放射状和位图。

● 点击"溢出"的下拉菜单可以选择渐变的填充方式，也就是当填充区域大于整个渐变的范围时，多余部分的填充方式。

● 双击颜色指针可以改变此指针的颜色。

● 单击颜色指针可以调整颜色的透明度即 Alpha 值。

● 单击渐变条的任意位置可以在此位置添加颜色指针。

● 往下拖动颜色指针离开渐变条就可以删除此颜色指针。

（4）新建图层 2，使用矩形工具 ，将笔触设置为无，绘制矩形沙滩，如图 3-2-12 所示。并使用颜料桶工具 填充土黄色渐变，渐变设置如图 3-2-13 所示。

二维动画制作　Flash 8.0

图 3-2-12　绘制矩形沙滩

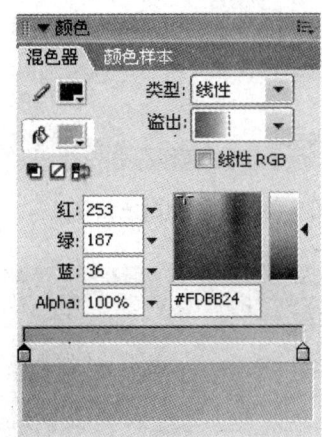

图 3-2-13　设置土黄色渐变

（5）新建图层 3，使用椭圆工具 ，将笔触设置为无，绘制椭圆，如图 3-2-14 所示。并使用颜料桶工具 填充浅蓝色渐变，渐变设置如图 3-2-15 所示。

图 3-2-14　绘制蓝色海洋

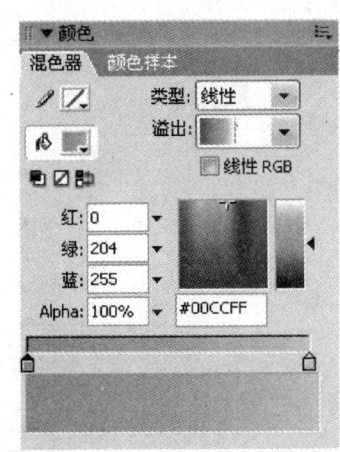

图 3-2-15　设置浅蓝色渐变

（6）新建图形元件"云"，使用矩形工具 绘制红色矩形（由于云层是白色，所以在红色矩形的背景上绘制比较清楚）。新建图层 2 使用椭圆工具 将笔触颜色设置为无，进行绘制。先后绘制多个大小都不同的圆，将其叠加在一起，如图 3-2-16 所示。并使用颜料桶工具填充白色透明渐变，如图 3-2-17、3-2-18 所示。绘制结束后将图层 1（红色矩形背景）删除。

（7）插入新建图形元件"小山"，使用铅笔工具 ，设置平滑模式来绘制小山，并填充绿色渐变，如图 3-2-19、3-2-20 所示。

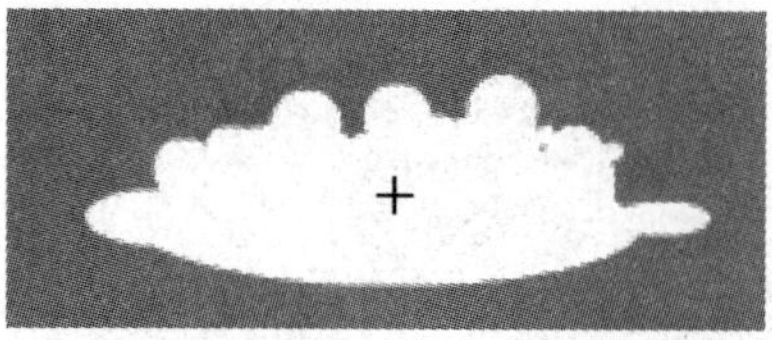

图 3-2-16　绘制白色云层

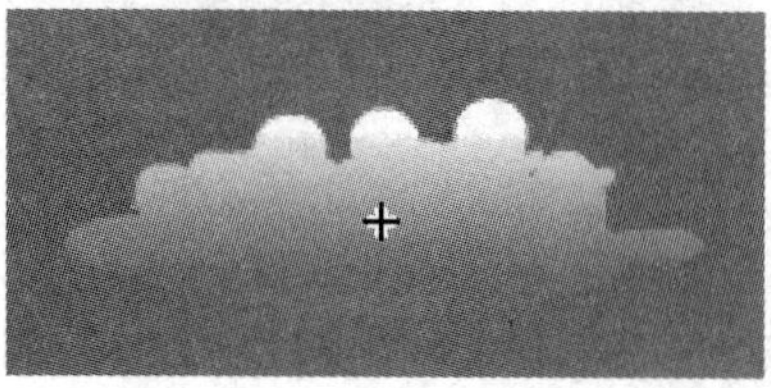

图 3-2-17　填充白色渐变

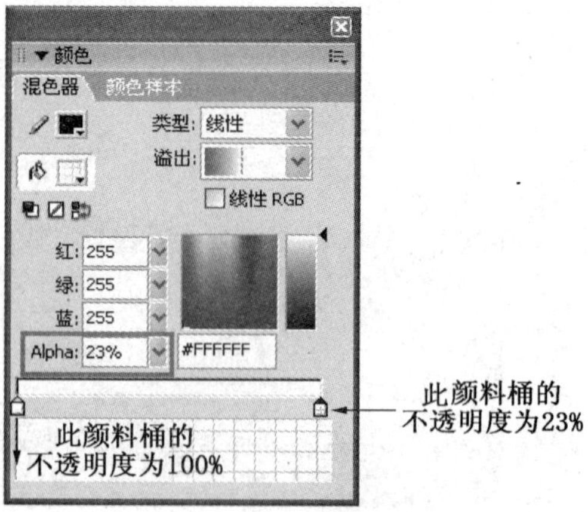

图 3-2-18　设置白色渐变

(8) 返回到主场景中,新建图层 4,将库中元件"云"拖动到舞台中,位置摆放如图 3-2-21 所示。调整图层位置,将图层 4 调整到图层 2 后面,如图 3-2-22 所示。

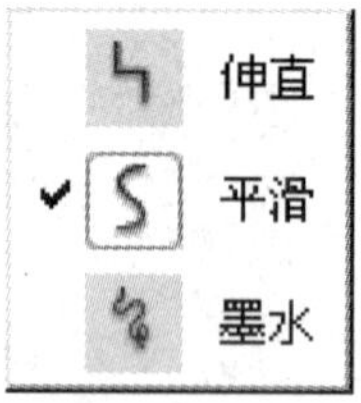

图 3-2-19　设置铅笔的平滑模式

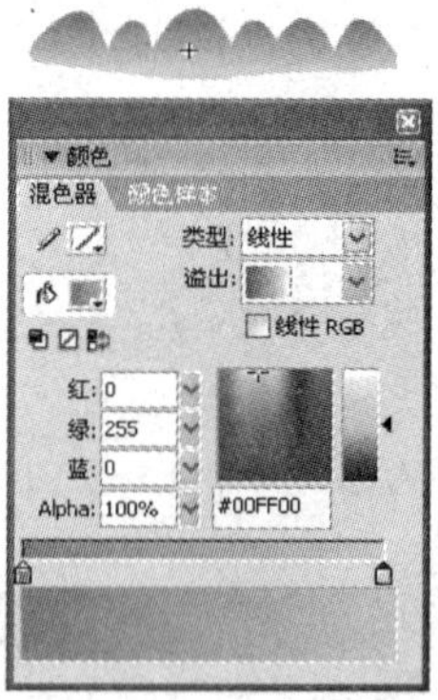

图 3-2-20　绘制小山

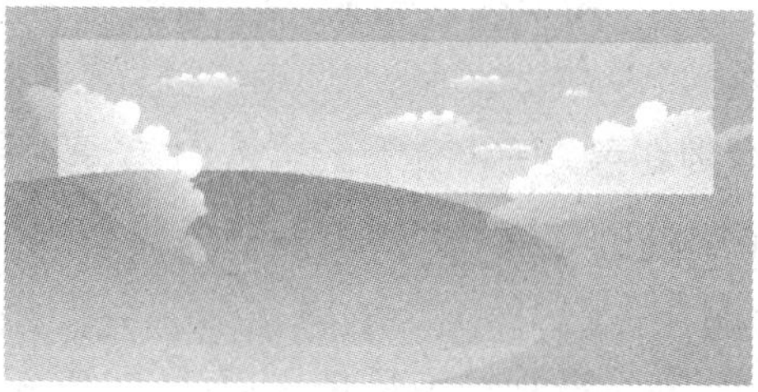

图 3-2-21　云的位置摆放

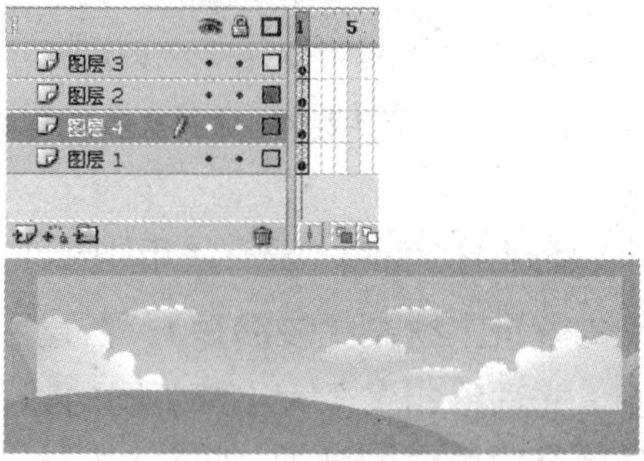

图 3-2-22　改变图层位置

(9) 返回到主场景中,新建图层 5,将库中元件"小山"拖动到舞台中,位置摆放如图 3-2-23 所示。

(10) 新建图形元件"树木",先使用椭圆工具 绘制椭圆,再使用变形工具 改变椭圆方向。使用多角星形工具 绘制星形并设置星形的边数为 20,如图 3-2-24 所示。

图 3-2-23　小山的位置摆放

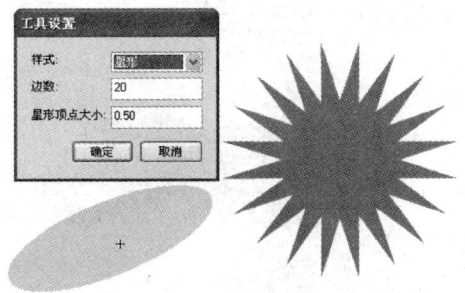

图 3-2-24　绘制椭圆和星形

（11）处于图形元件"树木"的编辑状态，使用选择工具  将星形的其他区域删除只留下小三角，如图 3-2-25 所示。使用选择工具 和变形工具 移动并改变小三角的方向，利用在 Flash 中图形之间可以相互分割的特性，绘制椰树的叶子，如图 3-2-26 所示。绘制椰树树叶完成后将小三角删除。

图 3-2-25　删除后留下的小三角

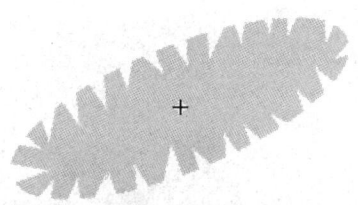

图 3-2-26　椰树的叶子

（12）处于图形元件"树木"的编辑状态，将椰树的叶子填充绿色渐变，如图 3-2-27、3-2-28 所示。

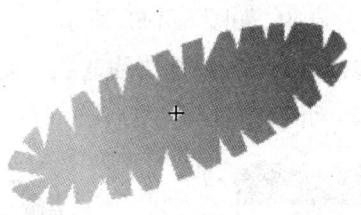

图 3-2-27　填充椰树的叶子

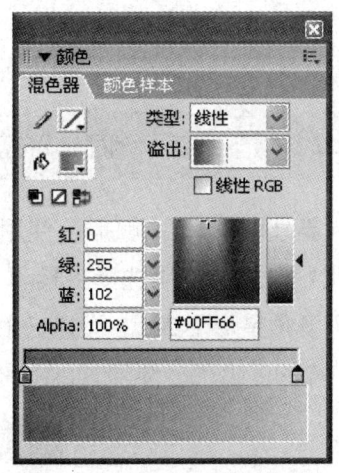

图 3-2-28　填充渐变的设置

（13）处于图形元件"树木"的编辑状态，将椰树的叶子复制分别粘贴在新建图层 2、3、4、5、6 中，使用变形工具 和选择工具 将叶子重新排列，如图 3-2-29 所示。

（14）处于图形元件"树木"的编辑状态，新建图层 7，使用矩形工具 和选择工具 绘制树干，如图 3-2-30 所示。调整图层位置，将图层 7 调整到图层 1 后面。

二维动画制作 Flash 8.0

第 3 章　绘图工具　49

图 3-2-29　椰树树叶的位置摆放　　　　　图 3-2-30　椰树的整体效果

(15) 返回到主场景中,新建图层 6,将库中元件"树木"拖动到舞台中,放于小山前方新建图层 7,将库中元件"树木"多次拖动到舞台中。调整图层位置,将图层 7 调整到图层 5 后面,位置摆放如图 3-2-31 所示。

图 3-2-31　椰树的位置摆放

Step2　接下来使用圆角矩形工具和椭圆工具绘制帆船。

(1) 插入新建图形元件"帆船",使用椭圆工具 ⊙ ,将笔触高度设置为无,笔触颜色设置为黑色,绘制帆船底盘,使用选择工具 ▶ 将多余部分删除,如图 3-2-32 所示。

(2) 使用多角星形工具 ⊙ 绘制三角形,使用选择工具 ▶ 将其边线弯曲。使用选择工具 ▶ 将帆船底部的多余部分删除,如图 3-2-33、3-2-34 所示。

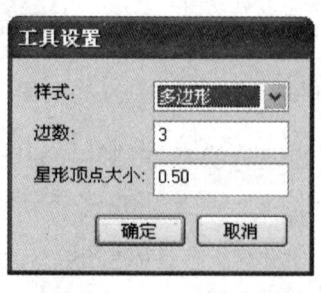

图 3-2-32　帆船底盘　　　　图 3-2-33　绘制三角形设置　　　　图 3-2-34　帆船

二维动画制作 Flash 8.0

(3) 返回到主场景中,新建图层 8、9 将库中元件"帆船"分别拖动到新图层中,在图层 8 中放置最接近岸边的那个帆船,图层 9 中放置其他两个小帆船。位置摆放如图 3-2-35 所示。

图 3-2-35　帆船的位置摆放

Step3　接下来制作远航的帆船的动画效果。

(1) 在图层 1、2、3、4、5、6、7、9 的第 300 帧处按 F5 键插入帧。

(2) 在图层 8 中的第 60 帧处按 F6 键插入关键帧,选中其中的帆船对象移动其位置,如图 3-2-36 所示。

(3) 在图层 8 中的第 200 帧处按 F6 键插入关键帧,选中其中的帆船对象移动其位置,使用变形工具 ⊡ 改变其大小,如图 3-2-37 所示。

图 3-2-36　第 60 帧帆船的位置摆放

图 3-2-37　第 200 帧帆船的位置摆放

(4) 在图层 8 中的第 300 帧处按 F6 键插入关键帧,选中其中帆船对象移动其位置,并将此对象的 Alpha 值设置为 0%,如图 3-2-38 所示。

(5) 在图层 8 中的第 1、60、200 帧处添加动画补间。

(6) 测试动画,并以文件名"3.2.2 远航的帆船.fla"保存文件。

图 3-2-38　第 300 帧帆船的位置摆放和 Alpha 值设置

3.2.3 小试身手——跳动的小球

设计结果

设计制作几个跳动的小球。如图 3-2-39 所示。

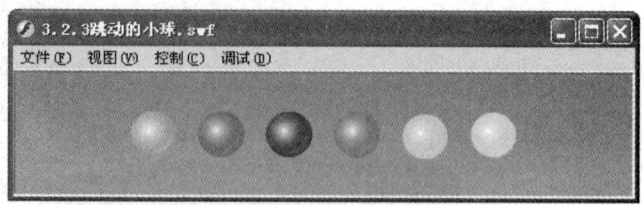

图 3-2-39 "跳动的小球"效果图

设计思路

(1) 利用矩形工具、椭圆工具和填充变形工具绘制背景和小球。

(2) 制作小球跳动的动画效果。

操作提示

(1) 创建一个新的 Flash 文档,设置舞台大小为 500×100 像素,背景为白色。

(2) 使用矩形工具 绘制 500×100 像素的矩形,设置笔触高度为无,使用颜料桶填充橘黄色渐变。将图层 1 设置为不显示。如图 3-2-40、3-2-41 所示。

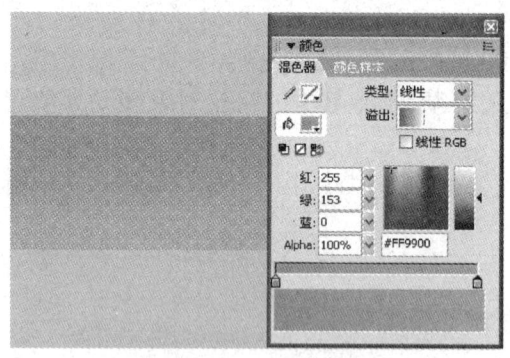

图 3-2-40 绘制背景

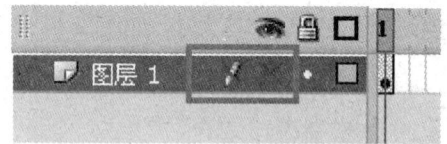

图 3-2-41 图层 1 的不显示设置

(3) 新建图形元件"小球黄",使用椭圆工具 绘制圆,并填充白到黄的放射性渐变,如图 3-2-42 所示。新建图层 2,使用椭圆工具 和选择工具 绘制长形椭圆,并在其中填充 Alpha 值为 25% 的白色,如图 3-2-43 所示。

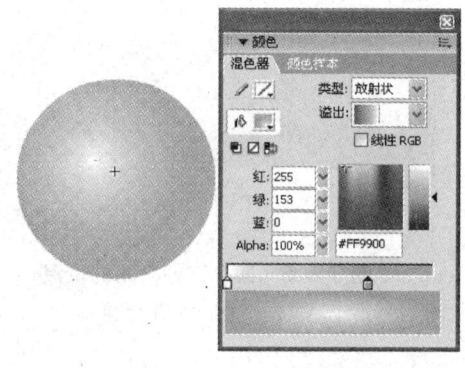

图 3-2-42 绘制小球

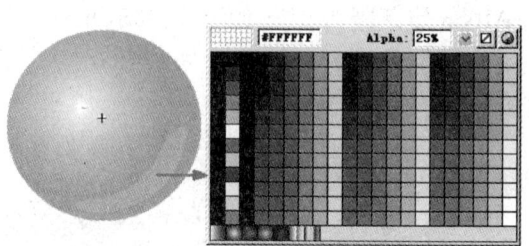

图 3-2-43 绘制长形椭圆

(4) 将图像元件"小球黄"复制,重命名为"小球红"。处于元件"小球红"的编辑状态,选中小球的填充部分,将小球填充白到红的放射性渐变,如图 3-2-44 所示。

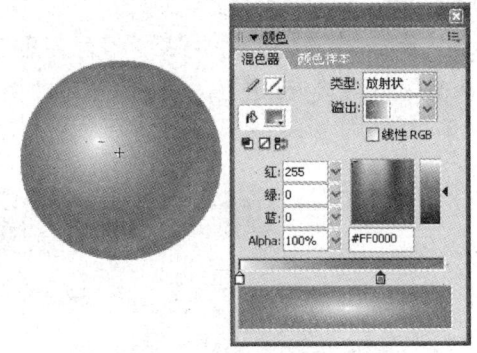

小贴士

在复制元件的时候可以选中此元件,在鼠标右键菜单中选择直接复制命令,修改元件名字即可。

图 3-2-44 元件"小球红"的设置

(5) 以此方法分别建立图形元件"小球绿"、"小球蓝"、"小球紫"、"小球浅蓝"。如图 3-2-45、3-2-46、3-2-47、3-2-48 所示。

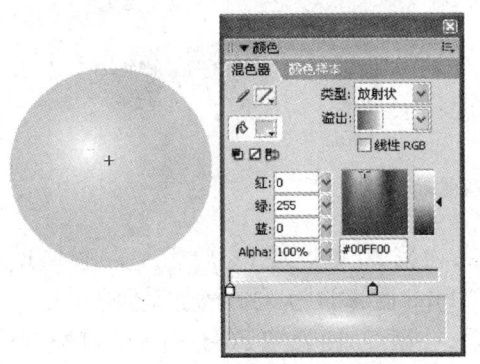

图 3-2-45 元件"小球绿"的设置

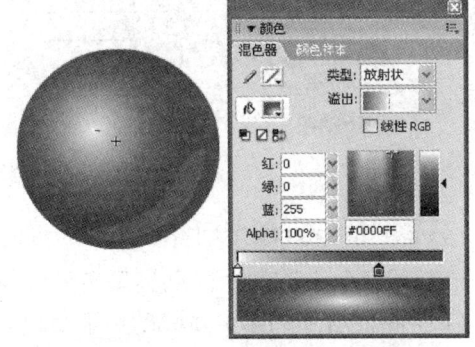

图 3-2-46 元件"小球蓝"的设置

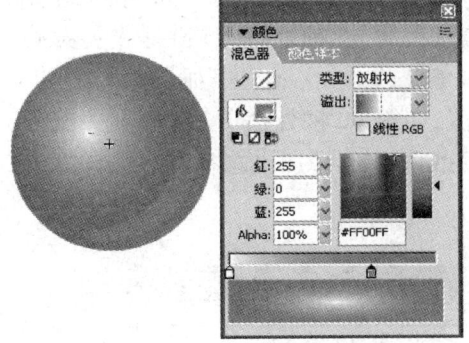

图 3-2-47 元件"小球紫"的设置

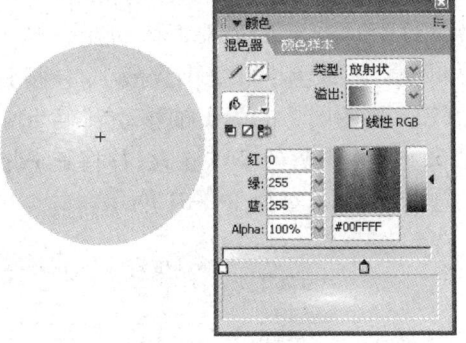

图 3-2-48 元件"小球浅蓝"的设置

(6) 返回到主场景中,新建图层 2、3、4、5、6、7,分别将不同颜色的小球放置其中。同时选中这些小球,执行"修改/对齐/相对于舞台分布"命令、"按宽度均匀分布"命令和"垂直居中"命令,使小球对齐排列。如图 3-2-49 所示。

图 3-2-49　小球的位置摆放

　　(7) 将所有图层的第 100 帧处按 F5 键插入普通帧。

　　(8) 在图层 2 的第 10 帧处按 F6 键插入关键帧,返回到第 1 帧,将黄色小球的位置向上移动到舞台外,并将其 Alpha 值修改为 0%,添加动画补间,如图 3-2-50 所示。

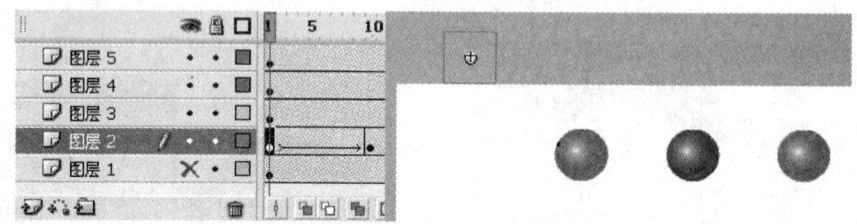

图 3-2-50　黄色小球的动画设置

　　(9) 将图层 3 的第 1 帧移动到第 10 帧的位置,在第 20 帧处按 F6 键插入关键帧,返回到第 10 帧,将红色小球向下移动到舞台外,并将其 Alpha 值修改为 0%,添加动画补间。

　　(10) 将图层 4 的第 1 帧移动到第 20 帧的位置,在第 30 帧处按 F6 键插入关键帧,返回到第 20 帧,将蓝色小球向左移动到原红色小球位置,并将其 Alpha 值修改为 0%,添加动画补间。

　　(11) 将图层 5 的第 1 帧移动到第 30 帧的位置,在第 40 帧处按 F6 键插入关键帧,返回到第 30 帧,将紫色小球向右移动到原绿色小球位置,并将其 Alpha 值修改为 0%,添加动画补间。

　　(12) 将图层 6 的第 1 帧移动到第 40 帧的位置,在第 50 帧处按 F6 键插入关键帧,返回到第 40 帧,将绿色小球缩小到最小,并将其 Alpha 值修改为 0%,添加动画补间。

　　(13) 将图层 7 的第 1 帧移动到第 50 帧的位置,在第 60 帧处按 F6 键插入关键帧,返回到第 50 帧,将浅蓝色小球放大,并将其 Alpha 值修改为 0%,添加动画补间。这样,所有小球的动画设置完成,如图 3-2-51 所示。

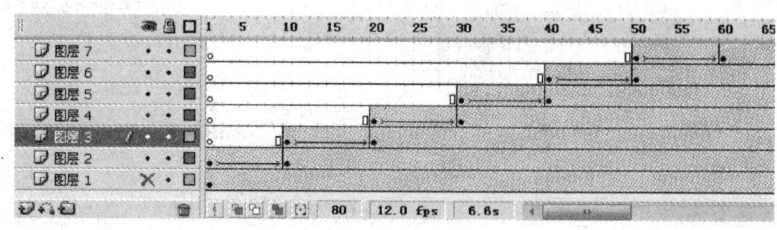

图 3-2-51　所有小球的动画设置

（14）分别在图层 2～7 的第 70、80、90 帧处按 F6 键插入关键帧。

（15）分别将图层 2～7 第 80 帧中的小球移动到舞台中央。

（16）分别在图层 2～7 的第 70、80 帧处添加动画补间。

（17）测试动画，并以文件名"3.2.3 跳动的小球. fla"保存。

3.3 文本、铅笔和滴管工具

3.3.1 知识点和技能

文本工具 **A**：在 Flash 中一共有三种文本类型，分别为静态文本、动态文本和输入文本。可以在文本工具的属性面板中进行修改。如图 3-3-1 所示。

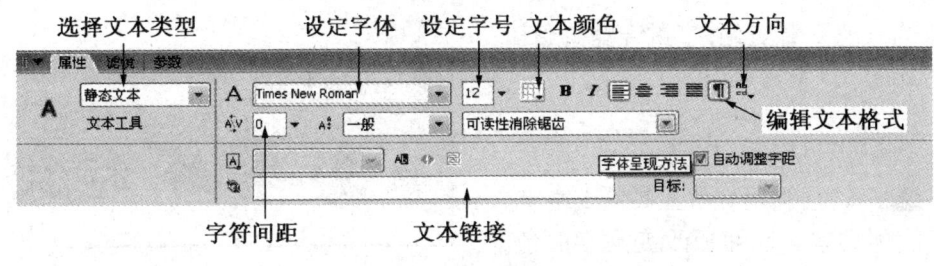

图 3-3-1　文本属性面板

● 静态文本：使用文本工具 **A** 选择静态文本，直接在工作区单击即可输入文本，可设置各种文本格式。

● 动态文本：使用文本工具 **A** 选择动态文本，输入的文字相当于变量，可以随时修改和调用。

● 输入文本：使用文本工具 **A** 选择输入文本，可以在工作区中绘制表单，用户可以在表单中直接输入用户信息。

在输入文本的过程中有两种输入状态，分别为无宽度限制和有宽度限制。

无宽度限制的输入框：选择文本工具在工作区单击，输入框右上角有一个小圆圈，输入框随文字的输入而加长。

有宽度限制的输入框：选择文本工具在工作区中拖动鼠标，输入框右上角有一个小正方形，输入的文字会根据输入框长度自动换行，用鼠标拖动可以改变输入框长度。如图 3-3-2 所示。

铅笔工具 ✐：使用铅笔工具可以绘制线条和图形，如图 3-3-3 所示。

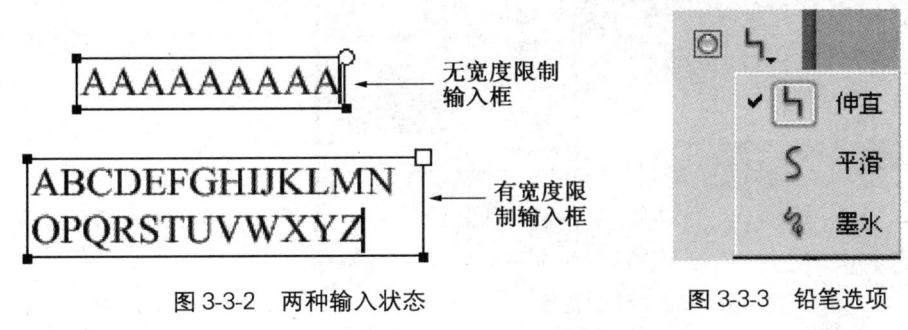

图 3-3-2　两种输入状态　　　　图 3-3-3　铅笔选项

使用铅笔工具,选择对象绘制 ，可以直接在工作区中创建形状,不会干扰其他重叠的形状。

使用铅笔工具,选择伸直，可以绘制直线,并将接近三角形、椭圆形、圆形、矩形和正方形的形状转换为这些常见的几何形状。

使用铅笔工具,选择平滑，可以绘制平滑图形,绘制的图形会自动去掉棱角,使图形尽量趋于平滑。

使用铅笔工具,选择墨水，可以绘制不用修改的手绘线条,绘制出来的图形轨迹就是最终结果。

滴管工具：可以从已存在的线条和填充中获取颜色信息。

3.3.2 范例——霓虹灯文字

设计结果

文字的颜色不断变化,感觉像霓虹灯一样漂亮。如图 3-3-4 所示。

设计思路

(1) 绘制背景,利用文本工具输入文字。

(2) 使用文本属性面板改变文字颜色,使用颜料桶工具对文字填充渐变颜色。

(3) 制作文本颜色闪烁的动画效果。

图 3-3-4　"霓虹灯文字"效果图

范例解题引导

> **Step1** 我们首先要进行的工作是绘制背景并使用文本工具输入文字"五彩缤纷的文字"。

(1) 创建一个新的 Flash 文档,设置舞台大小为 550×150 像素,背景为白色。

(2) 使用矩形工具 和颜料桶工具 绘制背景,如图 3-3-5 所示。

(3) 新建图层 2,使用文本工具 A 在舞台的中央输入"五彩缤纷的文字",如图 3-3-6 所示。

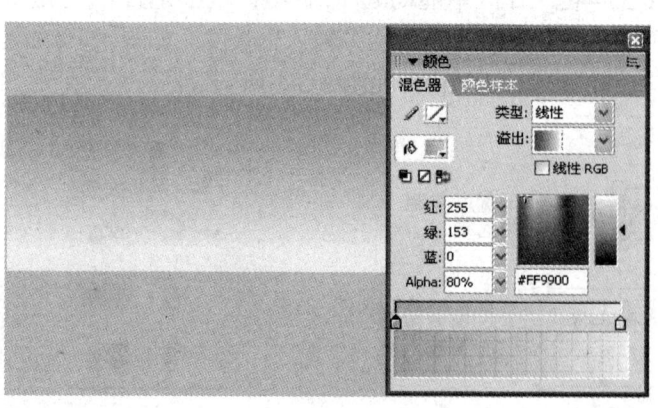

图 3-3-5　绘制背景　　　　　　　　图 3-3-6　输入文字

（4）使用文本工具属性修改文字属性，如图3-3-7所示。

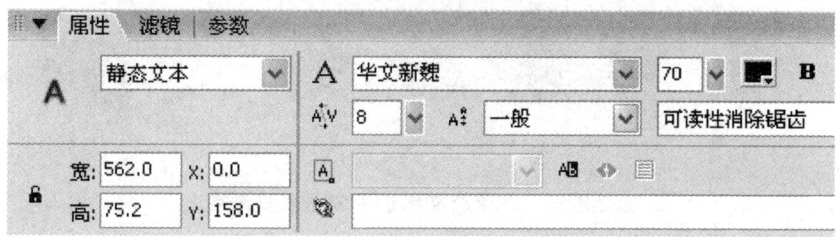

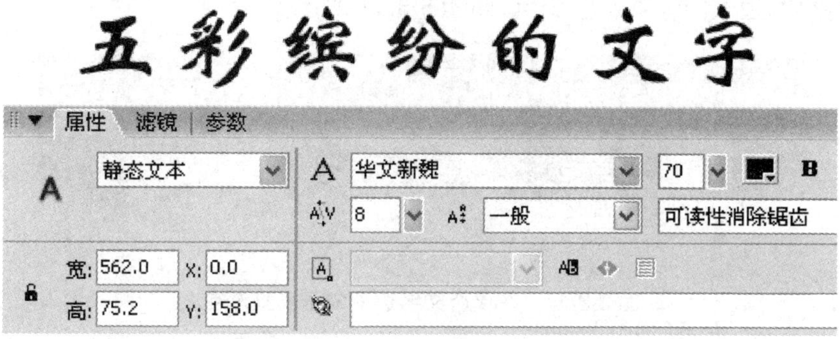

图3-3-7　设置文字格式

（5）执行"修改/分离"命令两次，将文字打散，如图3-3-8、3-3-9所示。

小贴士

　　这里一共要执行两次分离的命令，第一次执行"修改/分离"命令后可以将文字逐个分离，第二次执行"修改/分离"命令后才可以将文字完全打散。

图3-3-8　第一次"分离"命令后的效果 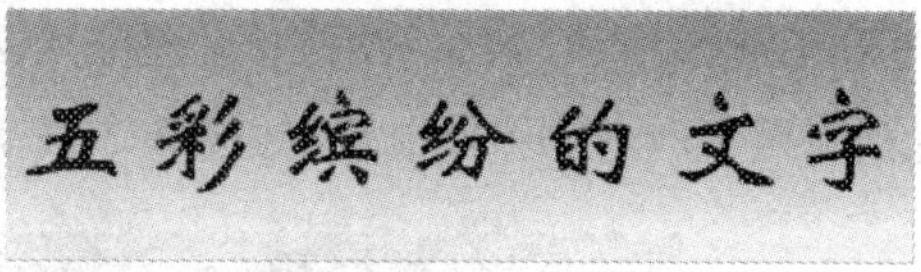　　　　图3-3-9　第二次"分离"命令后的效果

（6）使用墨水瓶工具给文字添加颜色边框。

Step2　利用时间轴制作不同颜色的文本边框。

（1）选择图层1，在第55帧处按F5键插入普通帧。

（2）选择图层2，在第5、10、15、20、25、30、35、40帧处按F6键插入关键帧，并使用墨水瓶工具将这些关键帧中的文字边框修改颜色，如图3-3-10所示。

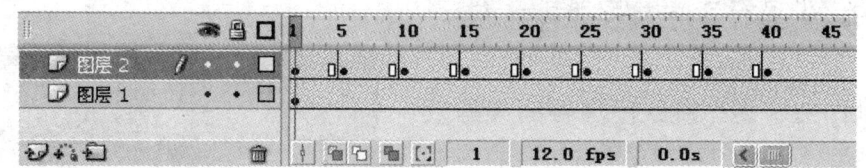

图3-3-10　插入关键帧改变文字边框颜色

Step3　最后我们来制作文字闪烁的动画效果。

二维动画制作　Flash 8.0

（1）在图层 2 的第 45 帧按 F6 键插入关键帧,使用选择工具 选中文本边框,使用墨水瓶工具 将文本边框勾画彩虹渐变色,如图 3-3-11 所示。

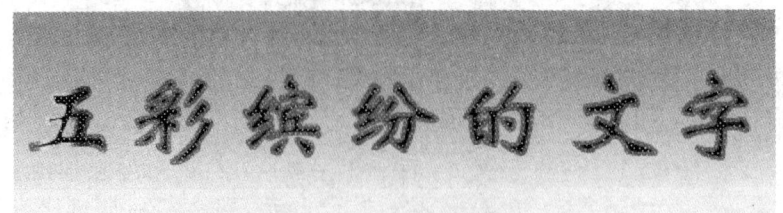

图 3-3-11　在单个文字边框勾画彩虹渐变

（2）使用填充变形工具 ,将文本边框的颜色调整为如图 3-3-12 所示。

图 3-3-12　在所有文字边框勾画彩虹渐变

（3）在图层 2 的第 55 帧按 F6 键插入关键帧,使用填充变形工具 ,将文本边框的颜色调整为和第 45 帧相反的颜色,如图 3-3-13 所示。

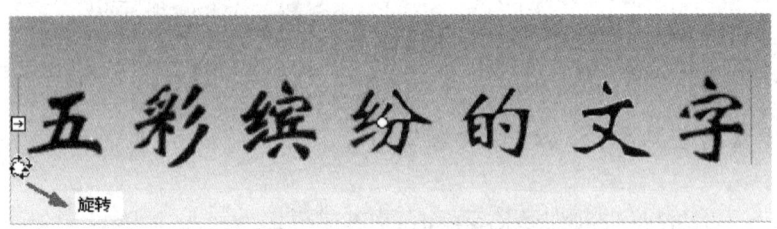

图 3-3-13　调整彩虹渐变方向

（4）分别在第 5、10、15、20、25、30、35、45 帧上添加形状补间。
（5）测试动画,并以文件名"3.3.2 霓虹灯文字.fla"保存。

3.3.3　小试身手——跳跃的字符

设计结果

设计制作文字逐一跳跃出现再消失的效果。如图 3-3-14 所示。

设计思路

（1）从外部导入图片制作背景。
（2）制作文字逐一出现的动画效果。

图 3-3-14　"跳跃的字符"效果图

二维动画制作　Flash 8.0

（3）制作文字逐一消失的动画效果。

操作提示

（1）创建一个新的 Flash 文档，设置舞台大小为 500×200 像素，背景为白色。

（2）使用矩形工具 绘制 500×200 像素的矩形，使用颜料桶工具 填充蓝白渐变颜色，其中蓝色颜料桶的 Alpha 值为 50%，如图 3-3-15 所示。

（3）新建图层 2，使用铅笔工具 ，将笔触颜色设定为黑色，笔触高度设置为 5，绘制梯形，如图 3-3-16 所示。

（4）插入新建图形元件"音符 1"，使用椭圆工具 、线条工具 和铅笔工具 绘制音符，如图 3-3-17 所示。

（5）插入新建图形元件"音符 2"，使用椭圆工具 、线条工具 绘制音符，如图 3-3-18 所示。

（6）执行"文件/导入/导入到库"命令，将素材"3.3-3a. wmf"导入。

（7）返回到主场景中，将库中元件"音符 1"、"音符 2"、"3.3-3a. wmf"拖动到舞台中，位置摆放如图 3-3-19 所示。

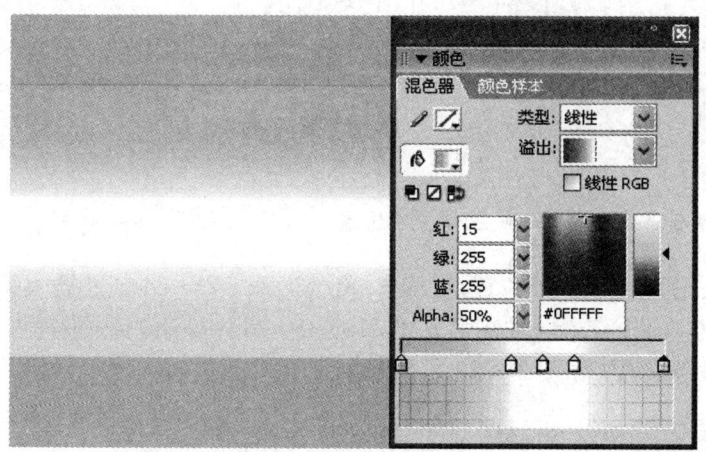

图 3-3-15 绘制背景

图 3-3-16 绘制梯形

图 3-3-17 音符

图 3-3-18 音符

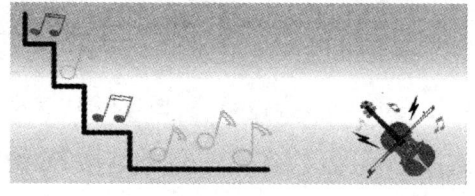

图 3-3-19 音符的位置摆放

（8）新建图层 3，使用文本工具 输入文字"MUSIC"，使用文本属性面板设置文字格式，如图 3-3-20 所示。

(9) 选中文字,执行"修改/分离"命令,将文字分离成字母。单击鼠标右键,选择"分散到图层",并将原来的图层 3 删除,如图 3-3-21 所示。

图 3-3-20　文字的输入

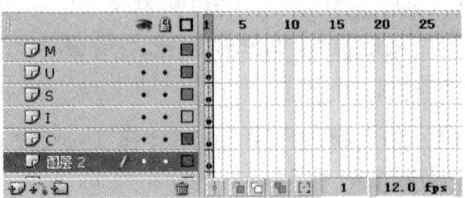

图 3-3-21　分离字母到图层

(10) 选择 M 图层,在第 5、10、15、20、25 帧处按 F6 键插入关键帧,选中第 1、10、20 帧中的文字向上移动,如图 3-3-22 所示。并在第 1、5、10、15、20 帧处添加动画补间。

 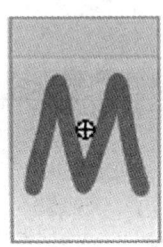 

图 3-3-22　第 1、10、20 帧文字位置

(11) 选择 U 图层,将第 1 帧移动到第 3 帧位置,在第 3、8、13、18、23、28 帧处插入关键帧,分别将第 3、13、23 帧中的文字向上移动。并在第 3、8、13、18、23 帧处添加动画补间。

(12) 以此方法,设置其他文字图层,如图 3-3-23 所示。

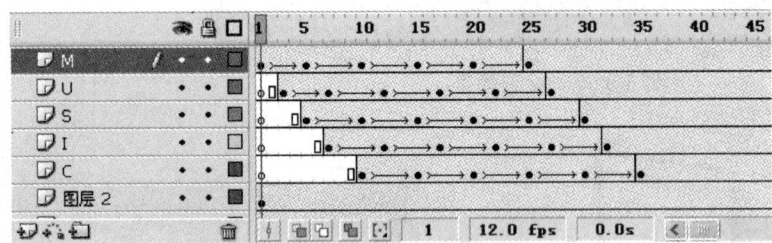

图 3-3-23　文字动画设置

(13) 选择 M 图层,在第 45、60 帧处按 F6 键插入关键帧,选择第 60 帧中的文字,使用变形工具 ▣ 将文字变大,并设置 Alpha 值为 0%,选择第 45 帧添加动画补间。

(14) 选择 U 图层,在第 48、63 帧处按 F6 键插入关键帧,选择第 63 帧中的文字,使用变形工具 ▣ 将文字变大,并设置 Alpha 值为 0%,选择第 48 帧添加动画补间。

(15) 以此方法,设置其他文字图层,如图 3-3-24 所示。

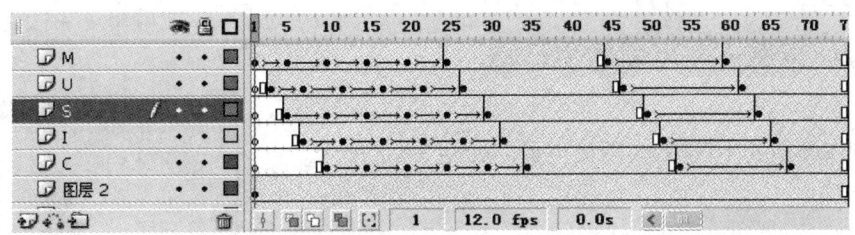

图 3-3-24　文字消失动画设置

（16）测试动画，并以文件名"3.3.3跳跃的字符.fla"保存。

3.4　钢笔、部分选取和刷子工具

3.4.1　知识点和技能

钢笔工具 ：钢笔工具和铅笔工具一样可以绘制线条，利用钢笔工具可以精确地调整直线段的角度和长度，以及曲线段的斜率。

当鼠标移动到路径或路径锚点附近时，鼠标有以下几种形状：

● 当鼠标变为 时，可以在此处添加锚点。

● 当鼠标变为 时，可以删除此处锚点。

● 当鼠标变为 时，可以闭合路径。

● 当鼠标变为 时，可以转换锚点。可以将直线锚点变为曲线锚点，曲线锚点变为直线锚点。

部分选取工具 ：部分选取工具用于修改和调整路径时选择对象的锚点。

当鼠标移动到路径或路径锚点附近时，鼠标有以下几种形状：

● 当鼠标变为 时，可以移动整个路径。

● 当鼠标变为 时，可以移动此处的锚点。

● 当鼠标变为 时，可以调整曲线锚点的手柄。

刷子工具 ：刷子工具可以用来绘制出像毛笔作画的效果，常用于给对象着色。

单击"刷子模式" 并选择一种涂色模式，如图3-4-1所示。

图 3-4-1　刷子模式的选项

● "标准绘画"可对同一层的线条和填充涂色。

● "颜料填充"对填充区域和空白区域涂色，不影响线条。

● "后面绘画"在舞台上同一层的空白区域涂色，不影响线条和填充。

● "颜料选择"可将新的填充应用到选区中。（该选项就跟简单地选择一个填充区域并应用新填充一样。）

● "内部绘画"对开始刷子笔触时所在的填充区域进行涂色，但不对线条涂色。如果在空白区域中开始涂色，该填充不会影响任何现有填充区域。

3.4.2 范例——可爱的生日帽

设计结果

设计制作漂亮的生日帽,实用又可爱。如图 3-4-2 所示。

设计思路

(1) 使用钢笔工具、椭圆工具、部分选取工具、填充渐变工具、刷子工具、颜料桶工具等绘制生日帽。

(2) 设置生日帽出现的动画效果。

(3) 制作文字出现的动画效果。

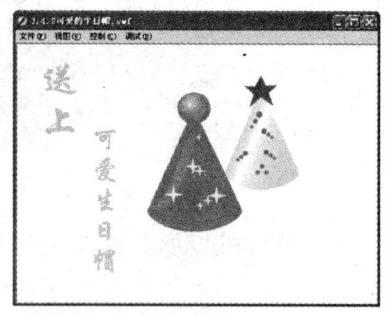

图 3-4-2 "可爱的生日帽"效果图

范例解题引导

Step 1 首先要进行的工作是绘制卡通生日帽的造型。

(1) 创建一个新的 Flash 文档,设置舞台大小为 550×400 像素,背景为白色。

(2) 执行"插入/新建元件"命令,建立一个类型为"图形"、名称为"生日帽1"的元件,如图 3-4-3 所示。

图 3-4-3 创建图形元件

(3) 进入元件的编辑状态,使用椭圆工具 ⊙ ,并在属性面板设置其属性,将笔触颜色设置为无,填充颜色设置为橘黄色放射性渐变,如图 3-4-4、3-4-5 所示。

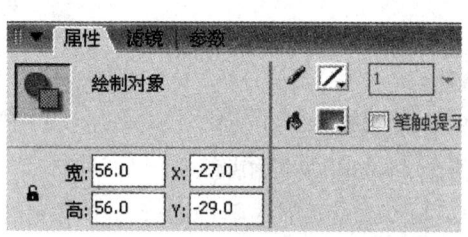

图 3-4-4 设置椭圆工具属性

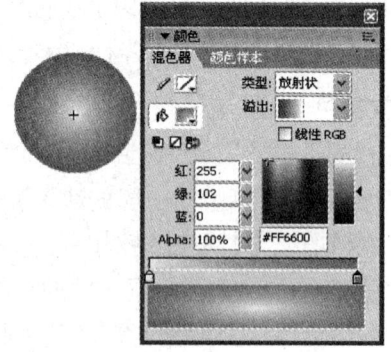

图 3-4-5 椭圆中放射性渐变设置

(4) 使用填充变形工具 📊 调整椭圆中放射性渐变,如图 3-4-6 所示。

（5）新建图层 2，使用钢笔工具 ✿ 绘制图形，填充橘黄色，如图 3-4-7 所示。

（6）使用部分选取工具 ▶ 移动图形的部分锚点，并按住 Alt 键将底边上的三个锚点调整成曲线锚点，如图 3-4-8 所示。

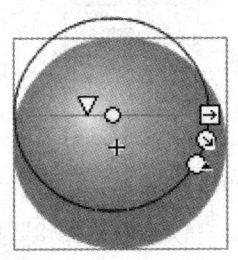

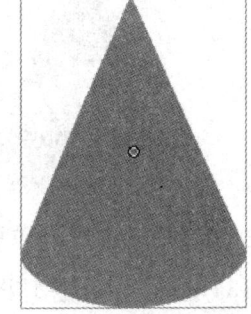

图 3-4-6　调整放射性渐变设置　　图 3-4-7　使用钢笔工具绘制图形　　图 3-4-8　使用部分选取工具调整图形

（7）使用选择工具 ▶ 调整位置，并将图层 2 移动到图层 1 的下面，如图 3-4-9 所示。

（8）建立图层 3，使用刷子工具 ✎ 在生日帽的椭圆顶部绘制半透明的圆弧，设置刷子的填充颜色为白色，Alpha 值为 25％，平滑度为 56，如图 3-4-10 所示。

（9）新建图层 4，使用刷子工具 ✎ 在生日帽的圆锥下部绘制半透明的长条，设置刷子的填充颜色为白色，Alpha 值为 25％，平滑度为 56，刷子的形状设置如图 3-4-11 所示。

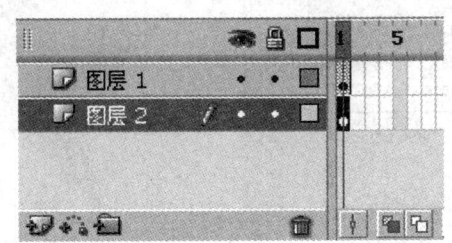
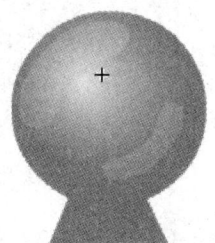

图 3-4-9　调整图层　　　　　　　　图 3-4-10　绘制半透明圆弧

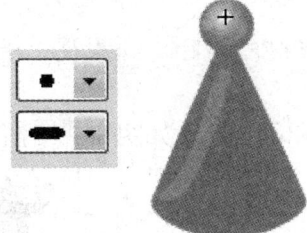

图 3-4-11　绘制半透明长条　　　　　　图 3-4-12　星形

（10）新建图层 5，使用多角星形工具，展开属性面板，设置样式为"星形"；边数为 4，绘制一个星形，如图 3-4-12 所示。

（11）将所绘制的星形复制多个，使用变形工具 ▢ 改变其大小和方向，使用选择工具 ▶ 摆放位置，如图 3-4-13 所示。

（12）执行"插入/新建元件"命令，建立一个类型为"图形"、名称为"生日帽 2"的元件，如

图 3-4-14 所示。

图 3-4-13　星形的位置摆放

图 3-4-14　创建图形元件

（13）进入"生日帽 1"图形元件的编辑状态,选中圆锥形底部复制。进入"生日帽 2"图形元件的编辑状态,粘贴图形。将圆锥形的填充颜色修改为蓝白渐变,使用填充变形工具调整渐变的方向,如图 3-4-15 所示。

（14）新建图层 2,使用多角星形工具绘制五角星,并填充蓝色,如图 3-4-16 所示。

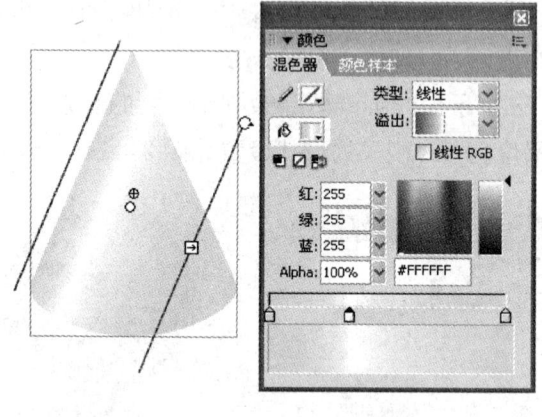

图 3-4-15　填充蓝白色渐变

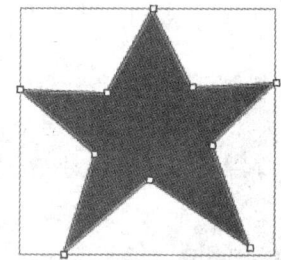

图 3-4-16　绘制五角星

（15）使用刷子工具 ✐ 绘制半透明的折线,设置刷子的填充颜色为蓝色,Alpha 值为 25%,平滑度为 43,刷子的形状设置如图 3-4-17 所示。

（16）选中刚绘制的半透明折线复制并粘贴,使用变形工具 ⊞ 旋转方向并移动位置,如图 3-4-18 所示。

（17）新建图层 3,使用椭圆工具 ◎ 绘制圆,大小和位置摆放如图 3-4-19 所示。

二维动画制作 Flash 8.0

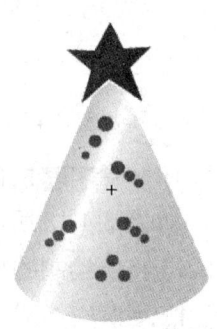

图 3-4-17　绘制半透明折线　　　图 3-4-18　复制半透明折线　　图 3-4-19　小圆圈的位置摆放

（1）返回到主场景中，将库中图形元件"生日帽1"拖动到舞台上，位置摆放如图3-4-20所示。在图层1的第10帧按F6键插入关键帧，选中其中对象移动一定位置，如图3-4-21所示。在第20、30帧处按F6键插入关键帧，选中第30帧中的对象，移动到指定位置，如图3-4-22所示。

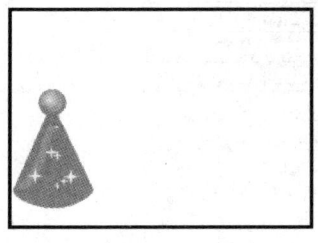 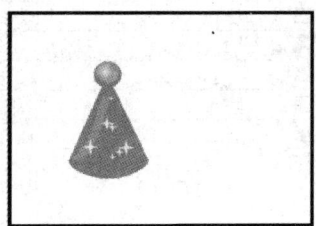 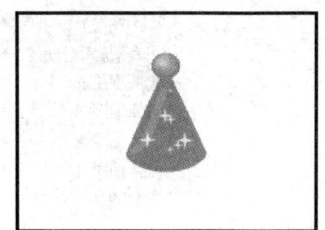

图3-4-20　第1帧对象的　　　　图3-4-21　第10帧对象的　　　　图3-4-22　第30帧对象的
　　　　　位置摆放　　　　　　　　　　　位置摆放　　　　　　　　　　　位置摆放

（2）分别在第1、20帧处添加动画补间。

（3）新建图层2，将图层1中的所有帧复制粘贴到图层2中，并将所有的帧向后移动2帧，并把所有帧中对象的Alpha值设置为70％，如图3-4-23所示。

（4）以此方法，新建图层3、4，将图层3中的对象Alpha值设置为50％，将图层4中的对象Alpha值设置为25％，如图3-4-24所示。

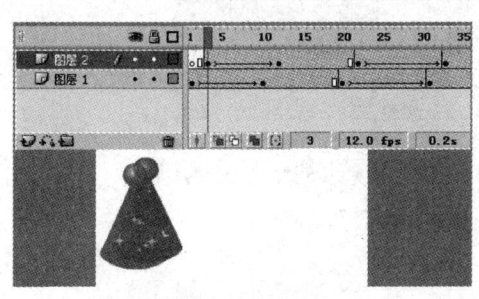

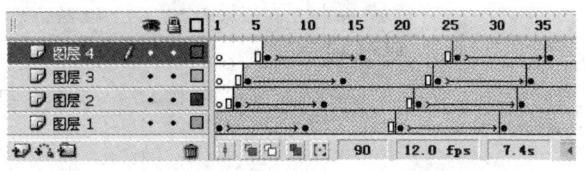

图3-4-23　图层2的效果　　　　　　　　　　　　图3-4-24　图层3、4的设置

（5）新建图层5，将库中图形元件"生日帽2"拖动到舞台上，位置摆放如图3-4-25所示。在图层5的第10帧按F6键插入关键帧，选中其中对象移动一定位置，如图3-4-26所示。在第20、30帧处按F6键插入关键帧，选中第30帧中的对象，移动到指定位置，如图3-4-27所示。

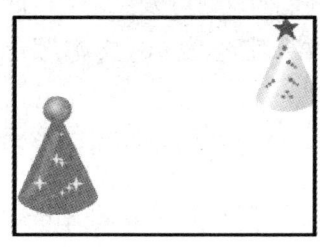  

图3-4-25　第1帧对象的　　　　图3-4-26　第10帧对象的　　　　图3-4-27　第30帧对象的
　　　　　位置摆放　　　　　　　　　　　位置摆放　　　　　　　　　　　位置摆放

（6）分别在图层 5 的第 1 帧添加动画补间，第 20 帧添加动画补间，并顺时针旋转一次。

（7）新建图层 6、7、8，方法如同新建图层 2、3、4。将图层 6、7、8 中对象的 Alpha 值分别设定为 70％、50％、25％，如图 3-4-28 所示。

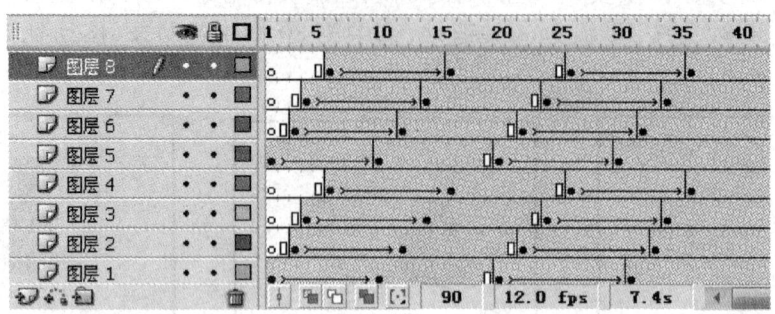

图 3-4-28　图层 5、6、7、8 的设置

（8）在所有图层的第 90 帧处按 F5 键插入普通帧。如有多余帧请删除。

（9）调整各图层的前后次序为 5、6、7、8、1、2、3、4，如图 3-4-29 所示。

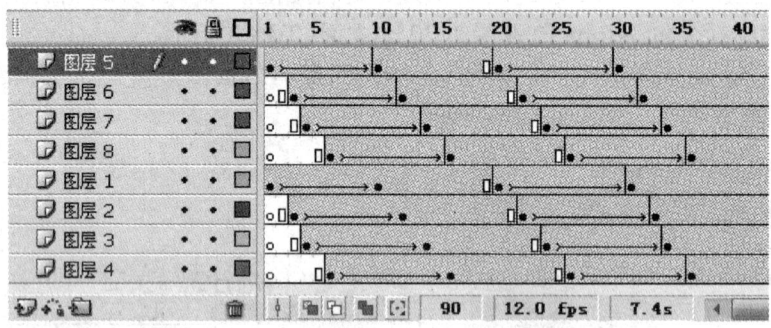

图 3-4-29　调整各图层的前后次序

（1）执行"插入/新建元件"命令，建立一个类型为"图形"、名称为"送上"的元件，使用文本工具 A 输入文字"送上"，字体为华文行楷，字号为 60，文本颜色为绿色。

（2）执行"插入/新建元件"命令，建立一个类型为"图形"、名称为"可爱生日帽"的元件，使用文本工具 A 输入文字"可爱生日帽"，字体为华文行楷，字号为 43，文本颜色为绿色。

（3）返回到主场景中，新建图层 9、10，在第 36 帧按 F6 键插入关键帧，将库中图形元件"送上"和"可爱生日帽"分别拖动到舞台中，如图 3-4-30 所示。

（4）在图层 9、10 的第 45 帧按 F6 键插入关键帧，分别将图层 9、10 中第 36 帧中的对象移动位置，如图 3-4-31 所示。

（5）在图层 9、10 的第 36 帧添加动画补间。

二维动画制作 Flash 8.0

（6）测试动画，并以文件名"3.4.2可爱的生日帽.fla"保存。

图3-4-30　文字位置摆放

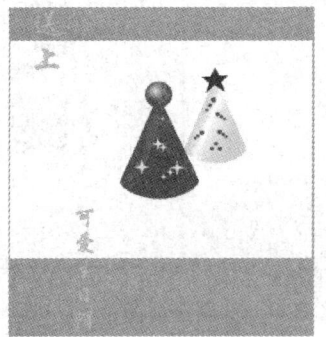

图3-4-31　文字移动位置

3.4.3　小试身手——情人节贺卡

设计结果

设计制作一张温馨的情人节贺卡。如图3-4-32所示。

设计思路

（1）利用绘图工具和变形工具完成贺卡背景的制作。

（2）使用钢笔工具和部分选取工具完成心形图案的制作。

（3）导入外部图片。

（4）制作小星星的闪烁效果。

图3-4-32　"情人节贺卡"效果图

操作提示

（1）创建一个新的Flash文档，设置舞台大小为550×400像素，背景为白色。

（2）使用矩形工具 绘制背景，并使用颜料桶工具 工具填充黄到绿的渐变，如图3-4-33所示。

小贴士

在绘制图形的过程中，为了避免无意中修改已经绘制好的图形，可以将已经完成绘制的图层锁定。

（3）新建图层2，使用椭圆工具 绘制不同透明度的圆，位置摆放如图3-4-34所示。

（4）新建图层3，使用钢笔工具 和部分选取工具 绘制心形图案，并设置笔触样式、笔触颜色、填充颜色，如图3-4-35所示。

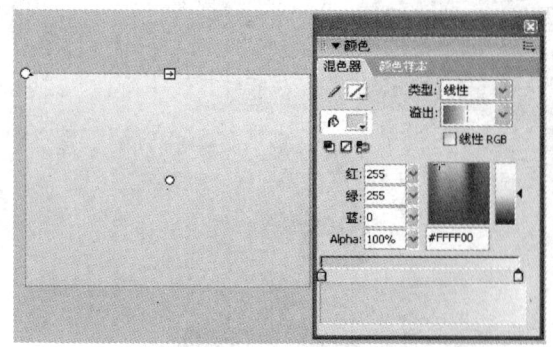

图 3-4-33　填充渐变色

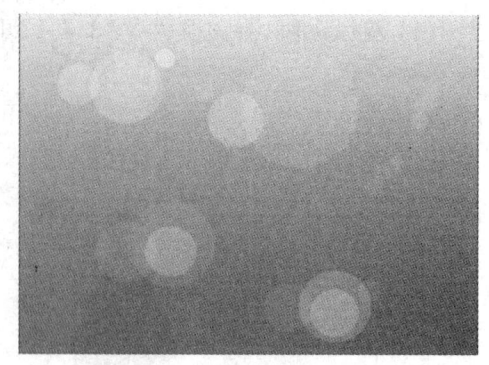

图 3-4-34　绘制不同透明度的圆

（5）新建图层 4，执行"文件/导入/导入到舞台"命令，将素材 3.4.3a.gif 导入。使用变形工具 ⊞ 改变其大小并移动位置，如图 3-4-36 所示。

图 3-4-35　心形图案的绘制

图 3-4-36　外部图片的位置摆放

（6）新建图形元件"星星"，使用多角星形工具绘制星星，如图 3-4-37 所示。使用椭圆工具 ◎ 绘制圆，再选中，执行"修改/形状/柔化填充边缘"命令，如图 3-4-38 所示。

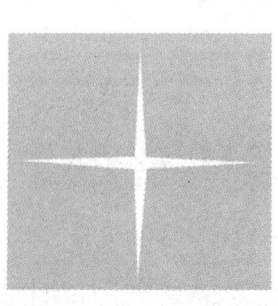

图 3-4-37　绘制星星

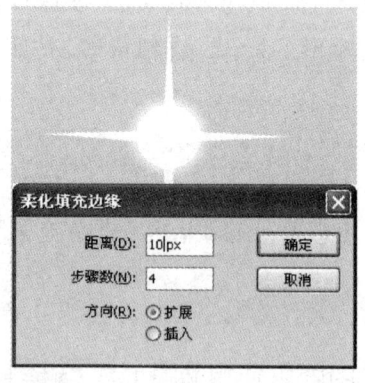

图 3-4-38　绘制柔化边缘的椭圆

（7）返回到主场景中，新建图层 5，将库中图形元件"星星"拖动到舞台上，使用选择工具

和变形工具 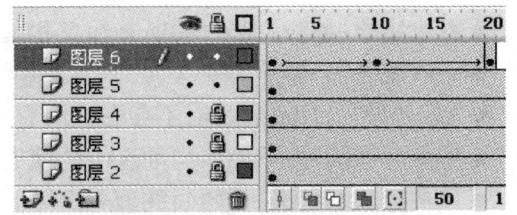 摆放星星,如图 3-4-39 所示。

(8) 在所有图层的第 50 帧按 F5 键插入普通帧。

(9) 新建图层 6,将库中图形元件"星星"拖动到舞台中,在第 10、20 帧处按 F6 键插入关键帧,将第 1、20 帧中的星星 Alpha 值改为 0％并添加动画补间,如图 3-4-40 所示。

(10) 以此方法,设置其他星星的动画效果,可以设置不同的起始帧、终止帧,如图 3-4-41 所示。

图 3-4-39　星星的位置摆放

图 3-4-40　星星的动画设置

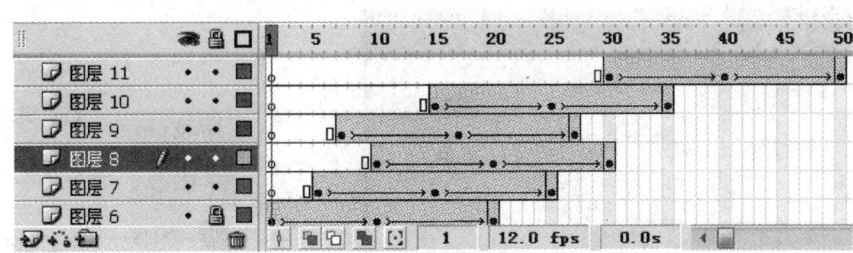

图 3-4-41　星星的动画设置

(11) 测试动画,并以文件名"3.4.3 情人节贺卡.fla"保存。

3.5　选择、套索和橡皮擦工具

3.5.1　知识点和技能

选择工具 ：当选定此工具时,在工具箱中有三个选项分别为贴紧至对象 、平滑 、伸直 。

● 贴紧至对象:使用"贴紧至对象"按钮可以在拖动对象时,使其吸附在舞台中已存在的对象上。

● 平滑:可以使选中的曲线更加平滑。并且可以减少复杂曲线跨度范围内的突起或转折点的数量,使曲线在跨越相同距离时能有更少的点。

● 伸直:可以使选中的直线减少弯曲。

套索工具 🔎 : 可以用于选择图形中不规则的区域。当选定此工具时, 在工具箱中有三个选项分别为魔术棒 🪄、魔术棒设置 🪄、多边形模式 🏁。

● 魔术棒: 用于选取相近颜色的区域。

● 魔术棒设置: 在"魔术棒设置"对话框中有两个选项分别为阈值和平滑度。如图 3-5-1 所示。

a. 阈值——用来设定魔术棒所能选取的相邻颜色值的色宽范围。设置的数值越大, 所能选取的相邻颜色越多。

b. 平滑度——用来设定选定区域的边缘平滑程度。

● 多边形模式: 可以用直线直接勾画需选择的对象。

橡皮擦工具 🧽 : 用于擦除线条和填充区域。如图 3-5-2 所示。

5 种擦除模式:

● 标准擦除: 擦除它经过的所有线条和填充。

● 擦除填色: 只擦除填充区域, 不会影响线条。

● 擦除线条: 只擦除线条, 不会影响填充区域。

● 擦除所选填充: 只擦除当前选中的填充区域。

● 内部擦除: 只擦除开始时的填充区域。

水龙头: 一次擦除边线和填充。

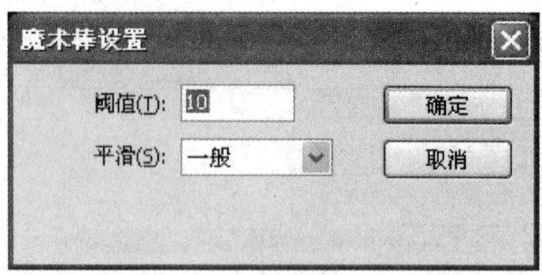

图 3-5-1　魔术棒设置对话框

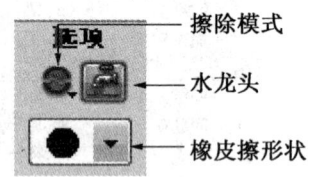

图 3-5-2　橡皮擦选项

3.5.2　范例——圣诞树

设计结果

可以看到一幅圣诞树灯光闪闪的图片。如图 3-5-3 所示。

设计思路

(1) 利用多角星形工具和选择工具绘制圣诞树。

(2) 利用椭圆工具和多角星形工具绘制挂饰。

(3) 点缀圣诞树。

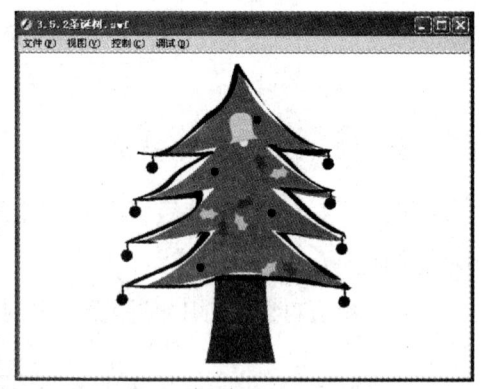

图 3-5-3　"圣诞树"效果图

范例解题引导

Step1 我们首先要进行的工作是绘制一棵圣诞树。

(1) 创建一个新的 Flash 文档，设置舞台大小为 550×400 像素，背景为白色。

(2) 使用多角星形工具 ⬡ ，绘制三角形，如图 3-5-4 所示。

(3) 使用钢笔工具 ✒ 在三角形底边上增加锚点，将底边上的三个锚点转化为曲线锚点并调整曲率，使用选择工具 ▶ 调整两条斜边的弯曲程度，如图 3-5-5 所示。

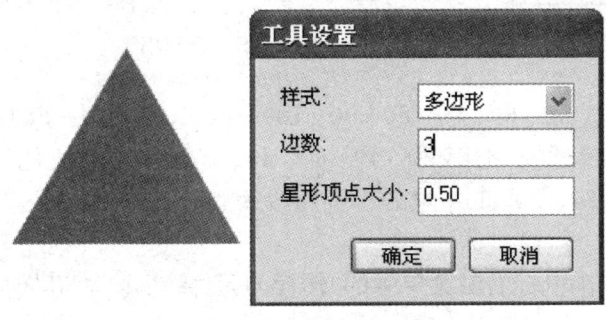
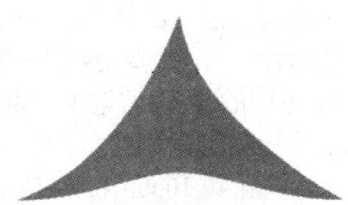

图 3-5-4 绘制三角形   图 3-5-5 调整三角形

(4) 复制三角形，使用选择工具 ▶ 和变形工具 ▣ 改变大小并移动位置，组成圣诞树。

(5) 使用刷子工具 🖌 ，对圣诞树进行描边，如图 3-5-6 所示。

(6) 新建图层 2，使用矩形工具 ▢ 和选择工具 ▶ 绘制树干，将图层 2 移动到图层 1 的后面，如图 3-5-7 所示。

图 3-5-6 对圣诞树描边   图 3-5-7 绘制圣诞树树干

Step2 接着使用绘图工具绘制各种挂饰。

（1）执行"插入/新建元件"命令，建立一个类型为"影片剪辑"、名称为"灯饰"的元件，如图 3-5-8 所示。

（2）进入"灯饰"影片剪辑的编辑状态，使用椭圆工具 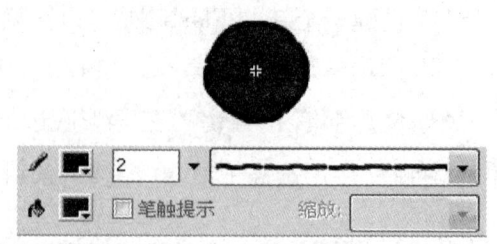 绘制圆，如图 3-5-9 所示。

图 3-5-8　建立影片剪辑

图 3-5-9　绘制小圆

（3）在图层 1 的第 10、20、30、40、50、60、70、80、90、100、110、120 帧按 F6 键插入关键帧，在第 130 帧处按 F5 键插入普通帧，把第 20、40、60、80、100、120 帧中的小圆修改成不同的颜色，将第 10、30、50、70、90、110 帧的小圆修改为黑色，制作灯光闪烁的效果。

（4）选中第 10 帧中的黑色小圆，单击鼠标右键菜单中的"转换为元件"命令，将其转换成图形元件"灯（不亮）"，如图 3-5-10 所示。

（5）执行"插入/新建元件"命令，建立一个类型为"影片剪辑"、名称为"铃铛"的元件。

（6）使用钢笔工具 、部分选取工具 和椭圆工具 绘制铃铛，如图 3-5-11 所示。

（7）使用选择工具 选中铃铛，单击鼠标右键菜单中的"转换为元件"命令，将其转换成图形元件"铃"。

（8）进入影片剪辑"铃铛"的编辑状态，在图层 1 的第 10、20、30 帧处按 F6 键插入关键帧，使用变形工具 将所有帧中的铃铛中心修改在顶部中间，如图 3-5-12 所示。

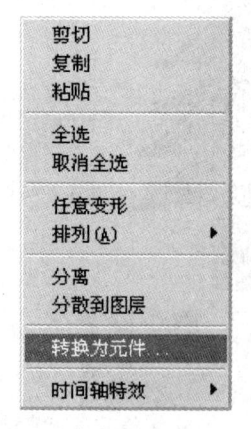

图 3-5-10　对象转换为元件

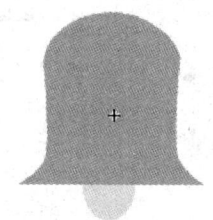

图 3-5-11　铃铛

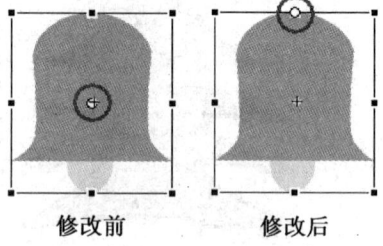

修改前　　　　修改后

图 3-5-12　修改铃铛的中心

（9）使用变形工具 分别将第 1、20 帧中的铃铛向左向右旋转一定角度，在第 1、10、20 帧处添加动画补间。

（10）执行"插入/新建元件"命令，建立一个类型为"图形"、名称为"树叶"的元件。

（11）使用钢笔工具 🖊 绘制树叶的基本形状，使用选择工具 ▶ 修改，如图 3-5-13 所示。

（12）复制叶子，使用椭圆工具 ○、变形工具 🔲 和颜料桶工具 🪣 完成整张圣诞叶的绘制，如图 3-5-14 所示。

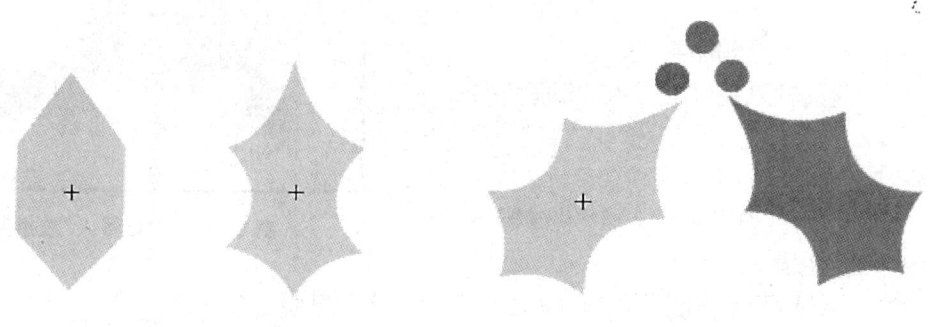

图 3-5-13　绘制叶子　　　　　　　　图 3-5-14　圣诞叶

Step3　接下来用已绘制的挂饰点缀圣诞树。

（1）返回到主场景中新建图层 3，将库中元件"灯饰"拖动到舞台中，并在相应的位置使用铅笔工具 ✏ 绘制挂绳。

（2）新建图层 4，将库中元件"灯（不亮）"拖动到舞台中，在第 5 帧处按 F6 键插入关键帧，把库中元件"灯饰"拖动到舞台中，覆盖"灯（不亮）"。以此方法可以多新建几个图层将"灯饰"放置在不同的起始帧中，这样就可以看到彩灯了，如图 3-5-15 所示。

（3）新建图层 8 将库中元件"铃铛"、"树叶"拖动到舞台中，位置摆放如图 3-5-16 所示。

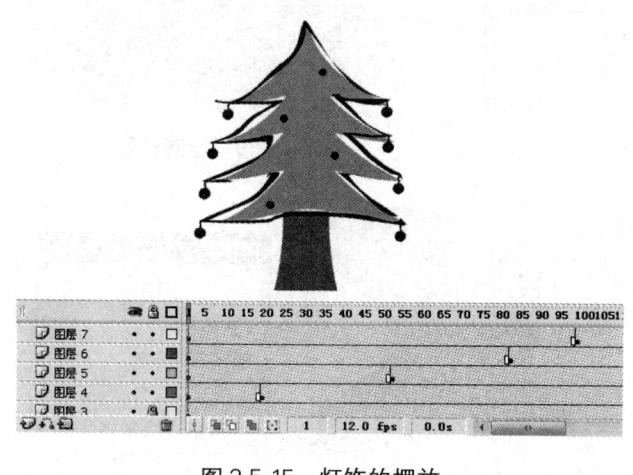

图 3-5-15　灯饰的摆放　　　　　　　图 3-5-16　铃铛树叶的位置摆放

（4）测试动画，以文件名"3.5.2 圣诞树.fla"保存。

二维动画制作 Flash 8.0

3.5.3 小试身手——堆雪人

设计结果

设计制作堆出一个小雪人的动画效果。如图 3-5-17 所示。

设计思路

(1) 利用绘图工具制作雪人。

(2) 利用时间轴来完成堆雪人的动画效果。

操作提示

(1) 创建一个新的 Flash 文档,设置舞台大小为 550×400 像素,背景为白色。

图 3-5-17 "堆雪人"效果图

(2) 执行"插入/新建元件"命令,建立一个类型为"图形"、名称为"背景"的元件,如图 3-5-18 所示。

(3) 使用钢笔工具 🖋 绘制出背景的基本形状,使用部分选取工具 ▸ 进行修改,如图 3-5-19 所示。

(4) 新建图层 2,使用椭圆工具 ◯ 和选择工具 ▸ 在蓝色背景上绘制椭圆形的雪地,如图 3-5-20 所示。

(5) 使用多角星形工具 🔍 绘制圣诞树,如图 3-5-21 所示。

图 3-5-18 建立图形元件

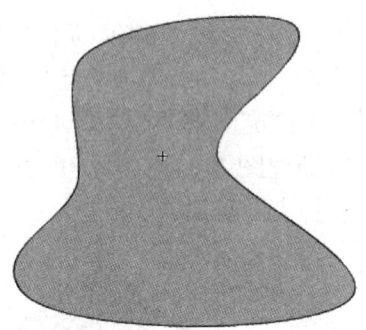

图 3-5-19 绘制背景

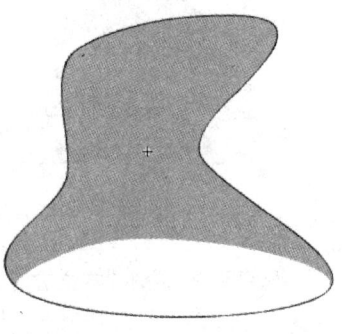

图 3-5-20 绘制雪地

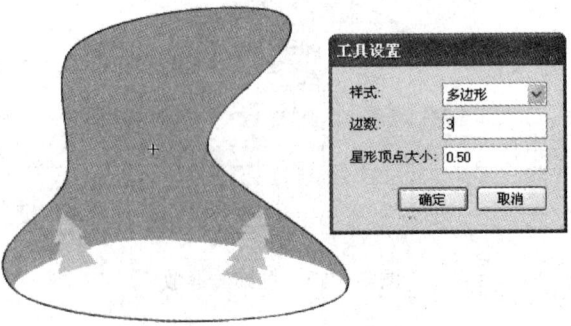

图 3-5-21 绘制圣诞树

（6）执行"插入/新建元件"命令，建立一个类型为"图形"、名称为"body1"的元件。使用椭圆工具 ⚪ 和选择工具 ▶ 绘制雪人的身体，使用橡皮擦工具 ✏ 擦去和地面接触的部分线段，使用铅笔工具 ✏ 绘制地面，如图3-5-22所示。以此方法，分别建立"body2"和"head"图形元件，如图3-5-23所示。

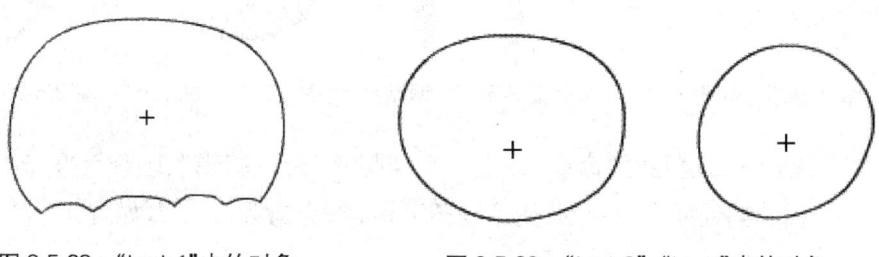

图3-5-22 "body1"中的对象 　　　　图3-5-23 "body2"、"head"中的对象

（7）执行"插入/新建元件"命令，建立一个类型为"图形"、名称为"cap"的元件。

（8）使用椭圆工具 ⚪ 和选择工具 ▶ 绘制帽檐，如图3-5-24所示。

（9）新建图层2，使用矩形工具 ▭ 、选择工具 ▶ 和变形工具 ▦ 绘制帽顶，将图层2移动到图层1的后面，把图层1锁定，并使用橡皮擦工具 ✏ 将多余的部分擦除，如图3-5-25所示。

（10）使用矩形工具 ▭ 和选择工具 ▶ 绘制帽子上的颜色条纹，如图3-5-26所示。

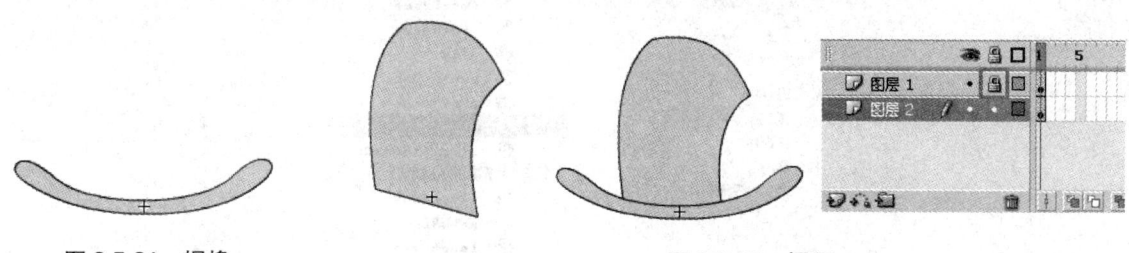

图3-5-24 帽檐 　　　　　　　　　　　　　图3-5-25 帽顶

（11）执行"插入/新建元件"命令，建立一个类型为"图形"、名称为"eye"的元件。使用椭圆工具 ⚪ 绘制，如图3-5-27所示。

（12）执行"插入/新建元件"命令，建立一个类型为"图形"、名称为"nose"的元件。使用椭圆工具 ⚪ 和选择工具 ▶ 绘制，如图3-5-28所示。

（13）执行"插入/新建元件"命令，建立一个类型为"图形"、名称为"mouth"的元件。使用铅笔工具 ✏ 绘制，如图3-5-29所示。

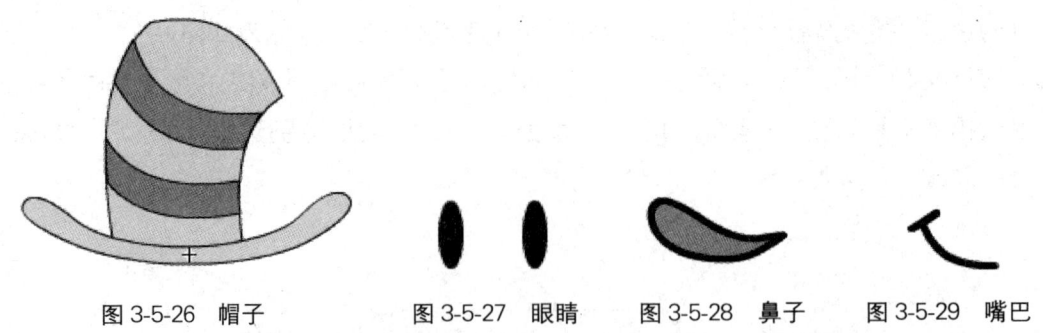

图 3-5-26 帽子　　　　图 3-5-27 眼睛　　　　图 3-5-28 鼻子　　　　图 3-5-29 嘴巴

（14）执行"插入/新建元件"命令,建立一个类型为"影片剪辑"、名称为"arm1"的元件。分别在第 1、10、20 帧处插入关键帧,使用刷子工具 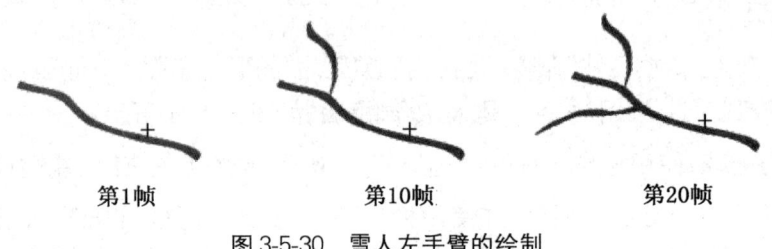 绘制雪人手臂,如图 3-5-30 所示。

第1帧　　　　　　　　第10帧　　　　　　　　第20帧

图 3-5-30　雪人左手臂的绘制

（15）选择第 20 帧,单击鼠标右键菜单中的"动作"命令,打开动作面板,为当前帧添加"stop"的动作,如图 3-5-31 所示。

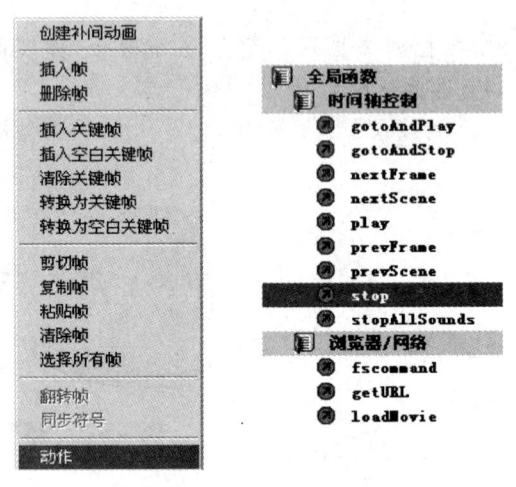

图 3-5-31　添加帧动作

小贴士

　　在此处添加帧动作的目的在于让画面停止,手臂出现的效果只需出现一次。

（16）以此方法,建立一个类型为"影片剪辑"、名称为"arm2"的元件。如图 3-5-32 所示。

第1帧   第10帧   第20帧

图 3-5-32   雪人右手臂的绘制

（17）返回到主场景中,在第 10 帧按 F6 键插入关键帧,将库中"body1"拖动到舞台中,并使用变形工具 ⊡ 和选择工具 ▸ 改变其大小和位置。

（18）以此方法,每隔 10 帧按 F6 键插入关键帧,分别把库中的"body2"、"head"、"eye"、"nose"、"mouth"和"cap"拖动到舞台中。

（19）在第 80 帧处按 F6 键插入关键帧,把库中元件"arm1"拖动到舞台中,并使用变形工具 ⊡ 和选择工具 ▸ 改变其大小和位置。在第 100 帧处按 F6 键插入关键帧,把库中元件"arm2"拖动到舞台中,并使用变形工具 ⊡ 和选择工具 ▸ 改变其大小和位置。在第 140 帧处按 F5 键插入普通帧,如图 3-5-33、3-5-34 所示。

图 3-5-33   组成雪人

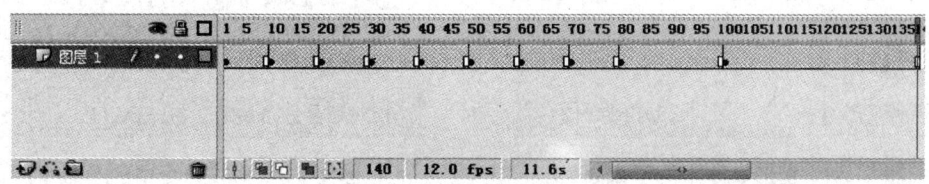

图 3-5-34   时间轴

（20）测试动画,并以文件名"3.5.3 堆雪人.fla"保存。

第4章 对象的编辑

4.1 变形、排列与对齐命令

4.1.1 知识点和技能

我们在进行对象的图形编辑时,使用菜单中的变形、排列、对齐等命令可以帮助我们更快、更好地完成编辑。各命令中又包含许多子命令,具体内容如图 4-1-1、4-1-2、4-1-3 所示。

任意变形 (F)	
扭曲 (D)	
封套 (E)	
缩放 (S)	
旋转与倾斜 (R)	
缩放和旋转 (C)...	Ctrl+Alt+S
顺时针旋转 90 度 (O)	Ctrl+Shift+9
逆时针旋转 90 度 (9)	Ctrl+Shift+7
垂直翻转 (V)	
水平翻转 (H)	
取消变形 (T)	Ctrl+Shift+Z

图 4-1-1 变形命令中的子命令

左对齐 (L)	Ctrl+Alt+1
水平居中 (Z)	Ctrl+Alt+2
右对齐 (R)	Ctrl+Alt+3
顶对齐 (T)	Ctrl+Alt+4
垂直居中 (C)	Ctrl+Alt+5
底对齐 (B)	Ctrl+Alt+6
按宽度均匀分布 (U)	Ctrl+Alt+7
按高度均匀分布 (H)	Ctrl+Alt+9
设为相同宽度 (M)	Ctrl+Alt+Shift+7
设为相同高度 (S)	Ctrl+Alt+Shift+9
相对舞台分布 (G)	Ctrl+Alt+8

图 4-1-3 对齐命令中的子命令

移至顶层 (F)	Ctrl+Shift+上箭头
上移一层 (R)	Ctrl+上箭头
下移一层 (E)	Ctrl+下箭头
移至底层 (B)	Ctrl+Shift+下箭头
锁定 (L)	Ctrl+Alt+L
解除全部锁定 (U)	Ctrl+Alt+Shift+L

图 4-1-2 排列命令中的子命令

4.1.2 范例——倒影文字

设计结果

可以看到一组动态的倒影文字动画。如图4-1-4所示。

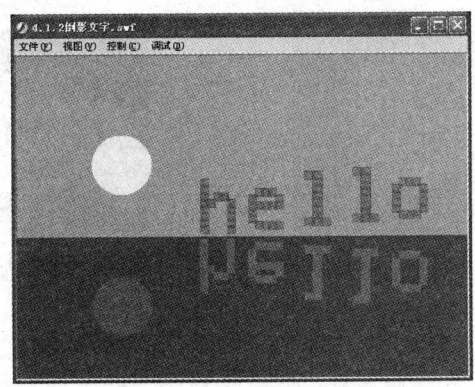

图 4-1-4 "倒影文字"效果图

设计思路

(1) 利用绘图工具绘制背景和小圆球。

(2) 制作文字的动画效果。

(3) 使用变形、对齐命令制作倒影文字。

范例解题引导

> **Step 1**　我们首先要进行的工作是绘制背景和小圆球。

(1) 创建一个新的 Flash 文档,设置舞台大小为 550×400 像素,背景为深蓝色,如图 4-1-5 所示。

(2) 使用矩形工具 ▢ 绘制矩形,将笔触颜色设置为无,填充颜色为蓝色,如图 4-1-6 所示。

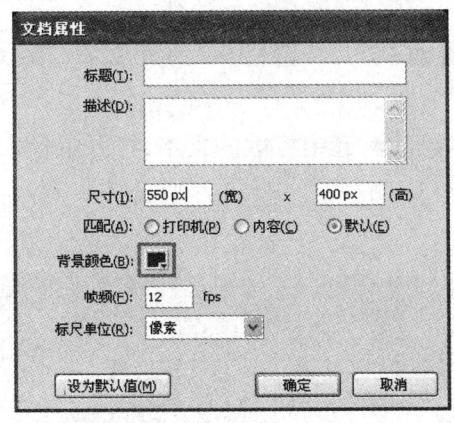

图 4-1-5 修改文档属性

图 4-1-6 绘制矩形

(3) 创建影片剪辑元件"小球",进入此元件的编辑状态,使用椭圆工具 ◯ 绘制圆,将其笔触颜色设置为无,填充颜色设置为浅黄,如图 4-1-7 所示。

(4) 点击"视图/标尺",将标尺打开,用鼠标拖动标尺添加辅助线,如图 4-1-8 所示。

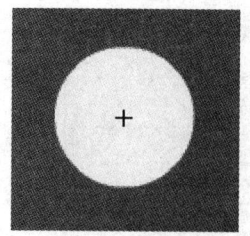

图 4-1-7　绘制圆

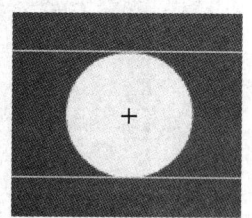

图 4-1-8　添加辅助线

（5）在图层 1 的第 10、20、30、40、50、60 帧处按 F6 键添加关键帧，使用选择工具 上下移动其位置，如图 4-1-9 所示。

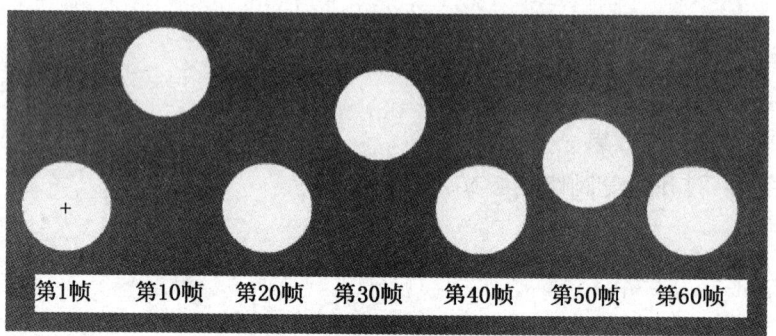

第1帧　第10帧　第20帧　第30帧　第40帧　第50帧　第60帧

图 4-1-9　各帧中小球的位置

（6）在第 1、10、20、30、40、50 帧处添加动画补间。

Step2　接着使用文本工具和对齐工具制作文字动画效果。

（1）返回到主场景中，在图层的第 100 帧按 F5 键插入帧。新建图层 2，使用文本工具 **A**，输入文本文字"hello"，如图 4-1-10 所示。

（2）选中文本，执行"修改/分离"命令，将文本打散。选中打散的文本，打开鼠标右键菜单，选择"分散到图层"命令。

图 4-1-10　输入文字

图 4-1-11　重新排列字母

（3）将字母的顺序重新排列为"olleh"，选中全部字母，执行"修改/对齐/按宽度均匀分布"和"垂直居中"命令，将字母重新排列整齐并移动到左边的舞台外面，如图 4-1-11 所示。

（4）在字母所在各图层的第 15 帧按 F6 键插入关键帧,使用选择工具 ![pointer] 将字母拖至舞台右侧,重新排列为"hello"并选中全部字母,执行"对齐/按宽度均匀分布"和"垂直居中"命令,将字母重新排列整齐,如图 4-1-12 所示。

图 4-1-12　字母的位置摆放

（5）在字母所在各图层的第 1 帧添加动画补间。将"e"图层的起始帧设定为第 3 帧,结束帧为第 17 帧。将"l"图层的起始帧设定为第 5 帧,结束帧为第 19 帧。将"l"图层的起始帧设定为第 7 帧,结束帧为第 21 帧。将"o"图层的起始帧设定为第 9 帧,结束帧为第23 帧。

（6）在字母"h"图层的第 35、50 帧按 F6 键插入关键帧,将第 50 帧中的字母向下移动到分割线处,在第 35 帧添加动画补间。其他字母图层以此类推,只是每个字母图层比前一字母图层动画起始帧慢 2 帧。

（7）复制字母"o"图层的第 43 帧至第 58 帧动画,粘贴到第 76 帧;选择第 76 帧至第 91 帧,右击鼠标,执行"翻转帧"命令。其他字母图层以此类推,只是每个字母图层比后一字母图层动画起始帧慢 2 帧。在所有图层的第 100 帧按 F5 键插入普通帧,如图 4-1-13所示。

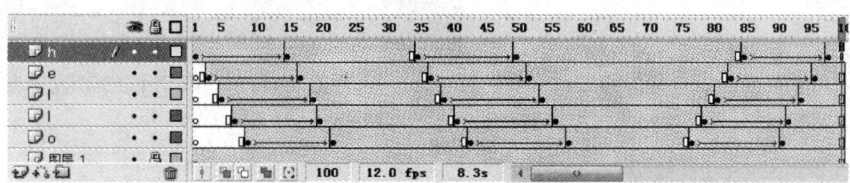

图 4-1-13　文字动画设置

（8）选中所有的字母图层,单击鼠标右键菜单,选择"剪切帧"命令。创建新影片剪辑"文字",进入此影片剪辑的编辑状态,选中图层 1 的第 1 帧,单击鼠标右键菜单,选择"粘贴帧"命令。

Step3　接下来我们使用变形命令制作倒影文字。

（1）返回到主场景中,将空白的字母图层删除。
（2）新建图层,将库中元件"小球"拖动到舞台中,位置摆放如图 4-1-14 所示。

图 4-1-14　小球的位置摆放

图 4-1-15　两个小球的位置摆放

（3）将库中元件"小球"再次拖动到舞台中，将其 Alpha 值设定为 20%，执行"修改/变形/垂直翻转"命令，位置摆放如图 4-1-15 所示。执行"修改/对齐/左对齐"命令，将两个小球左右对齐。

（4）新建图层，将库中元件"文字"拖动到舞台中，摆放位置。将此元件复制粘贴，将其 Alpha 值设定为 20%，执行"修改/变形/垂直翻转"命令，位置摆放如图 4-1-16 所示。使用辅助线将文字上下按分隔线对齐。

（5）测试动画，并以文件名"4.1.2 倒影文字.fla"保存。

图 4-1-16　文字的位置摆放

4.1.3　小试身手——网页 LOGO

设计结果

设计制作一个动态的网页 LOGO。如图 4-1-17 所示。

图 4-1-17　"网页 LOGO"效果图

设计思路

（1）使用绘图工具绘制背景。

（2）制作单个文字的动画效果。

（3）排列文字。

操作提示

（1）创建一个新的 Flash 文档，设置舞台大小为 600×150 像素，背景为白色。

（2）使用矩形工具 绘制 600×150 像素的矩形，并使用颜料桶工具填充蓝色渐变，如图 4-1-18 所示。

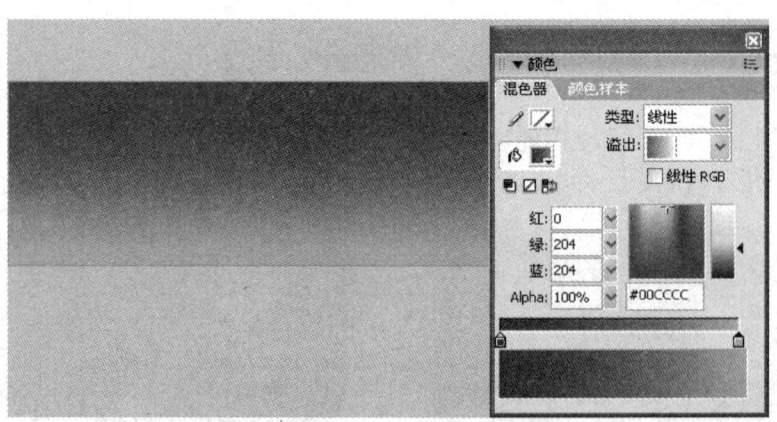

图 4-1-18　绘制矩形背景

（3）创建影片剪辑元件"圆环"，进入此元件的编辑状态，使用椭圆工具 绘制两个同圆心的圆,如图 4-1-19 所示。

(4) 删除中间的小圆,留下圆环,如图 4-1-20 所示。

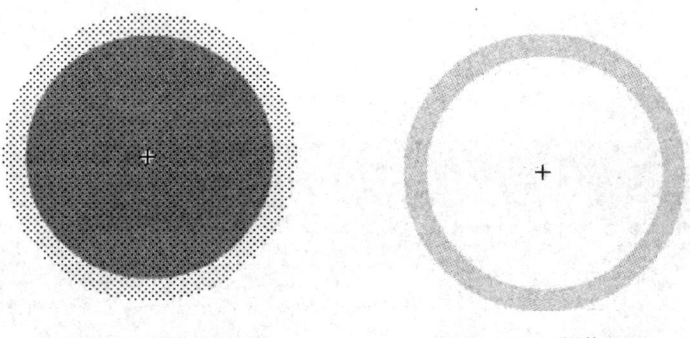

图 4-1-19　绘制同心圆　　　　　　图 4-1-20　制作圆环

(5) 在图层 1 的第 10 帧按 F6 键插入关键帧,使用变形工具 ⊞ 并同时按住 Alt 和 Shift 键,可以按圆心缩小圆环。在第 1 帧处添加形状补间。

(6) 以此方法再建立圆环变大的影片剪辑元件"圆环 2"。

(7) 创建图形元件"动 1",使用文本工具 Ａ 输入文字"动",设置字体为华文新魏,字号为 60,颜色为黑色。

(8) 创建影片剪辑元件"动",进入此元件的编辑状态,将库中元件"动 1"拖动到舞台中,在第 10 帧处按 F6 键添加关键帧,返回到第 1 帧,执行"修改/变形/缩放与旋转"命令将文本放大到 300%,将其 Alpha 值设置为 0% 并添加动画补间。在第 100 帧处按 F5 键插入普通帧。

(9) 新建图层 2,将图层 1 的第 10 帧复制,在图层 2 的第 11 帧处粘贴帧。在图层 2 的第 15 帧处按 F6 键添加关键帧,执行"修改/变形/缩放与旋转"命令将文本放大到 150% 并将其 Alpha 值设置为 0%。返回到第 11 帧添加动画补间。在第 100 帧处按 F5 键插入普通帧,如图 4-1-21 所示。

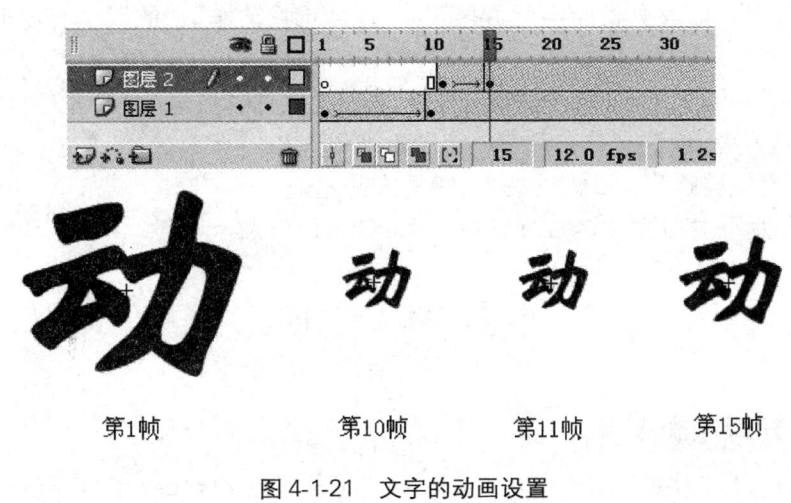

　　第1帧　　　　　　第10帧　　　　　第11帧　　　　　第15帧

图 4-1-21　文字的动画设置

（10）将图形元件"动1"中的文本颜色修改为白色。

（11）以此分法分别建立其他文字(画、制、作、的、首、选)的影片剪辑元件。

（12）返回到主场景中,新建图层2,将库中元件"圆环"和"圆环2"拖动到舞台中,将其Alpha值设置为20％,位置摆放如图4-1-22所示。

图 4-1-22　圆环的位置摆放

（13）新建图层3,使用文本工具 **A** 输入"FLASH",设置字体为华文新魏,字号为60,颜色为白色,如图4-1-23所示。在第5帧处按F6键插入关键帧,返回到第1帧,将文本向上移动到舞台外,设置动画补间,将Alpha值设置为20％。

图 4-1-23　文字"FLASH"的位置

（14）新建图层4,依次将库中元件"动"、"画"、"制"、"作"、"的"、"首"、"选"拖动到舞台中。

（15）先将其他图层锁定,选中图层4中的全部对象,执行"修改/对齐/顶对齐"命令,再执行"修改/对齐/按宽度均匀分布"命令,将对象排列整齐。

（16）在所有图层的第100帧处按F5键插入普通帧。

（17）测试动画,并以文件名"4.1.3 网页LOGO.fla"保存。

4.2　滤　　镜

4.2.1　知识点和技能

滤镜是 Flash 8.0 中的新功能,实现了许多以前只能在 Photoshop 和 Fireworks 等软件中实现的效果,如阴影、模糊、发光、斜角、渐变发光、渐变斜角和调整颜色等。

滤镜效果只适用于文本、影片剪辑和按钮。滤镜面板和属性面板排列在一起,是管理Flash滤镜的主要工具,增加、删除滤镜或改变滤镜的参数等操作都可以在此面板中完成,如图4-2-1所示。

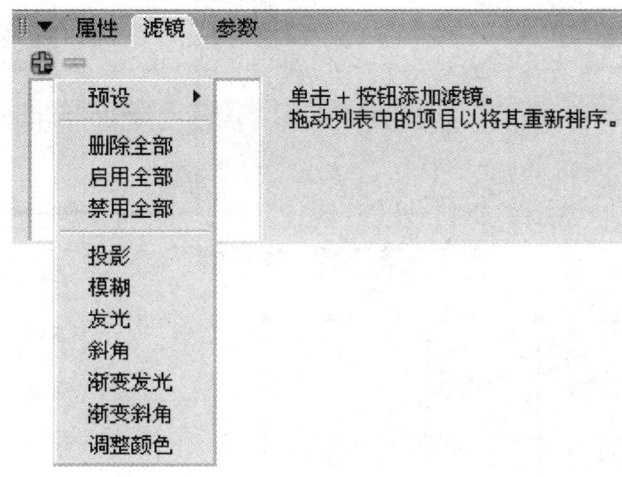

图4-2-1　滤镜面板

4.2.2　范例——阴影字

设计结果

可以看到一幅变换着的阴影字效果图。如图4-2-2所示。

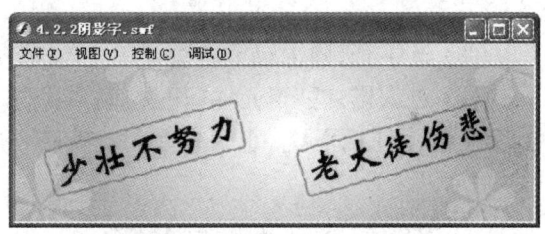

图4-2-2　"阴影字"效果图

设计思路

(1) 使用绘图工具制作背景小动画。

(2) 制作多个阴影字。

范例解题引导

> **Step1**　我们首先要进行的工作是制作背景小动画。

(1) 创建一个新的Flash文档,设置舞台大小为500×150像素,背景为白色。

(2) 使用矩形工具 ,绘制500×150像素的矩形,再用颜料桶工具 填充紫色到白色的放射性渐变,如图4-2-3所示。

(3) 新建影片剪辑元件"花",使用椭圆工具 和选择工具 绘制出一片花瓣。

(4) 使用变形工具 将花瓣的中心修改为它的尖角处,如图4-2-4所示。

(5) 复制5个同样的花瓣,使用变形工具 和选择工具 摆放位置,如图4-2-5所示。

二维动画制作 Flash 8.0

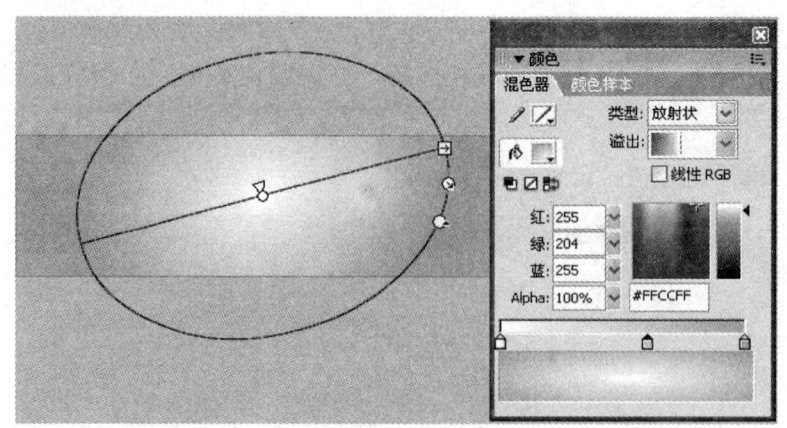

图 4-2-3　绘制背景

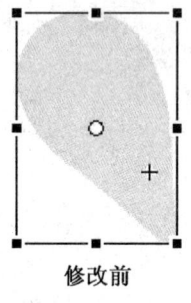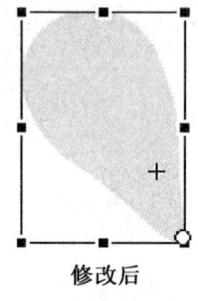

修改前　　　　　　　　修改后

图 4-2-4　绘制花瓣并修改其中心点位置

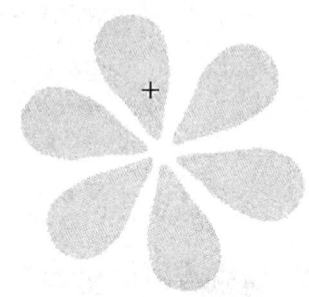

图 4-2-5　组成花

(6) 选中花,单击鼠标右键菜单中的"转换为元件",将其转换为图形元件"花1"。

(7) 进入影片剪辑元件"花"的编辑状态,在图层1的第60帧按F6键插入关键帧,返回到第1帧,添加动画补间,设置顺时针旋转一次。

Step2　接下来制作阴影字。

(1) 建立影片剪辑元件"阴影字",使用矩形工具□绘制矩形,设置笔触颜色为蓝色、笔触高度为3和笔触样式,使用变形工具□将其旋转一定角度,如图4-2-6所示。

(2) 新建图层2,使用文本工具**A**,输入文字"少壮不努力",使用变形工具□将其旋转一定角度,如图4-2-7所示。

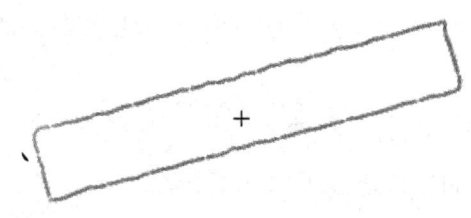

图 4-2-6　绘制文字边框

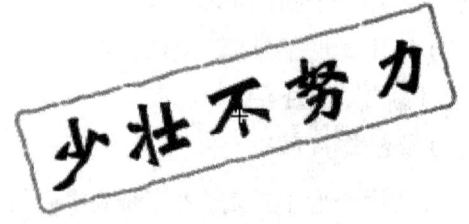

图 4-2-7　输入文字

二维动画制作 Flash 8.0

(3) 在图层 2 的第 5 帧按 F6 键添加关键帧,选中文字,打开滤镜面板,添加投影滤镜,并设置投影的颜色为绿色,如图 4-2-8 所示。

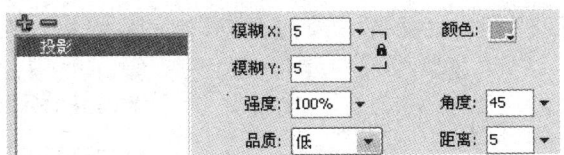

图 4-2-8　添加投影

小贴士

投影的参数设置:

● 模糊:可以指定投影的模糊程度,可分别对 X 轴和 Y 轴两个方向进行设定。取值范围为 0～100。如果单击 X 和 Y 后的锁定按钮,可以解除 X、Y 方向的比例锁定。

● 强度:设定投影的强弱程度。取值范围为 0%～1000%,数值越大,投影的显示越强烈。

● 品质:设定投影的品质高低。可以选择"高"、"中"、"低"三项参数,品质越高,投影越清晰。

● 颜色:设定投影的颜色。单击"颜色"按钮,可以打开调色板选择颜色。

● 角度:设定投影的角度。取值范围为 0～360 度。

● 距离:设定投影的距离大小。取值范围为 -32～32。

(4) 在图层 2 的第 10、15、20 帧按 F6 键插入关键帧,修改各帧中的文字投影角度参数分别为 90 度、135 度、180 度、0 度。

(5) 在图层 2 的第 25、30、35、40、45、50、55、60、65 帧按 F6 键插入关键帧,修改文字投影中的强度参数分别为 80%、60%、40%、20%、40%、60%、80%、100%、120%。

(6) 在图层 2 的第 70、75、80、85、90、95、100、105 帧按 F6 键插入关键帧,修改文字投影中的距离参数为 10、15、20、25、20、15、10、5。

(7) 新建图层 3 和图层 4,以同样的方法制作"老大徒伤悲"的阴影字。

小贴士

在制作"老大徒伤悲"阴影字时,可以将图层 2 中的帧全部复制,粘贴到图层 4,使用洋葱皮工具编辑多个帧,可以同时移动帧中的对象,并把各个帧中的文字修改即可。

洋葱皮工具——制作 Flash 动画时,同一时间点只能显示动画序列中的一帧内容,但有时需要同时查看多个帧,这就要使用到洋葱皮工具。洋葱皮工具是位于时间线下面左右排列的按钮。分别为绘图纸外观、绘图纸外观轮廓、编辑多个帧、修改绘图纸标记。

绘图纸外观 :点击此按钮,在时间轴坐标栏出现左右两个类似括号的图标("洋葱皮"标志 ⟨ 10 ⟩),根据它们在时间轴上开始帧或结束帧的位置,可以同时看见这些帧的内容。

绘图纸外观轮廓 :点击此按钮,时间轴坐标栏出现"洋葱皮"标志,根据它们在时间轴上开始帧或结束帧的位置,可以同时看见这些帧中对象的轮廓。

编辑多个帧 :可以显示"洋葱皮"标志之间每一帧的内容,使每一帧都可编辑,不管是否为当前帧。

修改绘图纸标记 :在弹出菜单中选择一个选项。

总是显示标记
锚定绘图纸
绘图纸 2
绘图纸 5
绘制全部

● 总是显示标记:不论"洋葱皮"开启与否都显示其标志。

● 锚定绘图纸:将"洋葱皮"标志锁定在时间轴抬头上当前的位置。正常情况下,"洋葱皮"的范围同当前帧和"洋葱皮"标志相关联。通过将"洋葱皮"标志锚定,可以防止"洋葱皮"标志随当前帧指针移动。

● 绘图纸 2:显示当前帧两边各两帧的内容。

● 绘图纸 5:显示当前帧两边各五帧的内容。

● 绘制全部:显示当前帧两边所有帧的内容。

(8) 返回到主场景中,将库中元件"花"拖动到舞台中,将其 Alpha 值设定为 30%,位置摆放如图 4-2-9 所示。

(9) 新建图层 2,将库中元件"阴影字"拖动到舞台中,位置摆放如图 4-2-10 所示。

图 4-2-9　元件"花"的位置摆放

图 4-2-10　阴影字的位置摆放

(10) 测试动画,并以文件名"4.2.2 阴影字. fla"保存。

4.2.3　小试身手——艺术字

设计结果

设计制作艺术字并添加动画效果。如图 4-2-11 所示。

设计思路

(1) 使用绘图工具绘制背景。

(2) 使用文本工具和滤镜制作艺术字。

(3) 制作艺术字的动画效果。

图 4-2-11　"艺术字"效果图

操作提示

(1) 创建一个新的 Flash 文档,设置舞台大小为 500×200 像素,背景为白色。

（2）使用矩形工具 ▢ 绘制圆角矩形，设置边角半径为 30，如图 4-2-12 所示。

（3）新建图层 2，使用矩形工具 ▢ 在左上角和右下角分别绘制小的圆角矩形，如图 4-2-13 所示。

图 4-2-12　绘制背景

图 4-2-13　绘制小圆角矩形

（4）使用椭圆工具 ◯ 绘制椭圆和圆角矩形重合，将椭圆删除，如图 4-2-14、4-2-15 所示。

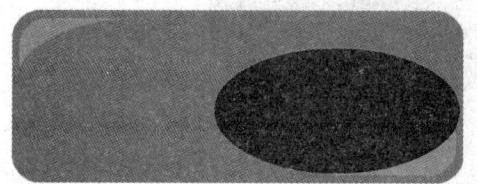

图 4-2-14　绘制椭圆

图 4-2-15　删除椭圆后的效果

（5）新建图层 3、4，使用文本工具 Ａ 分别输入"F"和"ollow me"设置文字大小为 70，字体为"Curlz MT"。

（6）选中文字"F"，执行"修改/分离"命令，将文字打散。使用选择工具 ▶ 修改其造型，如图 4-2-16 所示。

（7）新建图层 5，使用矩形工具 ▢、变形工具 ▣ 和椭圆工具 ◯ 绘制图形，将图层 5 移动到图层 3 的后面，如图 4-2-17 所示。

图 4-2-16　输入文字

图 4-2-17　绘制图形

（8）新建图层 6，执行"文件/导入到库"命令，将素材"4.2.3a.wmf"导入到库中。将其多次拖动到舞台中，位置摆放如图 4-2-18 所示。

（9）将花边全部选中后转换成影片剪辑元件"花"，对该元件添加调整颜色的滤镜，如图 4-2-19 所示。

二维动画制作 Flash 8.0

图 4-2-18　花边的位置摆放

图 4-2-19　添加调整颜色滤镜

图 4-2-20　添加渐变斜角滤镜

（10）选中图层 3 中的"F"，将其转换为图形元件"F"，在第 20 帧处按 F6 键插入关键帧，将第 1 帧中的文字移动到上方不可见处，在第 1 帧添加动画补间，顺时针旋转两次。

（11）选中图层 4 中的"ollow me"，将其转换成影片剪辑元件"me"，对该元件添加渐变斜角的滤镜，如图 4-2-20 所示。

（12）在图层 4 的第 2～50 帧各帧按 F6 键添加关键帧，将各帧中该元件的渐变斜角滤镜的角度每次增加 5 度。

（13）在所有图层的第 50 帧处按 F5 键插入普通帧。

（14）测试动画，并以文件名"4.2.3 艺术字.fla"保存。

第5章　基本动画

5.1　创建引导层动画

5.1.1　知识点和技能

我们之前已经学习了怎么做补间动画,从而能使对象从起点到终点进行运动。但是,之前接触的对象运动都是直线运动,如何使物体做更为复杂的曲线运动呢? 这是本节学习的重点。

我们让物体做曲线运动的钥匙,就是通过引导层。首先,我们先来认识一下引导层的概念。引导层就是运动对象的运动轨迹所在的层,它的功能就是给运动对象一条确定的运动轨迹。也就是说,引导层的曲线形状就是对象运动轨迹的形状。下面我们通过范例来熟悉引导层。

5.1.2　范例——早春一幕

设计结果

初春的早晨,太阳冉冉升起,小鸟悠然地在天空飞翔。如图 5-1-1 所示。

图 5-1-1　"早春一幕"效果图

设计思路

(1) 利用绘图工具绘制太阳。

(2) 建立引导层,制作太阳和鸟儿的引导层动画。

范例解题引导

> **Step 1**　首先我们来绘制太阳,大家可以充分发挥自己的想象力,设计出不同的造型哦!

二维动画制作 Flash 8.0

（1）创建一个新的 Flash 文档,设置舞台大小为 440×220 像素,背景为白色。

（2）选择"插入/新建元件"命令,建立一个类型为"图形"、名称为"太阳"的元件,如图 5-1-2 所示。

（3）进入元件的编辑状态,使用椭圆工具 ⚪ ,展开属性面板,设置笔触颜色为无,填充色为黄色到橘色的放射性渐变;按 Shift 键在舞台中心绘制一个正圆,如图 5-1-3 所示。

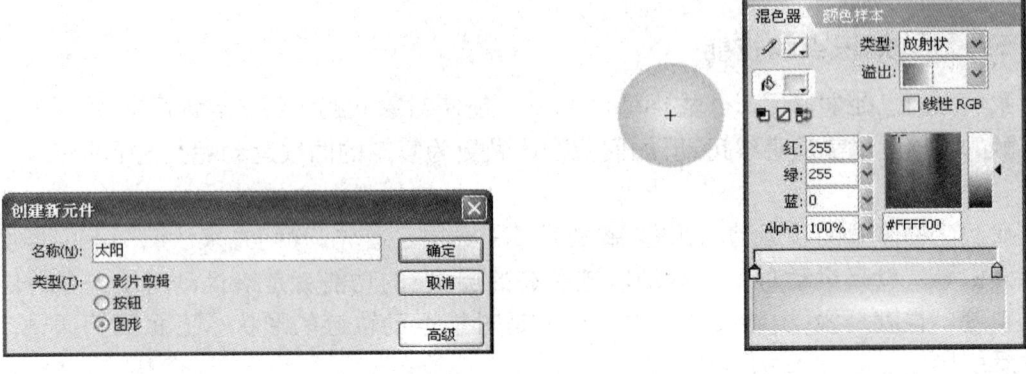

图 5-1-2　创建新元件　　　　　　　图 5-1-3　绘制圆

（4）使用填充变形工具 🖌 ,调整渐变中心,将其稍稍向下移,如图 5-1-4 所示。

（5）接下来我们来绘制高光区。新建图层 2,将图层 1 的第 1 帧复制粘贴到图层 2 的第 1 帧。

（6）按 Ctrl+T 键打开变形面板,设置高度和宽度为 90%。

（7）将填充色调整为由白色到白色透明的线性渐变填充,如图 5-1-5 所示。

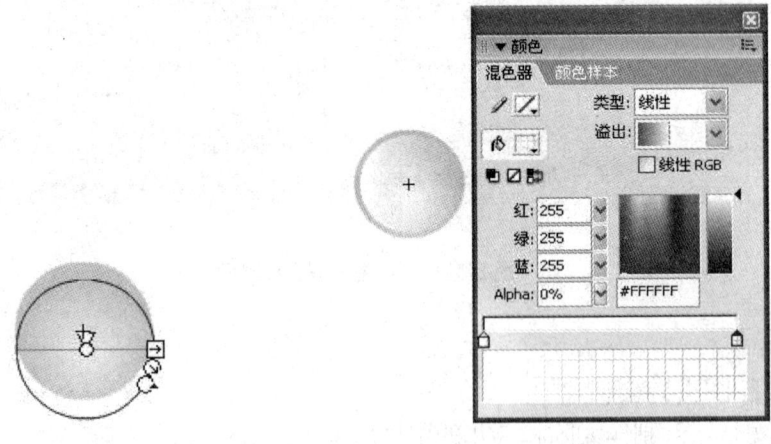

图 5-1-4　调整渐变中心　　　　　　图 5-1-5　调整渐变色

（8）使用选择工具 ▲ ,将圆调整为月牙形,如图 5-1-6 所示。

（9）使用填充变形工具 🖌 ,调整渐变方向为自上而下,如图 5-1-7 所示。

(10) 最后我们来绘制太阳周边的光芒。新建图层 3,使用多角星工具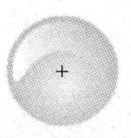,在圆的正上方绘制一个深橘色的三角形,如图 5-1-8 所示。

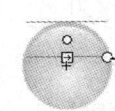

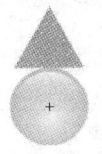

图 5-1-6　调整圆的形状　　　　图 5-1-7　调整渐变方向　　　　图 5-1-8　绘制三角形

(11) 使用线条工具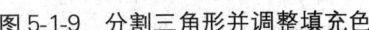,在三角形底边上绘制中线,将三角形分割成两部分;选择左半部分设置填充色为土黄色,删除线条,如图 5-1-9 所示。

(12) 使用选择工具,调整三角形的形状,如图 5-1-10 所示。

图 5-1-9　分割三角形并调整填充色　　　　　　图 5-1-10　调整三角形的形状

(13) 将图层 3 拖至最下方,下移三角形使其底边恰好被圆遮盖。

(14) 使用任意变形工具,将三角形的变形中心移至舞台中心;按 Ctrl＋T 键打开变形面板,设置旋转角度为 30 度,按复制并应用按钮 11 次,完成太阳周边光芒的制作,如图 5-1-11 所示。

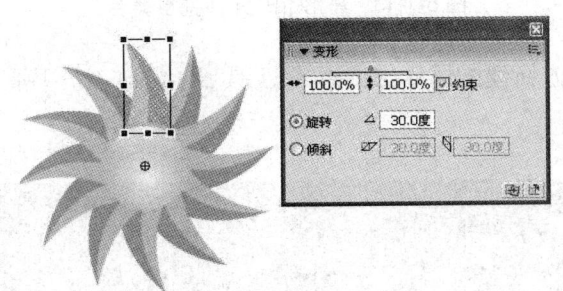

图 5-1-11　绘制太阳光芒

Step2　接着我们来制作引导层动画。

(1) 返回主场景,执行"文件/导入/导入到库"命令,将素材"5.1.2a. jpg"、"5.1.2b. gif"导入到库中。

(2) 将"5.1.2a. jpg"拖至舞台并利用对齐面板将对象居中对齐。

(3) 按 Ctrl＋B 键将图片打散,使用套索工具勾选出草坪及其下方区域。

（4）新建图层 2,将勾选出的区域剪切粘贴到图层 2 的同一位置,如图 5-1-12 所示。

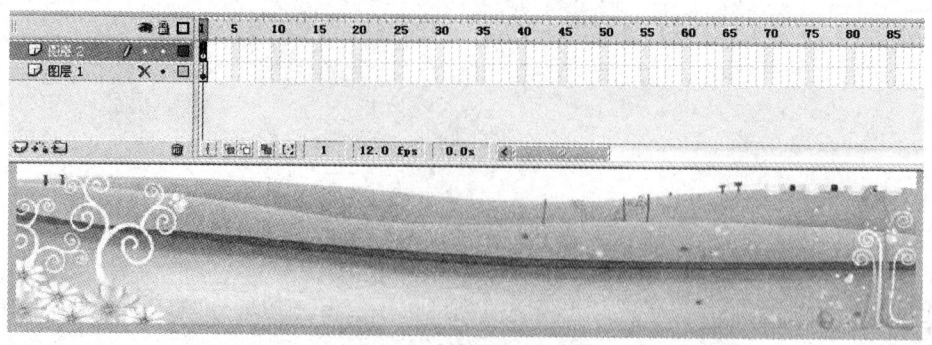

图 5-1-12　图层 2 的图像

（5）新建图层 3,将其拖至图层 2 下方;将"太阳"元件拖至舞台可见区域的左侧,利用变形面板适当调整太阳的大小,如图 5-1-13 所示。

图 5-1-13　将"太阳"元件拖至舞台

（6）在图层 3 的上方新建图层 4,使用铅笔工具 ✎ 绘制一条平滑曲线,作为太阳移动的路径,如图 5-1-14 所示。

图 5-1-14　绘制平滑曲线

（7）在图层 3 的第 60 帧插入关键帧,其余图层的第 60 帧插入帧;选择图层 3 的第 1 帧将太阳拖至曲线的起始位置,使太阳的中心点与曲线的起始点重合,如图 5-1-15 所示。

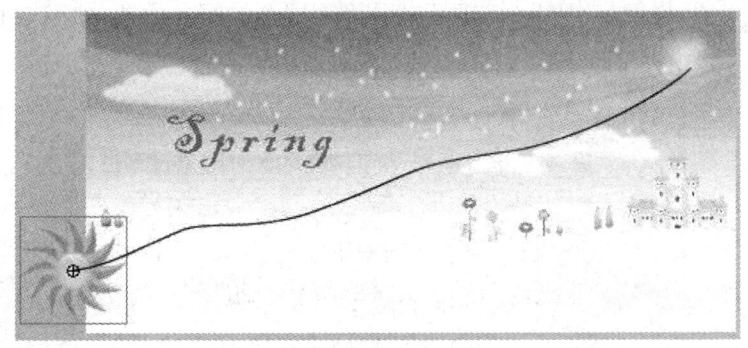

图 5-1-15　将太阳放在曲线的起始点

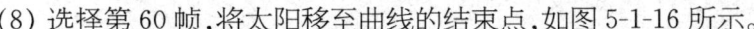

小贴士

　　为了避免视觉干扰,可先将图层 2 隐藏。

　　如果中心点对齐有困难,可以使用对齐对象工具　。

　　(8) 选择第 60 帧,将太阳移至曲线的结束点,如图 5-1-16 所示。

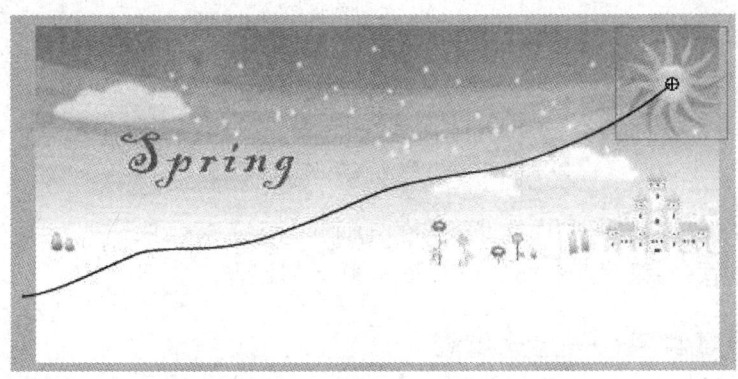

图 5-1-16　将太阳放在曲线的结束点

　　(9) 选中"图层 4"并打开鼠标右键菜单选择"引导层"。选中"图层 3"并右击鼠标,在弹出窗口中选择"属性/被引导层",如图 5-1-17 所示。

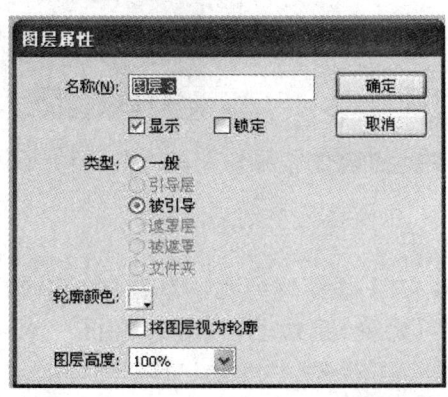

图 5-1-17　将图层 3 设置为被引导层

（10）选择图层 3 的第 1 帧,展开属性面板,创建动画补间,设置旋转为顺时针 2 次,如图 5-1-18 所示。

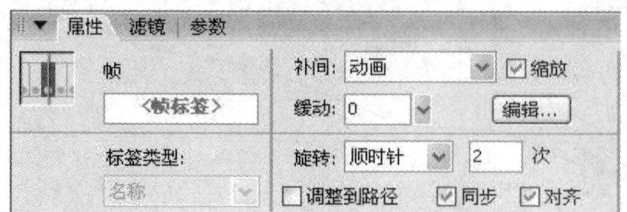

图 5-1-18　属性面板设置

（11）在图层 4 上方新建图层 5,将库中"元件 2"影片剪辑拖至舞台可见区域的左侧。

（12）在图层 5 上方新建图层 6,绘制一条鸟儿飞翔的运动轨迹,如图 5-1-19 所示。

图 5-1-19　鸟儿飞翔的运动轨迹

（13）参考步骤(7)至(9)制作鸟儿飞翔的动画。

（14）测试动画,并以文件名"5.1.2 早春一幕.fla"保存。

5.1.3　小试身手——星光熠熠

设计结果

夜空背景下,闪烁的星光在文字周围环绕,效果十分梦幻。如图5-1-20所示。

设计思路

（1）新建元件,绘制星光的基本形状。

（2）创建星光运动的引导层,并将星光拖动到引导层上使之产生闪烁并运动着的效果。

图 5-1-20　"星光熠熠"效果图

操作提示

（1）创建一个新的 Flash 文档,设置舞台大小为 550×250 像素,背景为蓝色。

（2）执行"插入/新建元件"命令,建立一个类型为"图形"、名称为"光芒"的元件。

（3）进入元件的编辑状态,使用矩形工具 ▢ ,并在属性面板设置其属性,将笔触颜色设置为无,填充颜色设为白色,绘制一条细长形矩形。

（4）使用选择工具 将矩形一端变尖,在混色器面板中将填充类型改为线性,从白色渐变到透明色,并使用填充变形工具 将无色部分靠近尖头一端,如图 5-1-21 所示。

（5）使用对齐工具,使其相对舞台中心水平对齐、底对齐;选取图形,调整变形中心至图形底边中心,展开变形面板,设置旋转角度为 180 度,复制出对称图形,如图 5-1-22 所示。

（6）新建图形元件,命名为"星光"。打开该元件,使用椭圆工具 ,设置笔触为无,填充为放射状,从白色到透明,绘制一个小圆作为星光中心点,并使其中心对齐,如图 5-1-23 所示。

（7）新建图层 2,将图层 2 拖至图层 1 下方,将库中"光芒"元件拖入舞台,调整其大小和位置,使中心点处于光芒的中点。选中该光芒,执行"窗口/变形"命令,旋转 45 度,复制并应用变形三次,最终完成星光的效果,如图 5-1-24 所示。

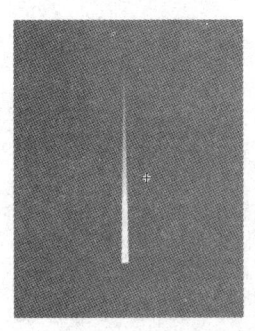 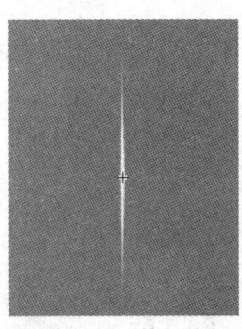  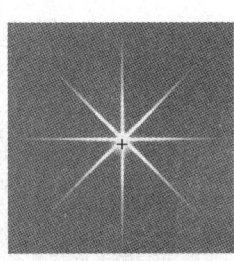

图 5-1-21　矩形变形变色　　图 5-1-22　复制矩形　　图 5-1-23　星光中心点　　图 5-1-24　星光效果

（8）接着要使星光转动。新建影片剪辑元件,命名为"转动星光",进入编辑状态。从库中将"星光"元件拖入到舞台中心,在第 20 帧插入关键帧,创建动画补间。

（9）选定第 1 帧,将属性中的"旋转"选项设置为顺时针 1 次,转动星光就完成了。

（10）接着再来完成星光沿路径写字的动画效果。返回场景 1,将背景图片拖入到图层 1 中,居中对齐图片。为了使背景不受其他图层编辑的影响,先设置锁定该层。

（11）将图层 2 重命名为"文字"。使用文本工具 输入汉字"星光熠熠",属性中设置字体为华文彩云,大小为 80,颜色为黑色,字母间距为 15,复制该帧。

（12）新建图层 3,重命名为"引导层",在第 1 帧上粘贴帧,执行"修改/分离"命令两次,将这些字彻底打散。为了避免两层相互混淆,隐藏"文字"图层,仅见"引导层"图层。

（13）创建星光运动路径。使用橡皮擦工具 将"引导层"上的每个字擦出路径轨迹,如图 5-1-25 所示。最好不要封闭路径,否则物体将自动默认沿距离短的方向运动。

（14）新建图层 4、图层 5、图层 6 和图层 7,重命名为"星 1"、"星 2"、"星 3"和"星 4"。从库中将元件"转动星光"分别拖入以上四个图层,将它们缩放到合适大小,分别放置在引导层每个字的起始位置,如图 5-1-26 所示。

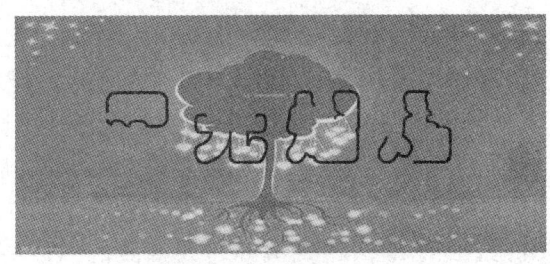

图 5-1-25　创建引导层路径

二维动画制作 Flash 8.0

（15）在"星1"、"星2"、"星3"和"星4"的第50帧创建关键帧,在该关键帧处将四个星光分别放置在引导层每个字的结束位置,并创建运动补间,其他层延续到第65帧,如图5-1-27所示。

 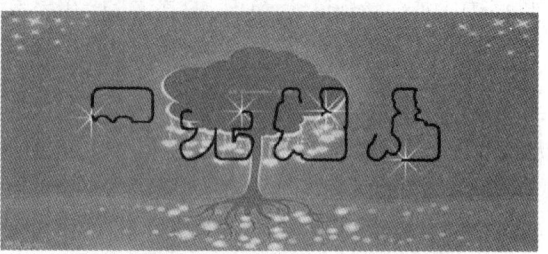

图5-1-26　创建星光的第1帧位置　　　　　　图5-1-27　创建星光的第50帧位置

（16）在"星1"、"星2"、"星3"和"星4"图层的第65帧创建关键帧,在第65帧处使用任意变形工具 ▣ 将四个星光放大,并在属性面板中将它们的 Alpha 值设为 0%,使之透明,如图5-1-28所示。这样就完成了星光的淡出效果。

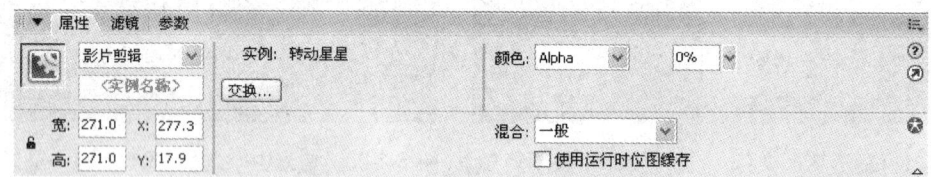

图5-1-28　淡出星光的属性

（17）最后要使星光沿着引导层运动。将"引导层"图层移至最上方,在时间轴面板上选中"引导层"图层,单击鼠标右键,在弹出菜单中选择"引导层"。在"星1"、"星2"、"星3"和"星4"图层的属性面板中选择"被引导"。来测试一下星光是否沿着引导层运动,如有偏差可重新调整星光的中心点。

（18）将"引导层"图层隐藏,将"文字"图层显示。

（19）测试动画,并以文件名"5.1.3 星光熠熠.fla"保存。

5.2　制作基础遮罩动画

5.2.1　知识点和技能

　　Flash 的动画有三种基本形式:运动、变形和遮罩。其中遮罩的视觉效果特别显著,从本节开始我们将进入丰富多彩的遮罩世界。用遮罩可以创造很多神奇的效果,如水波、展开的卷轴、百叶窗、放大镜、望远镜等等。可以说,遮罩是 Flash 中应用最广泛的特效之一。

　　而要产生遮罩效果,至少需要有两个图层,即遮罩层和被遮罩层,前者覆盖后者;遮罩层决定看到的形状,被遮罩层决定看到的内容。在一个遮罩动画中,遮罩层只有一个,被遮罩层可以有任意个。下面我们就通过实例来了解遮罩的妙用。

5.2.2 范例——闪动字

设计结果

设计一行文字,文字边缘金光流动,背后的光晕忽明忽暗,给人以闪耀夺目的金属感,效果非常引人注目。如图 5-2-1 所示。

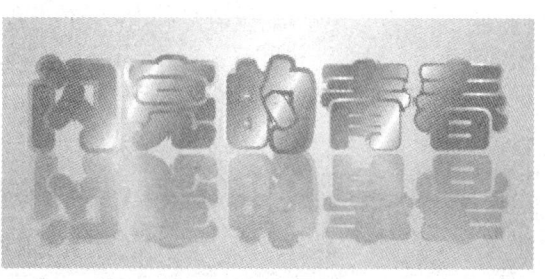

图 5-2-1 "闪动字"效果图

设计思路

(1) 创建字体的遮罩动画,使其具有流动感。

(2) 创建忽明忽暗的背景光晕。

(3) 将闪动字及其倒影、背景光晕放入舞台。

范例解题引导

> **Step1** 仔细观察闪动字,我们就会发现,字体填充始终不变,有闪动效果的只是字的边缘,所以遮罩效果是放在文字边缘上的。

(1) 创建一个新的 Flash 文档,设置舞台大小为 550×400 像素,背景为土黄色。

(2) 执行"插入/新建元件"命令,建立一个类型为"影片剪辑"、名称为"文字"的元件。

(3) 进入元件的编辑状态,使用文本工具 **A**,并在属性面板设置其属性,将字体设为黑体,颜色设置为黑色,大小设为 80,并切换粗体,如图 5-2-2 所示。

图 5-2-2 设置文本工具属性

(4) 在舞台上输入文字"闪亮的青春",并执行"修改/分离"命令两次,彻底打散这些文字,使用对齐面板,使文字相对舞台中心对齐,如图 5-2-3 所示。

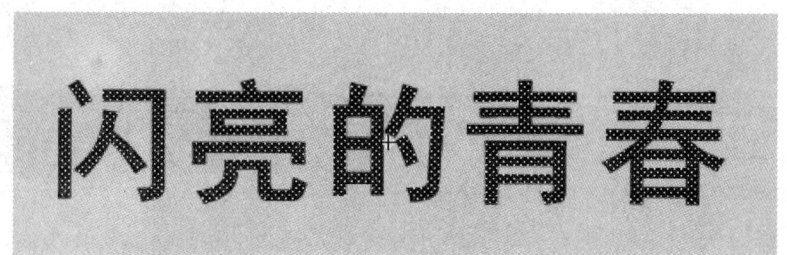

图 5-2-3 分离后的文字

（5）在该层第25帧处插入帧,并选中第1帧,复制该帧。插入图层2,在第1帧处粘贴该帧。

（6）新建图层3,并将该层放在最底层,如图5-2-4所示。

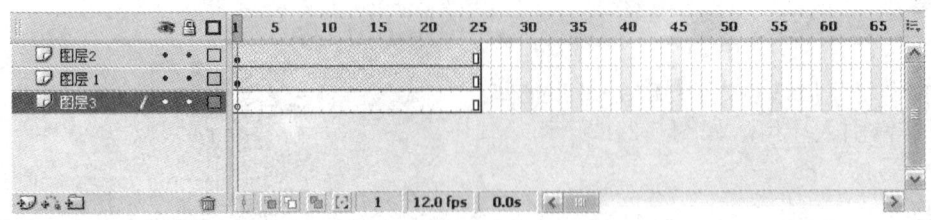

图5-2-4　插入新层

（7）隐藏并锁定图层2,将该层作为文字内填充。选中图层1的第1帧,执行"修改/形状/柔化填充边缘"命令,将"距离"设为"8px",如图5-2-5所示。

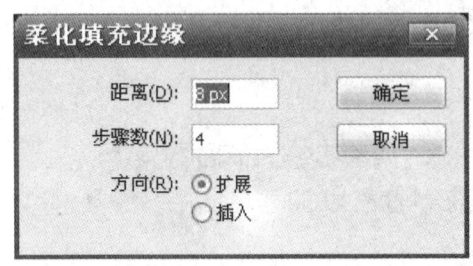

图5-2-5　柔化填充边缘

小贴士

　　"柔化填充边缘"是为了突显出文字的边缘。

（8）字体效果如图5-2-6所示。

（9）下面我们来制作遮罩层。选择图层3的第1帧,使用矩形工具 ,在属性面板中将笔触设置为无,填充颜色为线性渐变,绘制一个矩形。

（10）在混色器面板中,将矩形线性的颜色设为黄白相间,如图5-2-7所示,矩形效果如图5-2-8所示。

图5-2-6　柔化后的文字效果

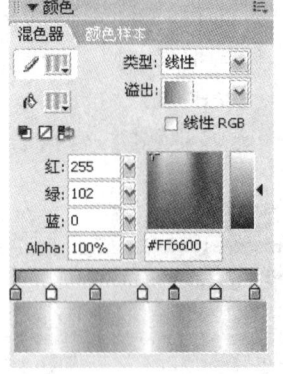

图5-2-7　设置混色器

图5-2-8　线性矩形效果

(11) 选中该矩形,并同时按下 Shift+Alt 键,复制矩形并水平向右拖动,使矩形覆盖全部文字。在该层的第 25 帧插入关键帧,在第 1 帧创建动画补间,第 1 帧和第 25 帧的位置如图 5-2-9 和图 5-2-10 所示。

图 5-2-9　第 1 帧的矩形位置　　　　　　图 5-2-10　第 25 帧的矩形位置

(12) 在图层 1 上单击鼠标右键,在弹出菜单中选择"遮罩层",使其对图层 3 进行遮罩,效果如图 5-2-11 所示。

(13) 最后我们来设置文字的填充颜色。为了避免干扰,隐藏图层 1 和图层 3,解除锁定并显示图层 2。选中字体,在混色器面板中选择已经设好的黄白相间的线性渐变,选择颜料桶工具 将渐变色填充字体内,最后选择填充变形工具 ,并转动其角度,将颜色调到合适的斜度。显示图层 1 和图层 3,最后效果如图 5-2-12 所示。

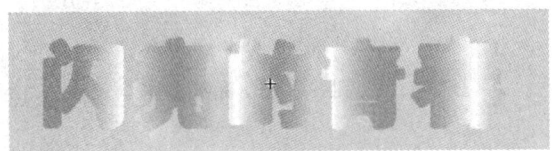 

图 5-2-11　文字遮罩效果　　　　　　　　图 5-2-12　闪动字的最后效果

Step2　接着来制作背景的光晕。

(1) 执行"插入/新建元件"命令,建立一个类型为"影片剪辑"、名称为"光晕"的元件。

(2) 进入该元件的编辑状态,选择椭圆工具 ,按住 Shift 键绘制一个正圆,并相对于舞台居中对齐。在属性面板中将其笔触高度设置为 0,填充颜色设为从白色过渡到透明色的放射状渐变,如图 5-2-13 所示。

 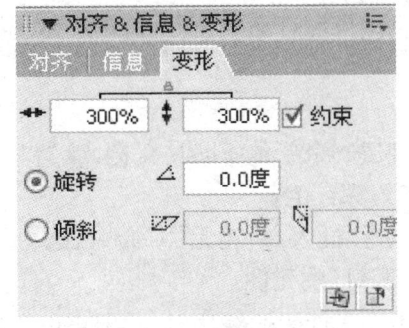

图 5-2-13　绘制一个放射状正圆　　　　　图 5-2-14　缩放正圆

（3）在第 25 帧和第 50 帧分别插入关键帧。选中第 25 帧，在变形面板中将其大小改为 300％，在第 1 帧和第 25 帧上创建形状补间动画，如图 5-2-14 所示。

> **Step3** 创建文字的倒影，并将各元件放入舞台合适的位置。

（1）返回场景，将"文字"元件拖入舞台，将其置于舞台中心偏上的位置。

（2）复制文字，并粘贴到当前位置，执行"修改/变形/垂直翻转"命令，并将新文字水平下移到合适位置。

（3）选中新文字，在属性面板中将其 Alpha 值改为 30％，如图 5-2-15 所示。

（4）新建图层 4，并将其移到最底层。选中第 1 帧，将"光晕"元件拖到舞台上，并用任意变形工具 ⊞ 调整光晕大小，作为文字背景，如图 5-2-16 所示。

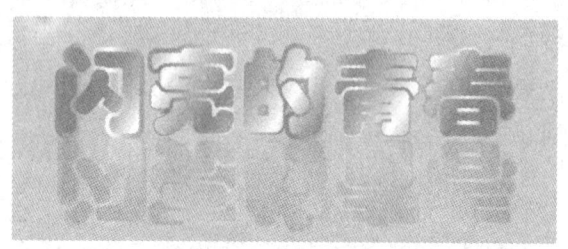

图 5-2-15　新建文字的倒影

图 5-2-16　完成动画

（5）测试动画，并以文件名"5.2.2 闪动字.fla"保存。

5.2.3　小试身手——探照灯

设计结果

　　屏幕中两个灯光照亮局部物体，接着探照灯左右摇摆，被照耀的物体变得明亮清晰，其余区域则模糊暗淡，给人以光影的视觉冲击。如图 5-2-17 所示。

设计思路

（1）用两层遮罩制作两个光斑效果。

（2）画出探照灯形状，利用遮罩层做出探照灯灯光效果。

操作提示

（1）创建一个新的 Flash 文档，设置舞台大小为 400×700 像素，背景为深红色。

（2）执行"插入/新建元件"命令，建立一个类型为"图形"、名称为"探照灯"的元件。

（3）进入元件的编辑状态，使用矩形工具 ▢ 绘制一个笔触颜色为无、填充颜色为黑到白

图 5-2-17　"探照灯"效果图

线性渐变的矩形作为灯管。

（4）使用选择工具 使矩形顶部产生弧度，如图 5-2-18 所示。

（5）再次使用矩形工具 绘制一个类似矩形，使用填充变形工具 调整渐变。再次使用选择工具 将矩形调整成灯罩形状，探照灯元件就绘制完成了。如图 5-2-19 所示。

（6）新建图形元件"水果"，将素材"5.2.3a.jpg"导入到舞台，并中心对齐。

（7）返回主场景，将"水果"元件拖入到舞台，并中心对齐，在第 100 帧处插入帧。

（8）新建图层 2，作为被遮罩层，将图层 1 的第 1 帧复制到图层 2 的第 1 帧。

（9）将图层 1 作为背景层，在该层第 1 帧的属性面板里将其 Alpha 值设为 10％。

图 5-2-18　画出灯管　　　　　　图 5-2-19　画出灯罩

（10）新建图层 3 作为遮罩层，在其第 1 帧处绘制一个如图 5-2-20 所示的椭圆，在第 25 帧处插入关键帧，将椭圆移动到如图 5-2-21 所示的位置，创建补间动画使其运动。

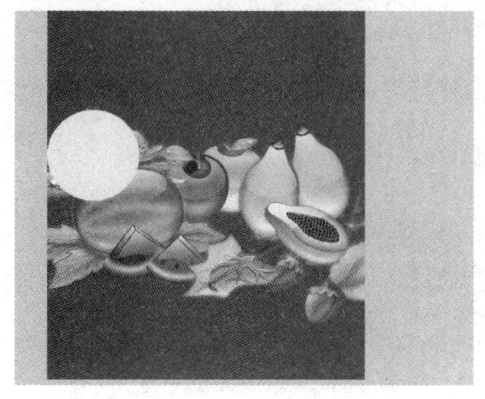
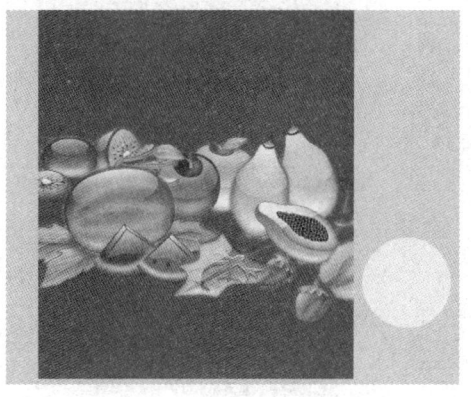

图 5-2-20　椭圆的第 1 帧位置　　　　　图 5-2-21　椭圆的第 25 帧位置

（11）在图层 3 上单击鼠标右键，在弹出菜单中选择"遮罩层"，使其遮罩图层 2。

（12）新建图层 4 和图层 5，画出一个类似的遮罩光斑，注意图层 4 中的椭圆的运动方向和图层 2 中的椭圆运动方向相反，完成后的效果如图 5-2-22 所示。

二维动画制作 Flash 8.0

（13）下面我们来完成探照灯遮罩。新建图层 6，从库中将"探照灯"元件拖到舞台的正上方，并调整到合适大小。

（14）在其第 20 帧插入关键帧，使用矩形工具 ▢ 绘制一个笔触颜色为无、填充颜色为从白色到透明的线性渐变的矩形，并使用填充变形工具 ▦ 调整渐变方向为上下，随后用选择工具 ▸ 将矩形调整为光束形状，矩形高度要以覆盖全部水果为宜。用填充变形工具 ▦ 将透明部分调整到光束的下方。如图 5-2-23 所示。

（15）同时选中探照灯和光束，执行"修改/组合"命令使其组合成元件。在第 30 帧、第 40 帧、第 65 帧、第 90 帧插入关键帧，调整第 40 帧和第 65 帧探照灯的旋转角度，如图 5-2-24、5-2-25 所示。

（16）在以上各帧之间创建补间动画，制作探照灯左右转动的效果。

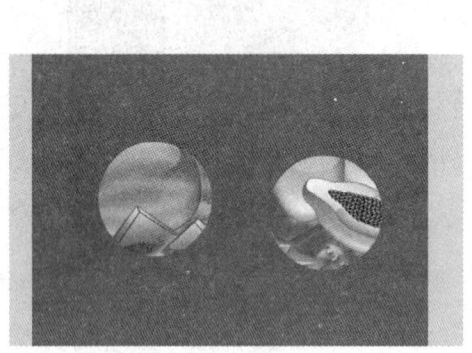

图 5-2-22　光斑效果图

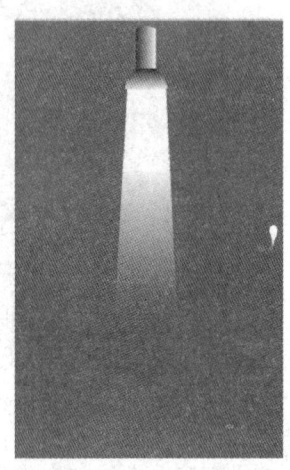

图 5-2-23　画出光束效果

图 5-2-24　第 40 帧光束位置

图 5-2-25　第 65 帧光束位置

（17）创建灯光照在水果上的效果，利用灯光的形状来做遮罩。新建图层 7 和图层 8，将图层 2 的第 1 帧复制到图层 7 的第 1 帧，将图层 7 也作为被遮罩层。

（18）选中图层 6，将其所有帧复制到图层 8 上，并删除图层 8 第 100 帧以后的帧。

（19）将图层8设为遮罩层，将图层6置顶，时间轴上图层分布如图5-2-26所示。

（20）测试动画，并以文件名"5.2.3探照灯.fla"保存。

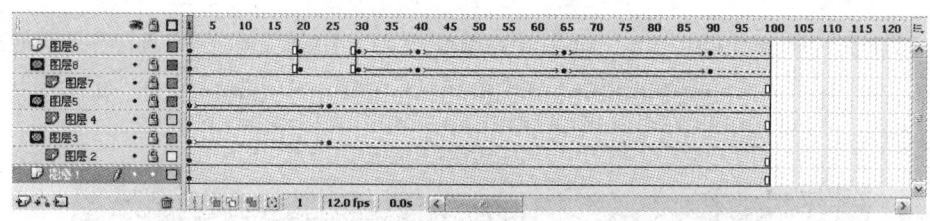

图5-2-26　时间轴上各图层

5.3　制作复杂遮罩动画

5.3.1　知识点和技能

前面我们通过"闪动字"和"探照灯"两个实例领略了Flash遮罩动画的奇妙之处。一般而言，遮罩层决定显示的区域，被遮罩层决定显示的内容，遮罩层的对象可以是图形、影片剪辑、文字、按钮等，但不包括线条。如果想达到用线条做遮罩层的目的，我们还必须做一步转换。

遮罩可以说是Flash中最基础同时也是变化效果最丰富的特效之一，很多复杂动画都包含了遮罩的应用。在我们已经了解了遮罩作用的前提下，我们将通过两个综合实例，进一步了解遮罩更为丰富的应用。

5.3.2　范例——烟花怒放

设计结果

在焰火背景的衬托下，欢快的"新年快乐"四个字以印章效果出现，同时，背景出现了绚丽的动态烟花，节日的喜庆感扑面而来。如图5-3-1所示。

设计思路

（1）用遮罩特效制作内部图像流动的文字。

（2）用遮罩特效绘制绽放的烟花。

（3）利用已经做好的烟花，制作其他颜色不一样的烟花。

（4）将这些元件组合到舞台上。

图5-3-1　"烟花怒放"效果图

范例解题引导

> **Step 1**　我们在"闪动字"的实例中已经学习了怎么用文字做遮罩，不过这次遮罩的对象是图像，并且包含边框。

（1）创建一个新的 Flash 文档，设置舞台大小为 350×500 像素，背景为黑色。

（2）新建图形元件"背景"，进入元件编辑界面。导入素材"5.3.2b.jpg"到舞台，并相对于舞台中心对齐。

（3）新建影片剪辑元件"文字"，进入元件编辑界面。使用文本工具 **A**，在属性面板中将字体设为黑体，大小为 80，颜色为绿色，并切换粗体，在舞台中心输入文字"新年快乐"，并将其打散，如图 5-3-2 所示。

图 5-3-2　设置文本工具属性

（4）新建图层 2，将其拖动到最底层。选中图层 2，将图片"5.3.2a.jpg"拖入到舞台，位置如图 5-3-3 所示。

图 5-3-3　图像第 1 帧的位置

（5）在图层 1 的第 40 帧插入帧，图层 2 的第 40 帧插入关键帧，调整第 40 帧图片的位置，如图 5-3-4 所示。

图 5-3-4　图像第 40 帧的位置

（6）在图层 2 的第 1 帧创建动画补间动画，将图层 1 设为遮罩层，如图 5-3-5 所示。

（7）新建图层 3，将图层 1 的第 1 帧复制到图层 3 的第 1 帧上。为避免干扰，隐藏图层 1 和图层 2。

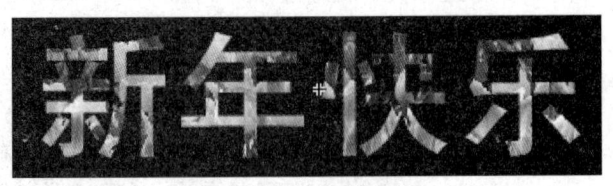

图 5-3-5　文字遮罩效果

(8) 使用墨水瓶工具 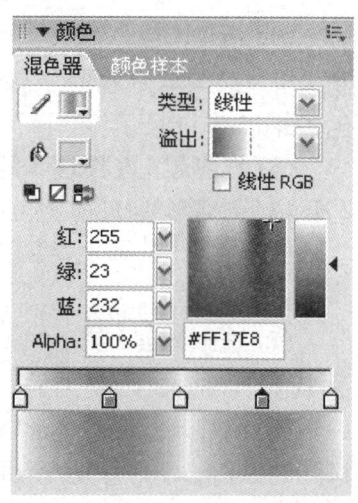，将笔触颜色设置为粉红色和黄色交替的线性渐变，如图 5-3-6 所示。

小贴士

颜料桶工具 添加的是填充颜色，墨水瓶工具 添加的是笔触颜色。

(9) 点击文字，使文字周围出现红黄相间的边线，并在属性面板中将笔触大小设为 3，如图 5-3-7 所示。

(10) 使用选择工具 选中绿色的填充颜色，将其删去，如图 5-3-8 所示。

图 5-3-6　设置笔触颜色

图 5-3-7　添加边线

图 5-3-8　删除填充

(11) 最后显示图层 1 和图层 2，这样，文本动画就完成了。

Step2　接着是制作动态烟花，这一步骤的重点是如何建立线条的遮罩。

(1) 新建取名为"线条"的图形元件，进入元件的编辑状态。使用刷子工具 ，大小和形状设置如图 5-3-9 所示，在舞台上绘制出烟花形状，如图 5-3-10 所示。

(2) 如果烟花的形状没有一下子画出满意的效果，可以使用选择工具 调整线条的位置和形状，或者使用任意变形工具 调整线条的角度。

(3) 新建命名为"烟花 1"的影片剪辑元件，进入元件的编辑状态。从库中将"线条"元件导入到舞台，调整到合适大小。

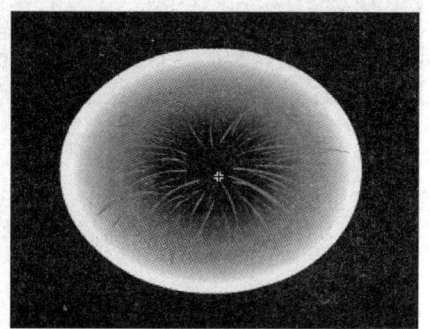

图 5-3-9　刷子设置　　　　图 5-3-10　绘制烟花形状　　　　图 5-3-11　绘制放射状渐变椭圆

（4）新建图层 2，将其移动到图层 1 的下方。选中图层 2 的第 1 帧，使用椭圆工具 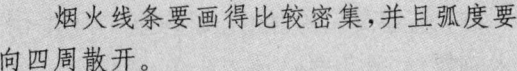，绘制一个笔触颜色为无、填充颜色为由透明到红色再到黄色的放射状渐变椭圆，作为烟花的颜色，如图 5-3-11 所示。

（5）在图层 1 和图层 2 的第 40 帧都插入关键帧，在图层 1 的第 1 帧创建动画补间，图层 2 第 1 帧创建形状补间。

（6）图层 1 的第 40 帧线条保持大小不变，将其位置略微下移，造成烟花完全绽放的逼真感。

（7）选中图层 2 第 1 帧上的椭圆，使用任意变形工具 🔲 缩小椭圆，将其完全缩放到烟花的中心，如图 5-3-12 所示。

（8）选中图层 2 的第 40 帧，将舞台显示范围设为 25%，放大椭圆至充满整个舞台，使得椭圆的中心部分完全被线条覆盖，如图 5-3-13 所示。

图 5-3-12　椭圆第 1 帧位置

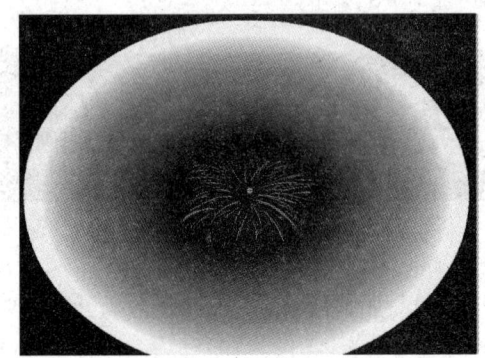

图 5-3-13　椭圆第 40 帧位置

（9）将图层 1 设为遮罩层，如图 5-3-14 所示。

图 5-3-14　烟花遮罩效果

小贴士

烟火线条要画得比较密集，并且弧度要向四周散开。

可以边测试动画边调整椭圆的大小，直到达到满意的效果。

Step3　利用已经制作完毕的烟花，再添加两个色彩不一样的烟花。

（1）打开库，在"烟花"元件上单击鼠标右键，在弹出菜单中选择"直接复制"，将新元件重命名为"烟花 2"。

（2）进入"烟花 2"的编辑状态，取消图层 1 和图层 2 的锁定。

（3）改变图层 2 第 1 帧和第 40 帧椭圆的渐变色，如图 5-3-15 所示。

（4）锁定图层 1 和图层 2，观察烟花是否变色，如图 5-3-16 所示。

（5）再以同样的方法复制元件"烟花 3"，创建一个新的烟花。

图 5-3-15　修改渐变颜色

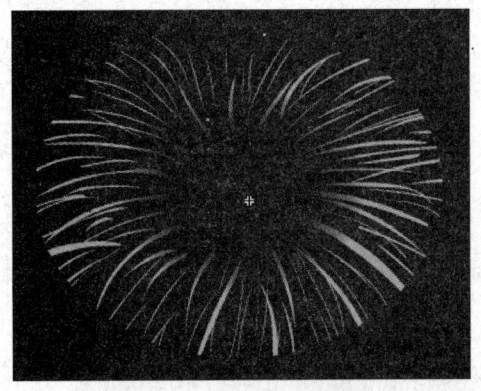

图 5-3-16　烟花遮罩效果

Step4　最后，将这些元件放到舞台上进行组合。

（1）回到主场景，将"背景"元件拖入舞台，在第 1 帧上创建补间动画，在第 40 帧插入关键帧，在属性面板中将第 1 帧的 Alpha 值设为 0%，第 40 帧的 Alpha 值设为 100%，烟花慢慢显现。

（2）新建图层 2，将"文字"元件拖入该层，使用变形面板将第 1 帧的文字大小设为 200%，在属性面板中将 Alpha 值设为 0%。在第 20 帧上创建关键帧，文字大小设为 100%，Alpha 值设为 100%，使文字以印章方式出现。

（3）新建图层 3，在第 10 帧上创建关键帧，从库中将"烟花 1"、"烟花 2"和"烟花 3"三个元件拖到该帧上，调整元件的大小和位置，使得烟花交替分布。

（4）测试动画，并以文件名"5.3.2 烟花怒放.fla"保存。

5.3.3　小试身手——图片伸缩水波涟漪

设计结果

图片向下伸缩，海面水波涟漪。如图 5-3-17 所示。

设计思路

（1）用遮罩特效实现原尺寸图片自下而上显示的效果。

（2）用补间动画实现放大图片自上而下移动的效果。

（3）用遮罩特效实现水波涟漪的效果。

图 5-3-17　"图片伸缩水波涟漪"效果图

操作提示

（1）创建一个新的 Flash 文档，设置舞台大小为 500×380 像素，背景为白色。

（2）将素材"5.3.3a.jpg"导入到舞台，利用对齐面板使图片相对舞台中心对齐。

（3）新建图层 2，使用矩形工具  绘制一个宽度为 500 像素，高度为 10 像素的矩形；利用对齐面板使矩形相对舞台底部对齐，如图 5-3-18 所示。

（4）在图层 1 第 30 帧插入帧；在图层 2 第 30 帧插入关键帧。

（5）选择图层 2 的第 30 帧，使用任意变形工具 □，拖拉矩形上边线，使其与图片上边线齐平，如图 5-3-19 所示。

图 5-3-18　绘制矩形

图 5-3-19　调整矩形高度

（6）选择图层 2 的第 1 帧创建形状补间动画。

（7）将图层 2 设为图层 1 的遮罩，如图 5-3-20 所示。

图 5-3-20　遮罩效果

(8) 新建图层 3,将其移至图层 1 下方,并取消它与图层 2 的遮罩关系,如图 5-3-21 所示。

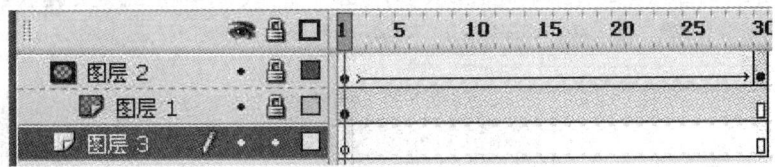

图 5-3-21 新建图层 3

(9) 选择图层 1 的第 1 帧,将其复制到第 3 层的第 1 帧,隐藏图层 1 和图层 2。

(10) 展开属性面板,设置图片高度为 760 像素;利用对齐面板使图片相对舞台底部对齐。

(11) 在图层 3 的第 30 帧插入关键帧,利用对齐面板使图片相对舞台上部对齐。

(12) 回到图层 3 的第 1 帧创建动画补间动画,如图 5-3-22 所示。

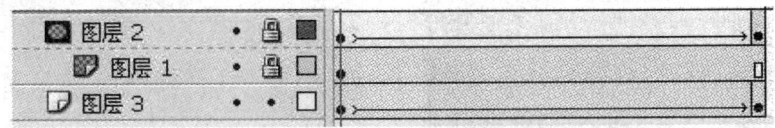

图 5-3-22 动画补间动画

(13) 在图层 2 上方新建图层 4;隐藏图层 2、图层 3,显示图层 1。

(14) 选中图层 1 的第 1 帧,按 Ctrl+B 键打散图片;使用套索工具 勾选出海面区域;将选中区域复制粘贴到图层 4 的第 31 帧,如图 5-3-23 所示。

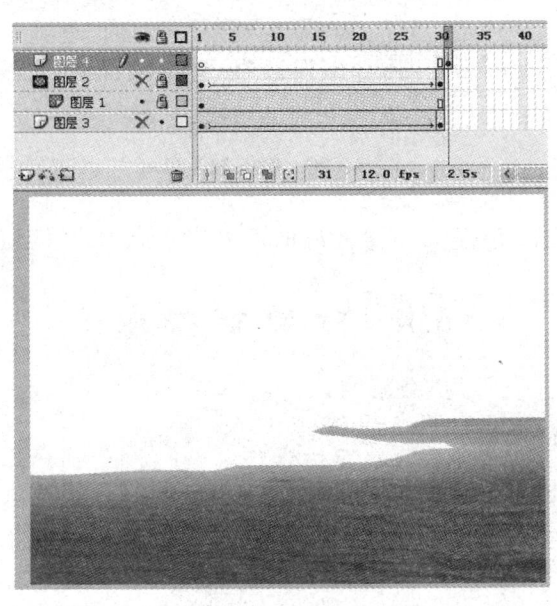

图 5-3-23 效果图

(15) 使用方向键将图片向上、向左各移一个像素。

(16) 在图层 4 上方新建图层 5,在图层 5 的第 31 帧插入关键帧;使用矩形工具 绘制一组矩形条,如图 5-3-24 所示。

　　(17) 在图层 1、图层 4 的第 100 帧插入帧,图层 5 的第 100 帧插入关键帧。

　　(18) 将图层 5 的第 100 帧的矩形条向下移动,如图 5-3-25 所示。

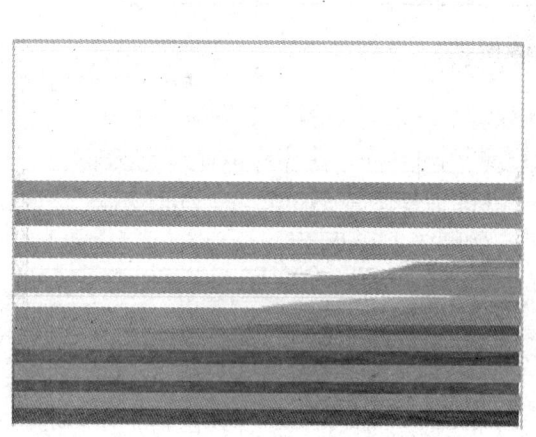

图 5-3-24　绘制矩形条

图 5-3-25　移动矩形条

　　(19) 选择图层 5 的第 31 帧,创建动画补间动画;将图层 5 设置为图层 4 的遮罩,如图 5-3-26 所示。

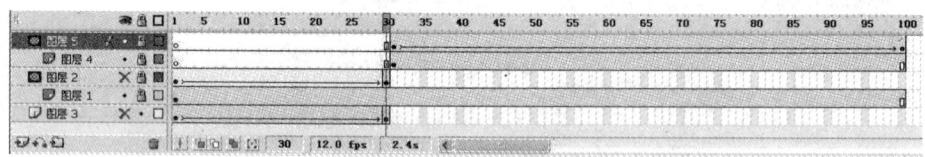

图 5-3-26　时间轴效果

　　(20) 测试动画,并以文件名“5.3.3 图片伸缩水波涟漪. fla”保存。

5.4　时间轴特效

5.4.1　知识点和技能

　　这里将介绍 Flash 相对于低版本新增的一个功能:时间轴特效。Flash 为用户准备了一些常用动画的命令,只要用户选中这些命令,Flash 就会自动生成这些动画效果,使我们制作动画的过程变得简单许多,这些自动生成动画的功能就是时间轴特效。

　　时间轴特效的使用方法非常方便,选中一个对象以后,选择相应的时间轴特效命令,然后设置相应的一些参数,就可以自动产生动画效果了。下表就是一些常见时间轴特效的类型介绍,可以提供变形、复制、分离等复杂的动画效果。时间轴特效应用的对象有文本、图形、位图、按钮元件等。

二维动画制作 Flash 8.0

最后要说明的是,时间轴特效已经为用户设定了最终的效果,尽管用户可以调整参数,但效果相对而言局限性较大,因此我们并不能完全依赖于时间轴特效,只能将其作为基本动画制作以外的技巧来补充。

时间轴特效类型	说　　明
变　形	调整选定元素的位置、缩放比例、旋转、Alpha 值和色调。使用"变形"可应用单一特效或特效组合,从而产生淡入/淡出、放大/缩小,以及左旋/右旋等特效
转　换	使用淡变、擦除或两种特效的组合向内擦除或向外擦除选定对象
分散式直接复制	复制选定对象一定次数(在设置中输入)。第一个元素是原始对象的副本。对象将按一定增量发生改变,直至最终对象反映设置中输入的参数为止
复制到网格	按列数复制选定对象,然后乘以行数,以便创建元素的网格
分　离	产生对象发生爆炸的错觉。文本或复杂对象组(元件、形状或视频片断)的元素裂开、自旋和向外弯曲
展　开	在一段时间内放大、缩小或者放大和缩小对象。此特效在组合在一起或在影片剪辑或图形元件中组合的两个或多个对象上使用效果较好。此特效在包含文本或字母的对象上使用效果较好
投　影	在选定元素下方创建阴影
模　糊	通过更改对象在一段时间内的 Alpha 值、位置或缩放比例来产生运动模糊特效

5.4.2　范例——奉献爱心

设计结果

在宣传标语的背景中,公益标语"奉献一颗爱心,造福千万家"徐徐展开,其中还穿插了变形和变色动画。最后,一幅图片渐渐出现,呈现出温馨美好的社会风气。如图 5-4-1 所示。

图 5-4-1　"奉献爱心"效果图

设计思路

(1)利用时间轴特效的"复制到网格"工具制作标语背景。

(2)制作标语的转换效果。

(3)编辑图片的展开方式。

范例解题引导

> **Step 1**　首先从复制对象开始认识时间轴特效,无论是文字对象还是图像对象,都能以这种方式进行复制。

(1) 创建一个新的 Flash 文档,设置舞台大小为 550×400 像素,背景为白色。

(2) 执行"插入/新建元件"命令,建立一个类型为"图形",名称为"背景"的元件。

(3) 进入元件的编辑状态,使用文本工具 **A**,并在属性面板设置其属性,将字体设为楷体,大小为 20,字母间距为 15,颜色为红色,在舞台上输入文字"知荣辱讲文明"。

(4) 选中文字,打开混色器面板,将文字的 Alpha 值设为 30%,降低文字的透明度。

(5) 打开变形面板,将文字逆时针旋转 30 度,如图 5-4-2 所示;文字效果如图 5-4-3 所示。

(6) 回到主场景。将"背景"元件拖到舞台的左上方。

(7) 执行"插入/时间轴特效/帮助/复制到网格"命令,在弹出窗口中将尺寸行数设为 3,列数设为 3,间距行数和列数设为 2,并更新预览,如图 5-4-4 所示。

图 5-4-2　旋转文字　　　　图 5-4-3　文字效果　　　　图 5-4-4　编辑复制到网格

(8) 选择"确定"按钮,可以看到,文字背景已经布满了整个舞台。

> **Step2**　接着是制作文字的变化效果,这也是本例的重点。

(1) 执行"插入/新建元件"命令,建立一个类型为"图形"、名称为"文字 1"的元件。

(2) 进入元件的编辑状态,使用文本工具 **A**,并在属性面板设置其属性,将字体设为楷体,大小为 20,字母间距为 15,颜色为黄色,在舞台上输入文字"奉献一颗爱",如图 5-4-5 所示。

图 5-4-5　设置文字属性

(3) 新建一个"文字 2"的图形元件,进入元件的编辑状态。在舞台中心输入文字"造福千万家",文字属性如步骤(2)所示。

(4) 执行"插入/新建元件"命令,建立一个类型为"图形"、名称为"心形"的元件。

（5）进入元件的编辑状态，使用椭圆工具 ，并在属性面板设置其属性，将笔触颜色设置为无，填充颜色设置为红色，在舞台上画一个如图 5-4-6 所示的椭圆。

（6）按下 Shift＋Alt 快捷键向右拖动椭圆，复制出另一个椭圆，如图 5-4-7 所示。

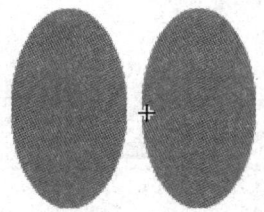

图 5-4-6　绘制椭圆　　　　　　　　图 5-4-7　复制椭圆

（7）选中左边的椭圆，在变形面板中选择旋转"－30 度"，并按下回车键确定，如图 5-4-8 所示。

（8）选中右边的椭圆，在变形面板中选择旋转"30 度"，并按下回车键确定。

（9）将两个椭圆移动到合适位置，拼接成一个心形图案，如图 5-4-9 所示。

（10）选中心形图案，在混色器面板中将颜色设置为"线性"渐变，颜色从红色渐变为深红色。

（11）新建图层 2，使用椭圆工具 绘制一个白色椭圆，再使用选择工具 将椭圆拉伸到如图 5-4-10 所示的形状，为心形图案添加光亮效果。

小贴士

由于光亮效果是白色，很容易被白色背景干扰到，可以先改变背景颜色，再绘制椭圆。

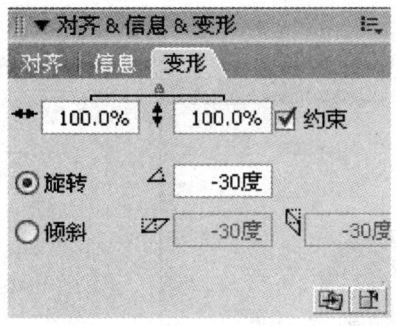

图 5-4-8　旋转椭圆　　　　图 5-4-9　拼合成心形　　　　图 5-4-10　添加光亮效果

（12）回到主场景。将元件"文字 1"拖入舞台偏上位置，选中文字，执行"插入/时间轴特效/变形/转换/变形"命令，在弹出窗口中将缩放比例改为 200％，选择"更改颜色"，将最终颜色设为红色，其余默认。更新预览后确定，如图 5-4-11 所示。

（13）可以看到时间轴上自动生成了一个长度为 30 帧的动画，这就是时间轴特效动画，在背景图层的第 100 帧插入帧。

（14）选中"变形"图层的第 30 帧，在鼠标右键菜单中选择"转换为关键帧"。舞台上选择该帧文字"奉献一颗爱"，将属性面板中的"循环"改成"单帧"，如图 5-4-12 所示。

二维动画制作 Flash 8.0

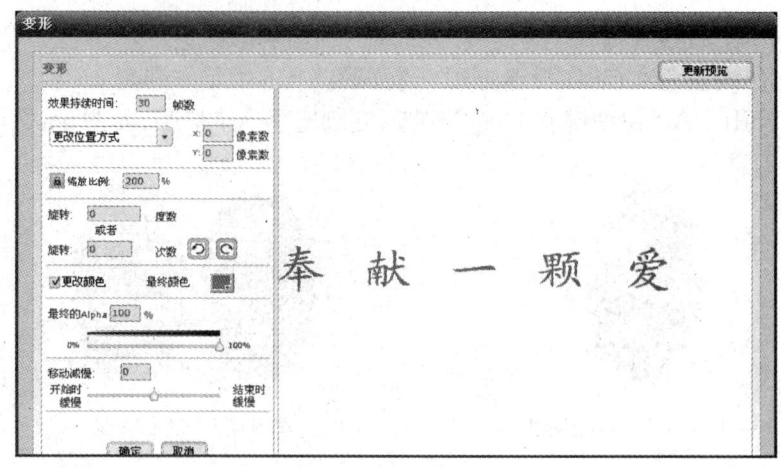

图 5-4-11　变形文字

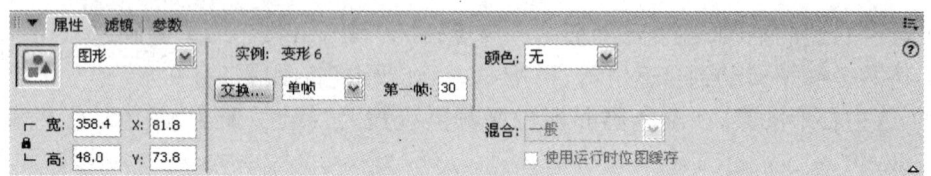

图 5-4-12　改变帧的属性

（15）在该层第 100 帧处插入帧。

（16）新建图层，在该层第 30 帧插入关键帧，将"心形"元件拖入该帧。选中心形，执行"插入/时间轴特效/变形/转换/变形"命令，在弹出窗口中将效果持续时间改为 20 帧，旋转次数为 2，并选择"结束时缓慢"，其余不变，如图 5-4-13 所示。

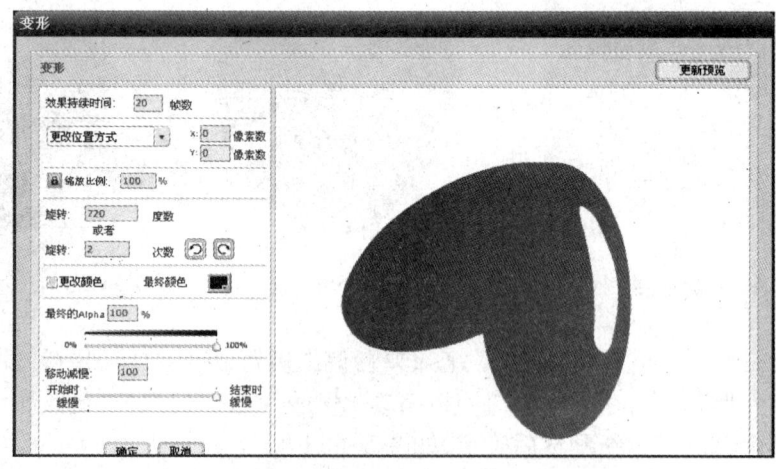

图 5-4-13　变形心形

（17）选中该层显现的最后一帧，在鼠标右键菜单中选择"转换为关键帧"，舞台上选择该帧心形，将属性面板中的"循环"改成"单帧"，并在第 100 帧插入帧。

(18) 新建图层,在该层第 40 帧插入关键帧,将库中"文字 2"元件拖入舞台偏下的位置,选中文字,执行"插入/时间轴特效/变形/转换/变形"命令,在弹出窗口中将缩放比例改为200%,选择"更改颜色",将最终颜色设为红色,其余默认设置。更新预览后确定,第 70 帧动画如图 5-4-14 所示。

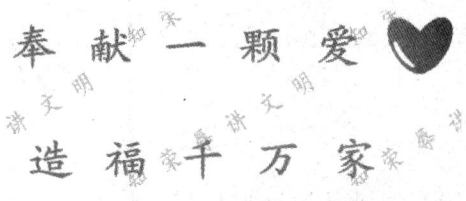

图 5-4-14   第 70 帧动画效果

(19) 选中新层第 70 帧,在鼠标右键菜单中选择"转换为关键帧",舞台上选择该帧文字"造福千万家",将属性面板中的"循环"改成"单帧",并在第 100 帧插入帧。

Step3   最后再添加图片,以转换方式出现。

(1) 新建一个类型为"图形"、名称为"图片"的元件。进入元件编辑状态,将素材"5.4.2a. jpg"导入到舞台,并中心对齐。

(2) 回到主场景,新建图层,在新图层第 71 帧插入关键帧,将元件"图片"拖入舞台右下角。

(3) 在该帧选中图片,执行"插入/时间轴特效/变形/转换/转换"命令,在弹出窗口中将"移动减慢"设为 100,其余默认。更新预览后确定,如图 5-4-15 所示。

图 5-4-15   转换图片

(4) 为了使标语凸现,将新层移至底层,测试动画,并以文件名"5.4.2 奉献爱心. fla"保存。

5.4.3 小试身手——节约用水

设计结果

这个动画告诉人们,如果我们任由一滴滴水从未拧紧的水龙头中流走,最后的结果只能是地球的毁灭,动画最后出现字幕,给人以警醒和反思。如图5-4-16所示。

设计思路

(1) 使用绘图工具绘制水龙头和水滴图形。

(2) 利用模糊特效制作水滴落下的效果。

(3) 利用分离特效制作地球爆炸的效果。

(4) 输入文字,以转换方式将文字徐徐展现。

图5-4-16 "节约用水"效果图

操作提示

(1) 创建一个新的Flash文档,设置舞台大小为550×400像素,背景为白色。

(2) 新建一个名称为"水龙头"的图形元件。进入元件的编辑状态,使用椭圆工具 和矩形工具 绘制水龙头,笔触颜色为无,填充颜色为黑色,如图5-4-17所示。

(3) 选中全部图形,在混色器面板中将填充颜色改为"线性"渐变,填充颜色从浅灰色渐变到深灰色,如图5-4-18所示。

(4) 新建名称为"水滴"的图形元件,进入元件编辑状态,使用椭圆工具 和选择工具 绘制水滴形状,填充颜色为从白色到浅蓝色放射状渐变,如图5-4-19所示。

(5) 新建名称为"水塘"的图形元件,进入元件编辑状态,使椭圆工具 绘制水塘形状,填充颜色如"水滴",如图5-4-20所示。

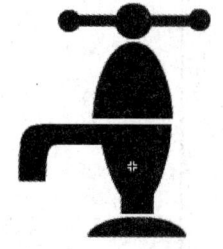
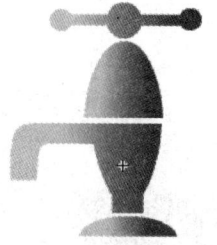

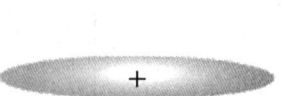

图5-4-17 绘制水龙头　　图5-4-18 编辑水龙头颜色　　图5-4-19 水滴形状　　图5-4-20 水塘形状

(6) 新建名称为"文字"的图形元件,进入编辑状态,使用文本工具 **A** ,在属性面板中设置字体为黑体,大小为50,字母间距为15,输入如图5-4-21所示的文字,其中"水"和"地球"为浅蓝色,问号为红色,其他文字为黑色。

(7) 回到主场景,将素材"5.4.3a.jpg"导入到舞台,调整到合适大小。

(8) 新建图层2,从库中将元件"水龙头"拖入到舞台,调整到如图5-4-22所示的相关位置。

二维动画制作 Flash 8.0

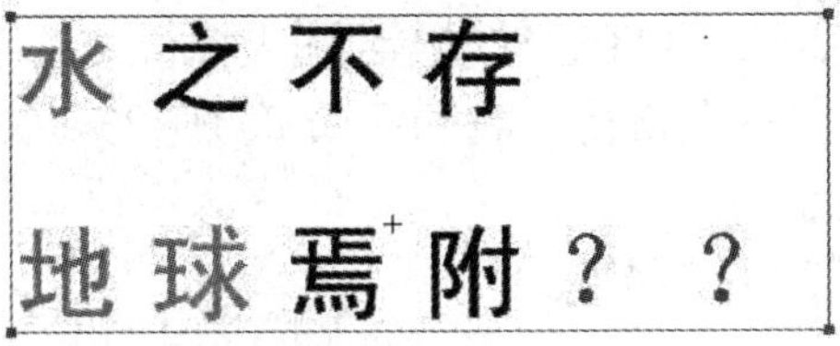

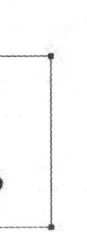

图 5-4-21　输入文字

图 5-4-22　水龙头和地球的位置

(9) 新建图层 3,重命名为"水滴",将库中的"水滴"元件拖入到水龙头出口处位置,创建补间动画,在第 10 帧处插入关键帧,将水滴图形向下移动,形成滴落效果。

(10) 新建图层 4,重命名为"水塘",在第 11 帧插入关键帧,从库中将"水塘"元件拖入到水滴下落的位置,选择"插入/时间轴特效/效果/模糊",在弹出窗口中将持续时间设为 16,分辨率设为 15,缩放比例设为 0.25,如图 5-4-23 所示。

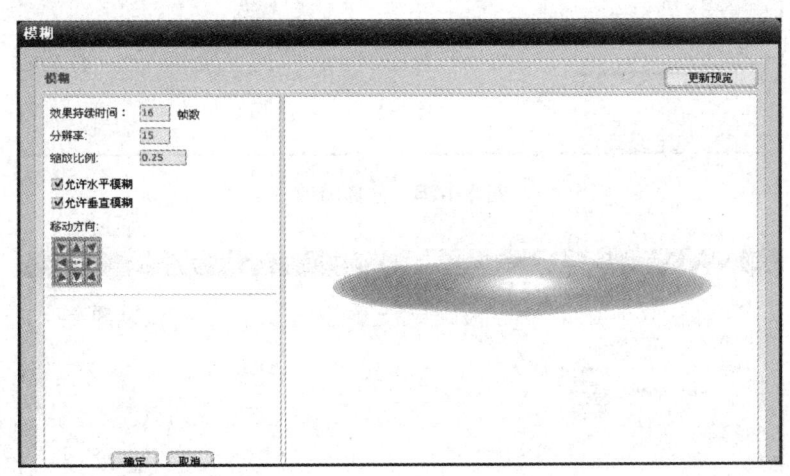

图 5-4-23　模糊水滴

(11) 在"水滴"层第 11 帧上插入空白关键帧,选中该层前 10 帧,复制后在第 27 帧上粘贴帧,在之后 1 帧上添加空白关键帧。

(12) 在"水塘"层的第 27 帧上插入空白关键帧,选中该层第 11 帧到第 26 帧,复制后在第 37 帧上粘贴帧,图层位置如图 5-4-24 所示。

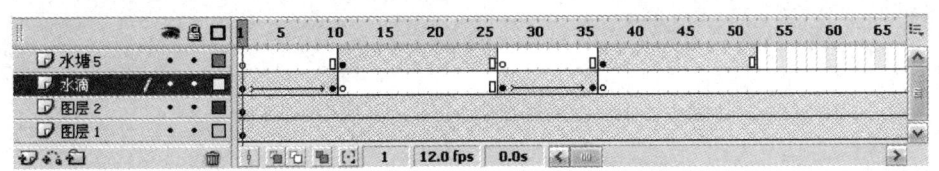

图 5-4-24　图层设置

二维动画制作 Flash 8.0

(13) 在图层 2 的第 53 帧上插入空白关键帧,图层 1 的第 53 帧上插入关键帧,执行"插入/时间轴特效/效果/分离"命令,在弹出窗口中设置碎片旋转量为 180 度,碎片大小为 X 轴和 Y 轴都是 50 像素,其余不变,更新预览后确定,如图 5-4-25 所示。

(14) 新建图层 5,在第 73 帧上插入关键帧,从库中将元件"文字"拖入舞台中央,执行"插入/时间轴特效/变形/转换/转换"命令,在弹出窗口中将持续时间设为 25 帧,移动减慢设为 100,其余不变,更新预览后确定,如图 5-4-26 所示。

(15) 测试动画,并以文件名"5.4.3 节约用水. fla"保存。

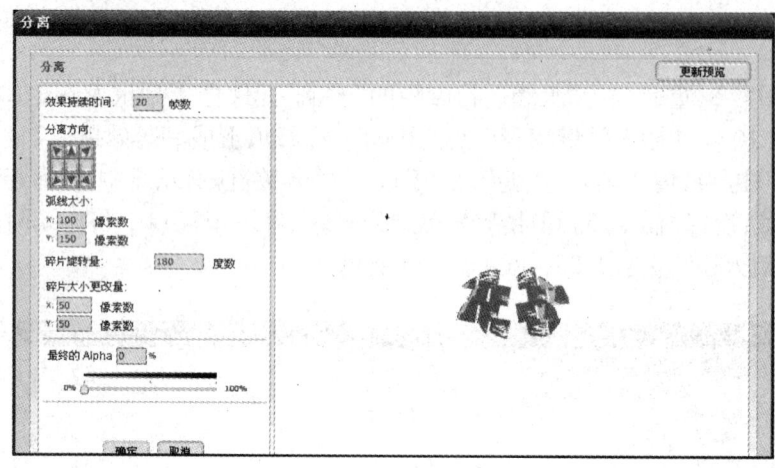

图 5-4-25　分离特效

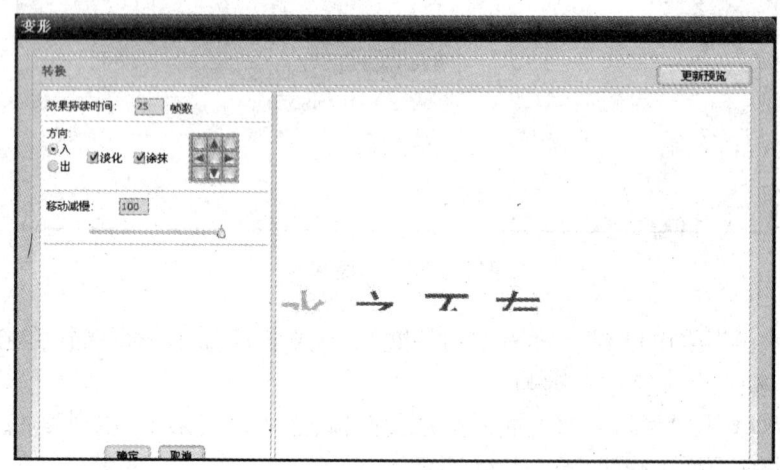

图 5-4-26　变形特效

第6章 元件、实例和库

6.1 库中的图形元件

6.1.1 知识点和技能

我们之前所学的知识点，无论是遮罩、引导动画还是时间轴特效，就知识点而言都是孤立的，可以通过实例的方式直接讲解。但是，当我们在制作一些较复杂的动画时，比如Flash贺卡、Flash广告等，就需要将一些知识点融会贯通起来，让它们各司其职，最后再在舞台上展现各自的绝活。总的来说，所有的元件都是为场景需要而生成的，是铺陈出最后效果的元素。

这一节我们就介绍一些图形元件在场景中的应用，更大型的场景制作我们将在下节中再涉及。

6.1.2 范例——新年贺卡

设计结果

这是一张 Flash 新年贺卡，爆竹、桃花和春联的组合，喜庆效果十分明显。如图6-1-1所示。

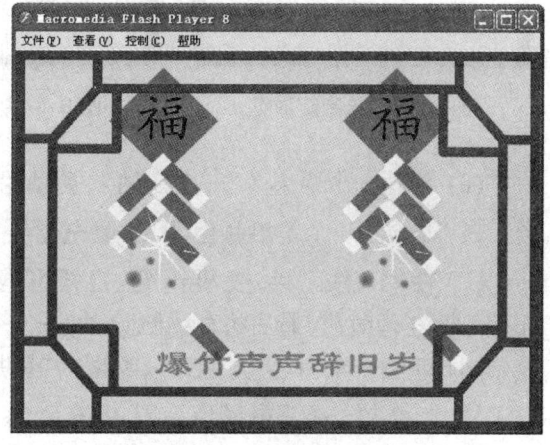

图6-1-1 "新年贺卡"效果图

设计思路

(1) 绘制爆竹场景中的各个元件。

(2) 绘制桃花场景中的各个元件。

(3) 绘制春联场景中的各个元件。

(4) 最后创建三个场景，将这些元件拖入场景即可。

范例解题引导

> **Step 1** 我们先来制作爆竹场景中的元件，由于本例涉及的元件较多，最好在库中先创建几个文件夹以归类。

(1) 创建一个新的 Flash 文档，设置舞台大小为 550×400 像素，背景色为淡粉色。

(2) 执行"插入/新建元件"命令，新建一个命名为"窗框"的图形元件，进入元件的编辑状态。

(3) 使用矩形工具，在属性面板中将笔触颜色设为咖啡色，笔触高度为 20，填充颜色

二维动画制作 Flash 8.0

为无,在舞台正中央绘制一个宽为550、高为400的矩形框,如图6-1-2、6-1-3所示。

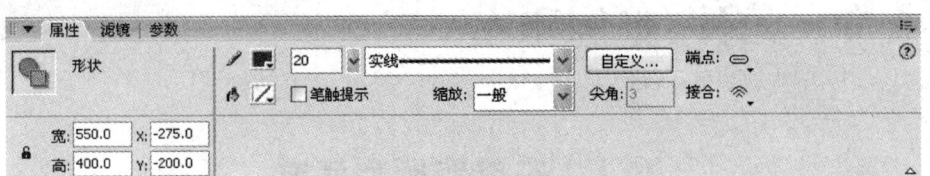

图6-1-2 设置矩形属性

(4) 使用直线工具 ✐,画一条略小于550像素的水平线段作为内沿,选中该直线,在对齐面板中将其相对于舞台水平中齐。再画一条略小于400像素的垂直线段,将其相对于舞台垂直中齐,如图6-1-4所示。

(5) 按住Shift+Alt键,将这两条线段平行复制到相对的位置,再使用直线工具将线段之间连接起来,并绘制四个窗角,最后效果如图6-1-5所示。

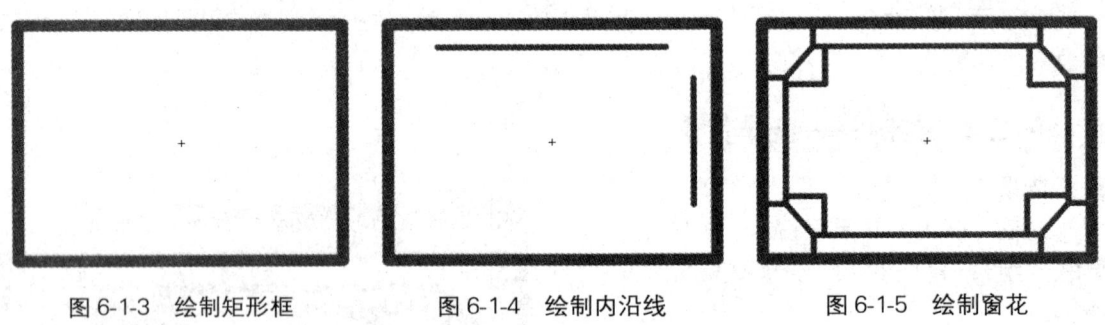

图6-1-3 绘制矩形框   图6-1-4 绘制内沿线   图6-1-5 绘制窗花

(6) 新建一个命名为“一个爆竹”、类型为“图形”的元件,进入元件的编辑状态。使用矩形工具 ❑ 绘制一个笔触颜色为无、填充颜色为红色的矩形,将其宽设为17,高为68。

(7) 使用直线工具,按Shift键,在矩形内部靠近两端处绘制两条水平线段,将两端的内部颜色填充为黄色,最后将直线删除,如图6-1-6所示。

(8) 新建一个命名为“烟火”、类型为“影片剪辑”的元件,进入元件的编辑状态。使用矩形工具 ❑ 绘制一条笔触颜色为无、填充颜色为黄色的细长矩形。使用选择工具将其一端拉尖,再使用任意变形工具将中心点移到矩形另一端,在变形面板中将“旋转”设为45度,复制并应用变形七次,复制成一个星形效果,并适当拉伸成不规则星形,如图6-1-7所示。

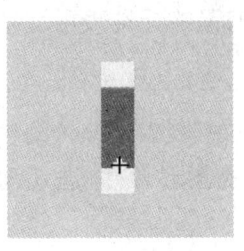 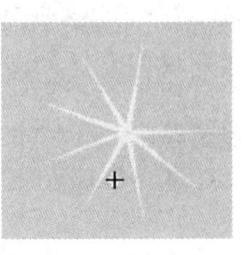 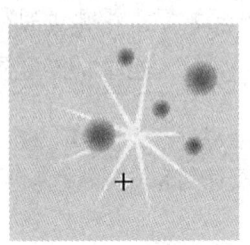

图6-1-6 绘制爆竹   图6-1-7 绘制星形   图6-1-8 绘制烟火

（9）使用椭圆工具，按住 Shift 键绘制几个小圆点，填充颜色为从红色到透明放射状渐变，如图 6-1-8 所示。

（10）选中第 1 帧，创建动画补间，在属性面板中选择旋转"顺时针"1 次，并在第 20 帧上插入关键帧，形成烟火旋转的效果。

（11）新建一个命名为"福"的图形元件，进入编辑状态，使用矩形工具，按住 Shift 键绘制一个红色的正方形，边长为 100，使其相对于舞台居中对齐。再使用文本工具 **A** 在舞台中央输入文字"福"，在属性面板中将字体设为楷体，大小为 55，颜色为黑色，如图 6-1-9 所示。

（12）新建一个命名为"爆竹"、类型为"影片剪辑"的元件，进入元件的编辑状态。从库中将元件"福"拖到舞台正上方，并在第 50 帧上插入帧。

（13）新建图层 2，从库中将元件"一个爆竹"拖到舞台上，使用任意变形工具改变其方向，并复制数次，如图 6-1-10 所示。

（14）在第 4 帧上插入关键帧，将最后一个爆竹拖到下方，形成爆竹分离的效果，如图6-1-11 所示。在第 7 帧上插入关键帧，删除最后一个爆竹，并将倒数第二个爆竹拖动到下方，如图 6-1-12 所示。以此类推，直到第 43 帧上仅剩一个爆竹。在第 45 帧上插入空白关键帧。

图 6-1-9　绘制福字

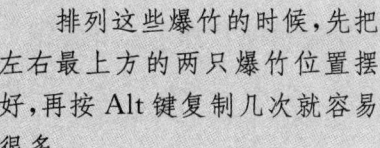

小贴士

　　排列这些爆竹的时候，先把左右最上方的两只爆竹位置摆好，再按 Alt 键复制几次就容易很多。

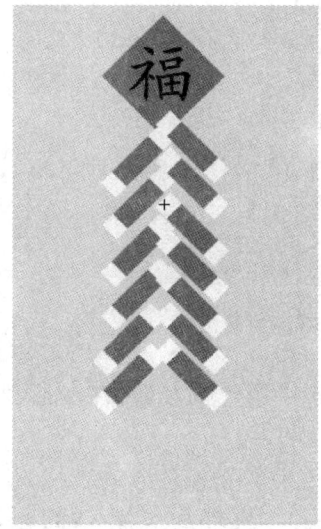

图 6-1-10　排列爆竹的位置

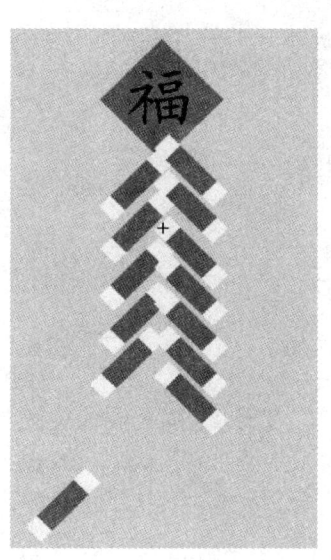

图 6-1-11　第 4 帧爆竹位置

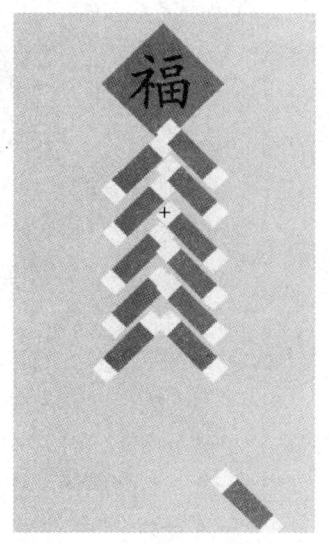

图 6-1-12　第 7 帧爆竹位置

（15）新建图层 3，从库中将元件"烟火"拖到爆竹下方，如图 6-1-13 所示。在第 43 帧上插入关键帧，将烟火移到爆竹的最上方，如图 6-1-14 所示。并在两帧间创建动画补间，同样在第 45 帧上插入空白关键帧。

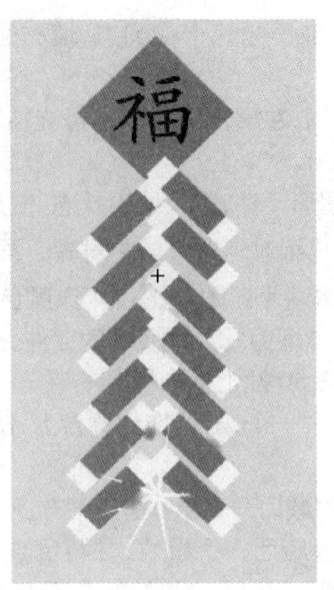
图 6-1-13　第 1 帧烟花位置

图 6-1-14　第 43 帧烟花位置

Step2　接着来制作桃花场景中的几个元件，包括花瓣和整个桃花动画。

（1）新建一个命名为"花瓣"、类型为"影片剪辑"的元件，进入元件的编辑状态。

（2）使用椭圆工具 绘制一个从白色到粉色线性渐变的椭圆作为一片花瓣，使用选择工具适当调整花瓣形状，如图 6-1-15 所示。选中该花瓣，将其中心点移到花心处，在变形面板中将"旋转"设为 72 度，复制并应用变形 5 次，形成花朵形状。

（3）使用铅笔工具 绘制几条黄色的曲线作为桃花的茎脉，如图 6-1-16 所示。

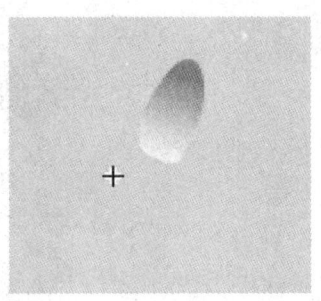
图 6-1-15　一片花瓣

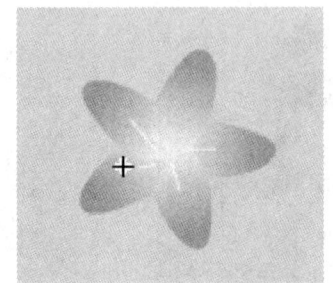
图 6-1-16　组成桃花形状

（4）在第 1 帧上创建动画补间，在第 15 帧上插入关键帧。选中第 1 帧花瓣，在变形面板上将其大小改为 5％。并在第 15 帧上添加停止动作 Stop( )。

（5）新建一个命名为"桃花"、类型为"影片剪辑"的元件，进入该元件的编辑状态。执行"文件/导入/导入到舞台"命令，将素材"6.1.2a. jpg"导入到舞台中央，并在第 25 帧处插入帧。

（6）新建图层 2，从库中将元件"花瓣"拖到树枝上若干次，形成桃花开放的效果，如图 6-1-17所示。

图 6-1-17　将桃花拖到树枝上若干次

Step3　然后我们来制作对联场景中的元件:对联 1、对联 2 和横批。

　　(1) 新建命名为"对联 1"的图形元件,进入编辑状态。使用文本工具,在舞台上输入文字"爆竹声声辞旧岁",字体为楷体,大小为 40,颜色为黑色。

　　(2) 新建图层 2,将其移到最下方。使用矩形工具绘制一个填充颜色为红色的矩形,大小以覆盖字体为宜,如图 6-1-18 所示。

　　(3) 在库中选中元件"对联 1",右击选择"直接复制",重命名为"对联 2",进入新元件的编辑状态。将文字"爆竹声声辞旧岁"改为"桃花点点迎春来",其余不变,如图 6-1-19 所示。

　　(4) 新建一个命名为"横批"、类型为"图形"的元件,进入元件编辑状态。使用文字工具输入文字"恭贺新禧",大小为 60,颜色为黑色。

　　(5) 新建图层 2,移到最下方。绘制一个覆盖字体的红色矩形,如图 6-1-20 所示。

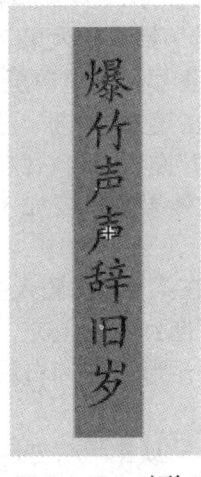 

图 6-1-18　对联 1　　　　图 6-1-19　对联 2

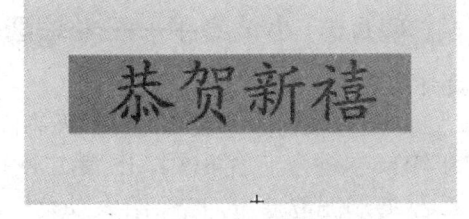

图 6-1-20 横批

Step4　最后,我们将这些元件放入三个场景中。

　　(1) 回到场景 1,从库中将"爆竹"元件拖到舞台两次,并左右对齐,在第 50 帧处插入帧。

　　(2) 新建图层 2,从库中将"窗框"元件拖到舞台并相对于舞台中心对齐。

　　(3) 新建图层 3,在第 20 帧插入关键帧。使用文本工具 **A** 在舞台下方输入文字"爆竹声声辞旧岁",字体为楷体,大小为 40,颜色为黑色。并在该帧上创建动画补间。

（4）在第 50 帧上插入关键帧，选中第 20 帧，在属性面板将其 Alpha 值设为 0％，使得文字有渐现的效果。

（5）执行"插入/场景"命令，新建场景 2。从库中将元件"桃花"拖到舞台中央，并在第 40 帧插入帧。

（6）新建图层 2，从库中将"窗框"元件拖到舞台并相对于舞台中心对齐。

（7）新建图层 3，在第 20 帧插入关键帧。使用文本工具 **A** 输入文字"桃花点点迎春来"，字体和变化效果同上。

（8）新建场景 3，从库中将元件"对联 1"拖到舞台左侧，并在第 80 帧插入帧。

（9）新建图层 2，使用矩形工具 绘制一个覆盖字体的矩形，如图 6-1-21 所示。在第 20 帧插入关键帧。选中第 1 帧矩形，使用任意变形工具 将其中心点移到矩形上边线，并纵向缩放至如图 6-1-22 所示，在两帧间创建形状补间制作矩形自上而下展开的效果。

（10）将图层 2 设为图层 1 的遮罩层。

（11）新建图层 3，在第 20 帧插入关键帧，从库中将元件"对联 2"拖到舞台右侧。同样新建一个遮罩层，变化效果的设置如上，变化长度为 20 帧。

（12）新建图层 4，在第 40 帧插入关键帧，从库中将元件"横批"拖到舞台上方，为其创建遮罩层，变化效果为矩形自左向右展开，变化长度为 20 帧。

图 6-1-21　第 20 帧矩形　图 6-1-22　第 1 帧矩形

（13）最后新建图层 5，从库中将元件"窗框"拖到舞台上并相对于舞台中心对齐。

（14）测试动画，并以文件名"6.1.2 新年贺卡.fla"保存。

6.1.3　小试身手——卷轴画

设计结果

一幅卷轴画徐徐展开，出现"天高任鸟飞"的字样，卷轴合上后再次打开，第二次展现的则是"海阔任鱼游"的字样，给人以大气磅礴的感觉。如图 6-1-23 所示。

设计思路

（1）在库中创建卷轴画的各个元素。

（2）在主场景中制作遮罩动画。

操作提示

（1）创建一个新的 Flash 文档，设置舞台

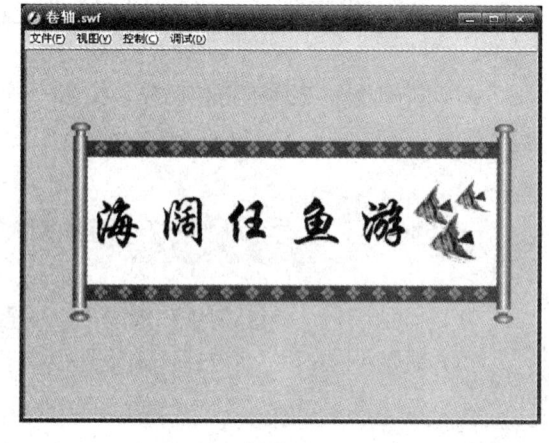

图 6-1-23　"卷轴画"效果图

大小为 550×400 像素,背景为淡粉色。

(2) 新建一个命名为"轴"的图形元件,进入元件的编辑状态。使用矩形工具 ▢ 绘制一个宽为 15,高为 188 的矩形,填充颜色为深红到白再到深红的线性渐变,如图 6-1-24 所示。

(3) 使用矩形工具 ▢ 和椭圆工具 ◯ 绘制成如图 6-1-25 所示的形状,椭圆的填充为白色到深红色的放射状渐变。

(4) 新建一个命名为"花纹"的图形元件,进入元件的编辑状态。使用矩形工具 ▢ 绘制一个边长为 15 的正方形,在变形面板中将其旋转 45 度。按住 Alt 键复制三个相同的矩形,如图 6-1-26 所示。

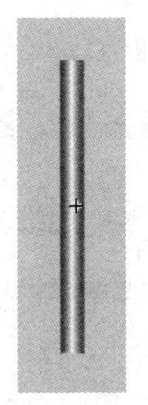 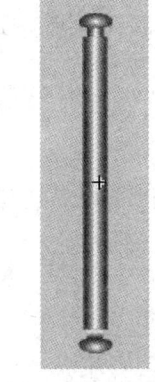 

图 6-1-24　绘制矩形　　　　图 6-1-25　绘制卷轴　　　　图 6-1-26　绘制花纹

(5) 新建一个命名为"画 1"的影片剪辑元件,进入该元件的编辑状态。

(6) 使用矩形工具 ▢ 绘制一个宽为 448、高为 175 的矩形,填充颜色为深红色。将矩形相对于舞台对齐。

(7) 新建图层 2,再使用矩形工具 ▢ 绘制一个宽为 448、高为 140 的白色矩形,也将其相对于舞台对齐,如图 6-1-27 所示。

(8) 新建图层 3,从库中将元件"花纹"拖到深红色画布上,并按住 Alt 键往右复制若干次,选中所有花纹,在对齐面板中将这些花纹垂直居中分布,使它们相对均匀分布。

(9) 按住 Alt 键,将这些花纹水平移动到画布下侧,如图 6-1-28 所示。

图 6-1-27　绘制画布　　　　　　　　　　图 6-1-28　添加花纹

(10) 新建图层 4,执行"文件/导入/导入到库"命令,将素材"6.1.3a. gif"文件导入到库中。从库中选中新生成的影片剪辑元件,将其拖到舞台的右侧,并适当调整元件大小,执行"修改/变化/水平翻转"命令,如图 6-1-29 所示。

(11) 新建图层,选择文本工具 **A** 输入文字"天高任鸟飞",在属性面板中将字体设为华文行楷,大小为64,颜色为黑色,如图6-1-30所示。

图 6-1-29　添加图形　　　　　　　　　图 6-1-30　添加文字

(12) 在库中选中元件"画1",在鼠标右键菜单中选择"直接复制",重命名为"画2"并进入其编辑状态。将素材"6.1.3b.gif"导入库中,并将舞台上鹰的图形改为鱼,将文字"天高任鸟飞"修改为"海阔任鱼游",如图6-1-31所示。

(13) 返回主场景,从库中将元件"轴"拖到舞台左侧,并在第170帧插入关键帧。

(14) 新建图层2和图层3,从库中将元件"画1"拖到图层2,并在第120帧上插入帧。

图 6-1-31　修改画布

(15) 在图层3上绘制一个覆盖"画1"的矩形作为遮罩层,在第35帧上插入关键帧,选中第1帧,使用任意变形工具 □ 将矩形中心点移到左边线,并在变形面板中将其宽度设为5%,创建形状补间,使得"画1"有展开的效果。

(16) 在第35帧到第60帧之间设置持续展开效果,在第60帧插入关键帧,将第1帧复制到第95帧,创建形状补间,使得"画1"闭合。

(17) 新建图层4,拖至图层3下方,在第120帧插入关键帧,第170帧插入帧;将"画2"元件拖至舞台中心位置和"画1"重合。

(18) 在图层3第120帧插入帧,将第60帧复制到第170帧,使得"画2"展开。

(19) 新建图层5,从库中将"轴"元件再次拖入舞台,紧挨在第一根轴的右侧,关键帧的位置和矩形遮罩层的位置完全一致,在各关键帧之间移动轴的位置,配合遮罩移动。

(20) 将图层1移到图层最上方。

(21) 测试动画,并以文件名"6.1.3卷轴画.fla"保存。

6.2　库中的影片剪辑元件

6.2.1　知识点和技能

用Flash做动画在几年前就已风靡起来,网络上随处可见Flash MV和Flash系列动画,Flash动画随着网络的兴起而进入了人们的视线。在网络时代,人人都可以创作出个性动画片,来表达思想,传递心声。

我们之前所学的大部分是Flash基本知识点,各自都有无可替代的作用。但是,当我们想合成一些较为复杂的 Flash 场景时，我们就需要将影片剪辑嵌套进场景，这好比先给每个演员换上行头，再把他们放到舞台上表演。下面我们来介绍几个 Flash 场景，学习怎样将知识点综合运用到实例中。

6.2.2 范例——将进酒

设计结果

典雅的背景下，两只鲜艳的彩蝶翩翩飞过，诗词渐渐隐现，"将进酒"三个字在金光中闪现，素雅的古典气息扑面而来。如图 6-2-1 所示。

图 6-2-1 "将进酒"效果图

设计思路

(1) 制作蝴蝶和交叉线的影片剪辑。

(2) 制作标题和诗词的影片剪辑。

(3) 将这些元件放到主场景的合适位置。

范例解题引导

> **Step1** 我们先来制作飞舞的蝴蝶和闪动线的动画效果。

(1) 创建一个新的 Flash 文档，设置舞台大小为 600×450 像素，背景为红色。

(2) 执行"文件/导入/导入到舞台"命令，将素材"6.2.2a. jpg"导入到舞台，并居中对齐。

(3) 执行"插入/新建元件"命令，建立一个类型为"影片剪辑"、名称为"蝴蝶"的元件，进入元件的编辑状态。

(4) 执行"文件/导入/导入到库"命令，将素材"6.2.2b. jpg"和"6.2.2c. jpg"都导入到库中。

(5) 将"6.2.2c. jpg"拖放到舞台中心，并在第 20 帧处插入帧。

(6) 新建图层 2，将"6.2.2b. jpg"拖到"6.2.2c. jpg"右侧，并在第 10 帧和第 20 帧处插入关键帧，如图 6-2-2 所示。

(7) 在第 1 帧和第 10 帧创建动画补间，分别选中第 1 帧、第 10 帧、第 20 帧，将变形中心移至舞台中心。选中第 10 帧图形，在变形面板中将宽度调整为 30%，高度不变，如图 6-2-3 所示。

图 6-2-2　图层 2 第 1 帧和第 20 帧图形　　　图 6-2-3　图层 2 第 10 帧图形

(8) 新建图层 3，将图层 2 上的所有帧复制到图层 3。分别选中图层 3 的第 1 帧、第 10

二维动画制作 Flash 8.0

帧、第20帧,执行"修改/变形/水平翻转"命令,最后效果如图6-2-4和图6-2-5所示。

图 6-2-4　图层 3 第 1 帧和第 20 帧图形　　　　图 6-2-5　图层 3 第 10 帧图形

（9）执行"插入/新建元件"命令,建立一个类型为"影片剪辑"、名称为"线"的元件,进入元件的编辑状态。使用直线工具 ✎ 绘制一条长 600 像素的白色直线,并相对于舞台居中对齐。

（10）在第 10 帧插入关键帧,将直线 Y 轴坐标改为－130,X 轴不变。在第 15 帧插入关键帧,将直线 Y 轴坐标改为－70。在第 22 帧插入关键帧,将直线 Y 轴坐标改为－186。在第 30 帧插入关键帧,将直线 Y 轴坐标改为 90。在第 40 帧插入关键帧,将直线 Y 轴坐标改为 60。在第 45 帧插入关键帧,将直线 Y 轴坐标改为 130。在第 55 帧插入关键帧,将直线 Y 轴坐标改为 0。创建动画补间,使得直线有参差的变化效果。

（11）新建命名为"线条组"的影片剪辑元件,进入元件的编辑状态。从库中将元件"线"拖到舞台并中心对齐,再复制帧。新建图层 2,在第 5 帧处粘贴帧。新建图层 3,在第 10 帧处再次粘贴帧,适当调整第 5 帧、第 10 帧线的位置,使三条线错开,在 3 个图层的第 60 帧插入帧,效果如图 6-2-6 所示。

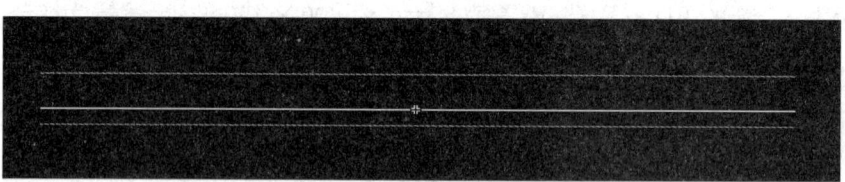

图 6-2-6　三层线条效果

Step2　接下来制作闪烁标题和诗句缓缓出现的动画效果。

（1）新建一个命名为"火焰"、类型为"影片剪辑"的元件,进入元件的编辑状态。使用椭圆工具 ⬭ ,画一个笔触颜色为无、填充颜色为黄色的椭圆,在属性面板中设置其宽为 38,高为 320,并相对于舞台居中对齐。选中图形,在混色器中将填充颜色改为放射状,从中心到四周的颜色分别为白到黄再到白,其中最外围的白色 Alpha 值为 0%,如图 6-2-7 所示。

（2）在第 15 帧处插入关键帧,选中该帧

图 6-2-7　第 1 帧火焰　　　图 6-2-8　第 15 帧火焰

二维动画制作 Flash 8.0

的图形,在属性面板中将宽改为24,高改为85,仍然相对于舞台中心对齐,如图6-2-8所示。在第1帧处创建形状补间。

(3) 新建一个命名为"标题"、类型为"影片剪辑"的元件,进入元件的编辑状态。在第15帧处插入关键帧,使用文本工具 **A**,在舞台上输入"将进酒"三个字。在属性面板中将字体设为隶书、大小为40,颜色为黑色,字符间距为20。

(4) 在第30帧、第45帧、第60帧插入关键帧,在第15帧处将"进酒"两个字删除,在第30帧处将"酒"字删除,形成标题逐字出现效果。

(5) 新建图层2,将其移至图层1下方。在第15帧处插入关键帧,从库中将元件"火焰"拖到舞台"将"字上,如图6-2-9所示。

(6) 在该层的第30帧、第45帧处插入关键帧,第60帧处插入空白关键帧。在第30帧处将火焰的位置平移到"进"字后面,如图6-2-10所示。在第45帧处将火焰的位置平移到"酒"字后面,如图6-2-11所示。

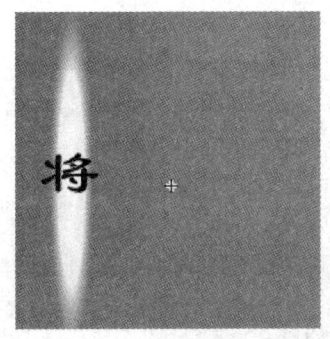
图6-2-9　第15帧效果

图6-2-10　第30帧效果

图6-2-11　第45帧效果

(7) 选中第60帧,在动作面板中添加停止命令Stop()。

(8) 新建一个命名为"诗句"、类型为"图形"的元件,进入元件的编辑状态。使用文本工具,在属性面板中将字体设为楷体,大小为15,颜色为黑色,文本方向为垂直,从左向右,字符间距为5,将素材"6.2.2d. txt"中的诗句复制粘贴在舞台上,如图6-2-12所示。

(9) 新建一个命名为"移动的诗句"、类型为"影片剪辑"的元件,进入元件的编辑状态。选择"视图/标尺",使得标尺在舞台上显现。在Y轴标尺上拖动出两条基准线,分别放在300和一300的位置上。

(10) 从库中将"诗句"元件拖到右基准线的右侧,如图6-2-13所示。在第300帧处插入关键帧,在该帧处将诗句移动到左基准线的左侧,并在第1帧处创建动画补间,形成诗句缓缓移动的效果,如图6-2-14所示。

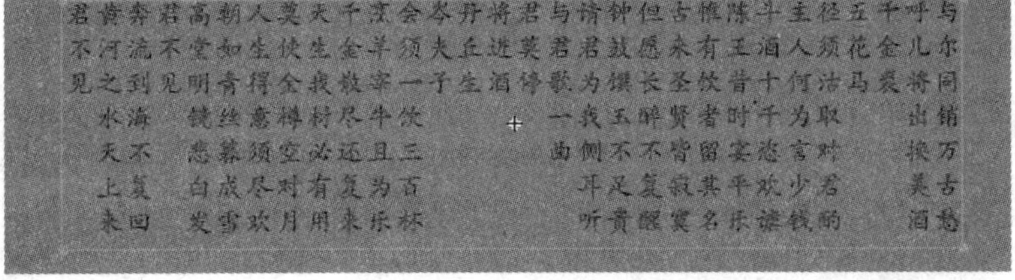

图6-2-12　输入诗句

图 6-2-13　第 1 帧的诗句

图 6-2-14　第 300 帧的诗句

（11）新建图层 2,使用矩形工具 🔲 画一个宽为 200、高为 150 的矩形,将此矩形移动到右基准线的左侧,笔触颜色为无,填充颜色任意。

（12）回到主场景,使用滴管工具 🖋 吸取荷花图片上的烟蓝色,并在混色器面板上复制该颜色的十六进制值。再次回到"移动的诗句"的编辑状态,选择矩形,在混色器面板上将填充设为线性渐变,将烟蓝色的十六进制值粘贴于左侧颜色,右侧颜色为白色,Alpha 值为 0%。

（13）复制该矩形,将新矩形水平翻转,并将其移动到左基准线的右侧,如图 6-2-15 所示。

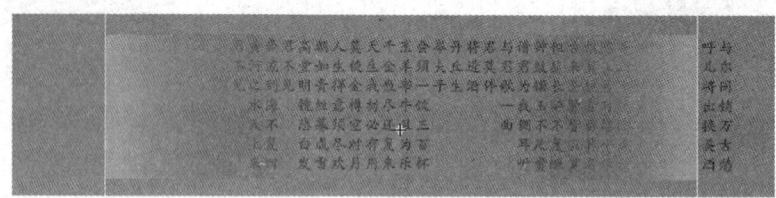

图 6-2-15　新建线性矩形

（14）新建图层 3,使用矩形工具绘制两个填充颜色为烟灰色的矩形,分别置于基准线的两端,遮挡多余的文字,如图 6-2-16 所示。

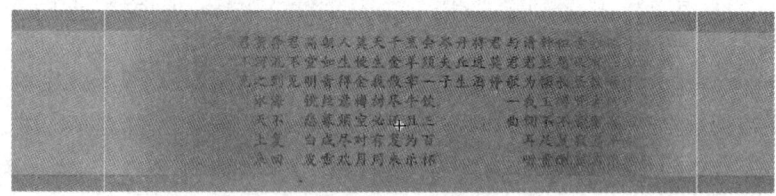

图 6-2-16　遮挡文字

Step3 最后,我们将这些元件摆放到舞台合适的位置即可。

（1）回到主场景,在第 300 帧处插入帧。新建图层 2,使用椭圆工具 ⬭ 和选择工具 ⬉ 绘制墨水形状,再新建图层 3,绘制墨水上的线性渐变光影效果,如图 6-2-17 所示。

（2）新建图层 4 和图层 5，分别从库中将"蝴蝶"元件拖到两层上。

（3）新建图层 6，作为引导层。使用铅笔工具绘制两条蝴蝶运动的路径，如图 6-2-18 所示。在图层 4 和图层 5 的第 300 帧插入关键帧，将蝴蝶移动到路径的终点位置，并创建动画补间。最后将图层 6 设为下两层的引导层。

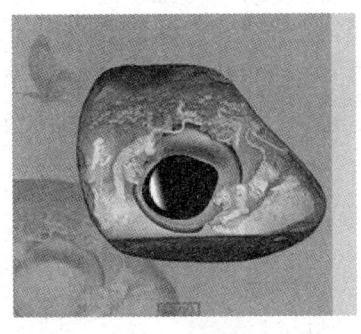

图 6-2-17　绘制墨水形状

图 6-2-18　绘制运动路径

（4）新建图层 7，从库中将元件"线条组"拖到舞台的下方。

（5）新建图层 8，从库中将元件"标题"拖到舞台中心。

（6）新建图层 9，从库中将元件"移动的诗句"拖到舞台上方，并将其水平居中，如图6-2-19所示。

（7）测试动画，并以文件名"6.2.2 将进酒.fla"保存。

6.2.3　小试身手——晴朗场景

设计结果

我们经常在 Flash 动画中看到各式各样的场景，有的华丽，有的简洁，但全都是为了烘托故事情节。这些场景通常不是静态的，有一些道具元素会不断运动，使得场景逼真而富有动感。本例介绍的是制作一组简单的自然场景，蓝天白云，风车随风轻转，通过这个例子，我们来学习怎么将元素融入进场景。如图 6-2-20 所示。

设计思路

（1）绘制最基本的静态背景，如蓝天草地，确定场景的基调。

图 6-2-19　将元件拖放到舞台上

图 6-2-20　"晴朗场景"效果图

二维动画制作　Flash 8.0

（2）将各个道具绘制成元件存放在库中。

（3）最后将这些道具拖放到舞台合适的位置，使得各个道具运动起来。

操作提示

（1）创建一个新的 Flash 文档，设置舞台大小为 550×400 像素，背景为湖蓝色。

（2）执行"插入/新建元件"命令，建立一个类型为"图形"、名称为"背景"的元件，进入元件的编辑状态。

（3）使用矩形工具 ▢ 绘制一个矩形，在属性面板中将宽设为 400，高设为 150，笔触颜色为无，填充颜色为从淡草绿色到深草绿色的线性渐变。

（4）使用选择工具 ▶ 改变矩形形状，使矩形表面出现弧度。使用刷子工具 ✐ 在矩形上绘制白色的圆点作为小花，如图 6-2-21 所示。

图 6-2-21　绘制一片草地

（5）新建图层 2，在新图层上再使用矩形工具和选择工具绘制另一片草地，填充颜色同前。再次使用矩形工具和选择工具绘制一条弯曲的小路，填充颜色为白色，最后将新图层移至最下方，如图 6-2-22 所示。

图 6-2-22　绘制另一片草地

（6）新建一个命名为"太阳"、类型为"图形"的元件，进入元件的编辑状态。使用椭圆工具绘制一个从白色到透明放射状渐变的正圆作为太阳。

（7）使用椭圆工具绘制几个白色纯色的正圆作为光斑，在混色器面板中将其 Alpha 值设为 50%，如图 6-2-23 所示。

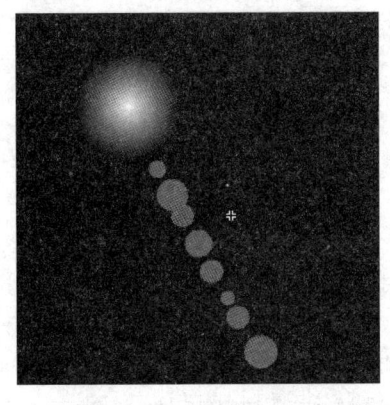

图 6-2-23　绘制阳光

（8）新建命名为"鸟",类型为"影片剪辑"的元件,进入元件的编辑状态。使用椭圆工具 绘制一个白色椭圆,再使用选择工具选中下半个圆,将其删除,然后修改椭圆的形状使之形成鸟形,如图 6-2-24 所示。

图 6-2-24　绘制鸟形

图 6-2-25　调整鸟形

（9）在第 2 帧至第 5 帧上都插入关键帧,每一帧上都将鸟的形状略微调整,如图 6-2-25 所示。

（10）新建一个命名为"云"的图形元件,进入元件的编辑状态。使用椭圆工具若干次,在舞台上画出连续的云的形状,长度必须大于 550 像素,如图 6-2-26 所示。

图 6-2-26　绘制云朵

（11）新建图层 2,选中图层 1 的第 1 帧,复制并粘贴到图层 2 的第 1 帧上。

（12）隐藏图层 1,选中图层 2 上的所有图形,使用任意变形工具 在垂直方向上略微拉伸云朵,水平方向不变,使得云朵变长,在混色器面板中将其的 Alpha 值改为 60%,如图 6-2-27所示。

图 6-2-27 复制云朵

（13）新建一个命名为"叶片"的图形元件，进入元件的编辑状态。使用椭圆工具和选择工具绘制出一片红色的风车叶片，如图 6-2-28 所示。

（14）新建一个命名为"风车"的影片剪辑元件，从库中将元件"叶片"拖放到舞台上，将其中心点移至一端，在变形面板上将旋转度数设为 72 度，复制并应用变形 5 次，选中每一片叶片，在属性面板上将其色调设为 5 种不同的颜色，如图 6-2-29 所示。

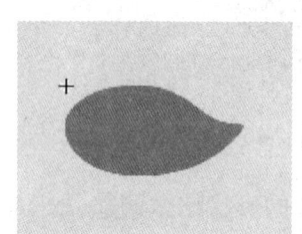

图 6-2-28　绘制叶片　　　　图 6-2-29　复制叶片　　　　图 6-2-30　制作风车

（15）选中第 1 帧，在鼠标右键菜单中选择"创建补间动画"，并在属性面板中设置旋转"顺时针"1 次，在第 20 帧插入关键帧。

（16）新建图层 2，使用矩形工具绘制一个细长矩形作为风车杆，将填充颜色设为从褐色到土黄色渐变，并使用填充变形工具 将渐变方向设为水平方向。

（17）新建图层 3，使用椭圆工具绘制一个白色圆点作为风车中心，如图 6-2-30 所示。将图层 2 移到最下方。

（18）返回主场景。从库中将元件"云"拖到舞台上，在第 10 帧上插入关键帧，使得云在第 10 帧变透明。在后 10 帧上完成云彩移动并慢慢出现的动画，在第 21 帧上移动云彩位置，并在后 10 帧使云彩慢慢消失。

（19）新建图层 2，复制图层 1 上所有帧粘贴到图层 2 上，并选中第 1 帧至第 10 帧之间的动画，在鼠标右键菜单中选择"翻转帧"，在后两个动画补间上同样翻转帧两次，使得两个图层的云彩有交替出现的效果。

（20）新建图层 3，从库中将元件"背景"拖到舞台上并相对于舞台垂直中齐。

（21）新建图层 4，从库中将元件"风车"拖到舞台两次，并相邻而立，使用任意变形工具

二维动画制作 Flash 8.0

将其中一个风车略微缩小。

（22）新建图层 5，从库中将元件"鸟"拖到舞台上三次，并在第 1 帧和第 30 帧之间作动画补间，使得飞鸟飞过舞台。此步骤上也可以制作飞鸟的引导层动画。

（23）新建图层 6，从库中将元件"太阳"拖到舞台上，如图 6-2-31 所示。使用任意变形工具将太阳中心点移到上方，在第 15 帧上插入关键帧，改变阳光照射的位置，如图 6-2-32 所示。

图 6-2-31　第 1 帧阳光照射位置　　　　图 6-2-32　第 15 帧阳光照射位置

（24）将第 1 帧复制到第 30 帧上，并创建动画补间。

（25）测试动画，并以文件名"6.2.3 晴朗场景. fla"保存。

6.3　库中的按钮元件

6.3.1　知识点和技能

很多人都喜欢用 Flash 制作网页，Flash 中的按钮是一个重要知识点，按钮的交互性是它最主要的特点，Flash 网页通过按钮进行交互，可以让用户亲自参与控制和操作影片的进程。

除了图形和影片剪辑之外，按钮是 Flash 的第三种元件类型，Flash 公用库本身就提供了很多现成的按钮，只要将此按钮拖曳到场景中就可以了。但如果我们希望亲手制作一些更有个性、更精致的按钮，就必须先了解按钮的内部原理。

当我们新建了一个类型为"按钮"的元件，可以看到按钮元件内部有四种状态，分别是弹起、指针经过、按下和点击，我们可以在这四个状态下插入关键帧，下面先来看看它们各自的作用。

● 弹起：按钮没有被触发时的样子，也就是按钮的原始状态。

● 指针经过：鼠标划过或停留在按钮上的状态。

● 按下：当鼠标点击在按钮上的状态。

● 点击：代表按钮的有效点击区域如果"按下"状态时的图形是填充图形，那么按钮的有效点击区域就默认为是该图形。但是，如果制作的是文字按钮或者空心按钮就很难被选中，这时我们就需要添加一个区域图形，覆盖文字或者空心图形，使得鼠标在此区域内点击有效，这就是点击区域。该区域内的图形颜色将被隐藏，它只代表按钮的有效范围。

值得注意的几点：

第一，在按钮的每个状态下都可以添加新层，制作较为复杂的图形。

第二，在按钮中的某一状态下可以拖入影片剪辑，使得按钮有较多的变化动作。

第三，在按钮中不能添加动作。

第四，按钮中可适当添加响应音效，比如在按下状态中拖入一个音效，那么测试时，鼠标每次点击按钮就会出现相应的音效。

第五，在制作过程中，被拖放到主场景的按钮只显示弹起状态下的内容，其他鼠标响应暂时无效，只有在测试影片或者直接导出影片时才能查看按钮的响应效果。

6.3.2　范例——宝宝按钮

设计结果

这是一个儿童网站的主页，可爱的宝宝表情隐藏着按钮，当鼠标经过这些表情时，就会有按钮的响应效果，网页形式十分生动活泼。如图 6-3-1 所示。

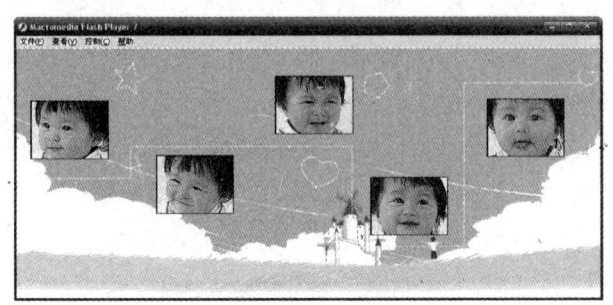

图 6-3-1　"宝宝按钮"效果图

设计思路

(1) 布置场景，预留按钮位置。

(2) 分别编辑每个按钮的状态。

范例解题引导

Step1　先设计场景，这步随意性很大，可以根据个人的喜好来布置。

(1) 创建一个新的 Flash 文档，设置舞台大小为 900×390 像素，背景为白色。

(2) 执行"文件/导入/导入到舞台"命令，将素材"6.3.2a.jpg"导入到舞台，在属性面板中将其大小调整为舞台大小，并居中对齐。

(3) 修饰界面，使用直线工具 ✎ 在舞台上绘制出分割线，并在属性面板设置其属性，选择合适的直线类型，颜色为白色，笔触高度为 1。

(4) 使用多角星形工具 ◔ 和椭圆工具 ◯ 绘制几个可爱的图形，如图 6-3-2 所示。

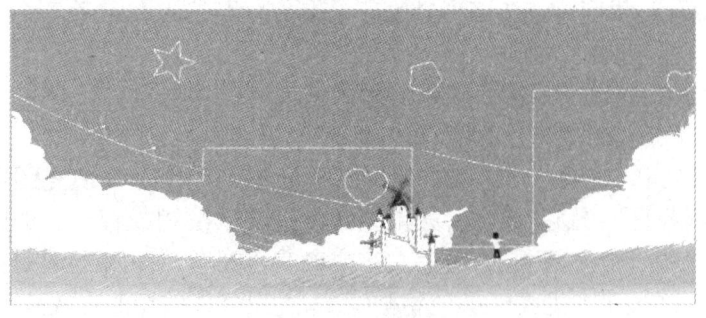

图 6-3-2　修饰界面

（5）执行"文件/导入/导入到库"命令，将素材"6.3.2b.jpg"、"6.3.2c.jpg"、"6.3.2d.jpg"、"6.3.2e.jpg"和"6.3.2f.jpg"都导入到库中。

（6）执行"插入/新建元件"命令，建立一个类型为"图形"、名称为"1"的元件。

（7）进入元件的编辑状态，从库中将"6.3.2a.jpg"拖到舞台，并居中对齐。

（8）仿照上述步骤，新建取名为"2"、"3"、"4"和"5"的图形元件，分别将"6.3.2b.jpg"、"6.3.2c.jpg"、"6.3.2c.jpg"、"6.3.2d.jpg"和"6.3.2e.jpg"导入其中。

（9）执行"插入/新建元件"命令，建立一个类型为"按钮"、名称为"宝宝1"的元件。

（10）进入按钮的编辑状态，可以看到时间轴上有四个状态，分别是"弹起"、"指针经过"、"按下"和"点击"。将元件"1"拖曳到"弹起"状态中，并相对于舞台居中对齐，如图6-3-3所示。

（11）在"指针经过"状态中，插入关键帧，选中图形，在变形面板中将其大小缩放为90%，在属性面板中将其Alpha值改为50%，如图6-3-4所示。

（12）在"按下"状态中，插入关键帧，将其大小缩放为80%，Alpha值设为100%，如图6-3-5所示。

（13）仿照上述步骤，新建命名为"宝宝2"、"宝宝3"、"宝宝4"和"宝宝5"的按钮元件，将其他的图形元件分别按步骤(10)～步骤(12)所述方法，拖曳到各个状态下，具体过程不再重复。

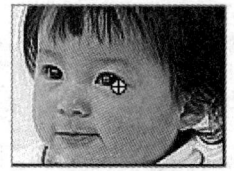 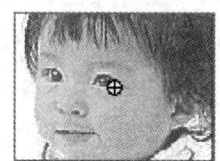 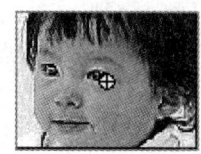

图6-3-3 "弹起"图形　　　图6-3-4 "指针经过"图形　　　图6-3-5 "按下"图形

Step2 把这些已经制作完毕的按钮拖到场景中。

（1）回到主场景，新建图层，从库中将"宝宝1"、"宝宝2"、"宝宝3"、"宝宝4"和"宝宝5"的按钮元件拖到舞台合适位置，将新层移至底层，如图6-3-6所示。

（2）测试动画，并以文件名"6.3.2宝宝按钮.fla"保存。

图6-3-6 将按钮拖到舞台上

二维动画制作 Flash 8.0

6.3.3 小试身手——个人主页按钮

设计结果

几个花形按钮隐藏在向日葵丛中,当鼠标滑过它们的时候,就会触发文字提示,这样的页面设计既美观又实用。如图 6-3-7所示。

设计思路

(1) 使用绘图工具绘制转动的向日葵。

(2) 将此影片剪辑拖入到按钮中。

(3) 将按钮分布到舞台的合适位置上。

图 6-3-7 "个人主页按钮"效果图

操作提示

(1) 创建一个新的 Flash 文档,设置舞台大小为 595×353 像素,背景为白色。

(2) 将素材"6.3.3a.jpg"拖放到舞台,并相对于舞台居中对齐。

(3) 执行"插入/新建元件"命令,建立一个类型为"图形"、名称为"花瓣"的元件,进入元件的编辑状态。

(4) 使用直线工具 画一个三角形,笔触颜色为橘红色,笔触高度为3。使用选择工具 将三角形拉伸到花瓣形状,内部填充颜色为金黄色,如图 6-3-8 所示。

(5) 选中图形,使用任意变形工具 将其中心点垂直向下拖动,直到拖到图形下方。

(6) 在变形面板上将图形旋转 45 度,并按下"复制并应用变形"按钮,直到形成如图 6-3-9 所示的图形。

图 6-3-8 绘制一个花瓣   图 6-3-9 复制花瓣

(7) 新建图层 2,在该层上使用椭圆工具 ,笔触颜色和花瓣相同,填充颜色为由白色到金黄色的放射状渐变,绘制一个花心的形状,如图 6-3-10 所示。

(8) 选中花心图形,在鼠标右键菜单中选择"转换为元件",将新元件命名为"花心",并将"花瓣"元件的图层 2 删除。

(9) 进入"花心"的编辑状态,新建图层 2,使用直线工具 和选择工具 绘制一些花心纹路,如图 6-3-11 所示。

图 6-3-10　绘制花心

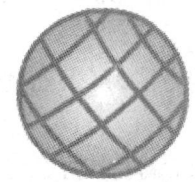

图 6-3-11　绘制花心纹路

（10）新建命名为"旋转的花瓣"的影片剪辑元件,进入元件的编辑状态。将"花瓣"元件拖到舞台并居中对齐。在第 45 帧上插入关键帧,在第 1 帧上创建动画补间,在属性面板中设置"顺时针"1 次。

（11）新建命名为"我的主页",类型为"按钮"的元件,进入元件的编辑状态。在"弹起"状态将"花瓣"图形元件拖到舞台,并相对于舞台中心对齐。如图 6-3-12 所示。

（12）在"指针经过"状态将"旋转的花瓣"拖到舞台,并中心对齐。

（13）在"按下"状态再次将"花瓣"图形元件拖入舞台中心,并在变形面板中将大小改为150%。

（14）新建图层 2,在前三个状态中都将"花心"图形拖到舞台中心,并在"按下"状态将"花心"大小缩放为 150%。

（15）新建图层 3,在"指针经过"状态下输入文字"我的主页"。在"按下"状态插入帧,完成当鼠标经过就有文字出现的效果。如图 6-3-13、6-3-14 所示。

图 6-3-12　弹起的图形

图 6-3-13　指针经过的图形

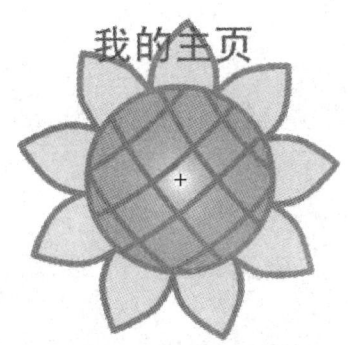

图 6-3-14　按下的图形

小贴士

　　在按钮的某一个状态下可以插入影片剪辑,如本例中将"旋转的花瓣"影片剪辑放到"指针经过"状态下,使得指针经过花朵就有旋转效果。

（16）在库中选中"我的主页"元件,在鼠标右键菜单中选择"直接复制",重命名为"我的

二维动画制作 Flash 8.0

相册"。

(17) 进入"我的相册"编辑状态,在图层 3 上将文字"我的主页"改为"我的相册",其余不变。

(18) 仿照同样的方法,直接复制命名为"我的作品"和"友情链接"的按钮,改变按钮中的文字。

(19) 回到主场景,从库中将之前的四个按钮元件拖到舞台合适位置,如图 6-3-15 所示。

图 6-3-15 布置场景

(20) 测试动画,并以文件名"6.3.3 个人主页按钮.fla"保存。

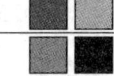

第7章　幻灯片演示文稿

7.1　创建幻灯片演示文稿

7.1.1　知识点和技能

如果提到制作幻灯片,很多使用者都会想到 PowerPoint。但是今天我们有了新的选择,Flash 8.0 提供的幻灯片模板和屏幕功能,让幻灯片制作既可以像 PowerPoint 那样简单,又可以尽情发挥自己的创意。

创建基于屏幕的 Flash 幻灯片演示文稿,可以采用以下两种方法:

一是启动 Flash 8.0 后在"开始"面板中选择"Flash 幻灯片演示文稿",如图 7-1-1 所示。

二是通过"文件/新建"命令,在"新建文档"面板中选择"Flash 幻灯片演示文稿",如图 7-1-2 所示。

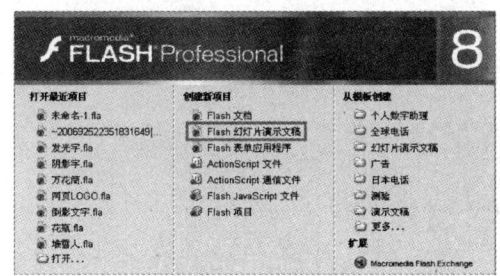

图 7-1-1　在开始面板中创建演示文稿

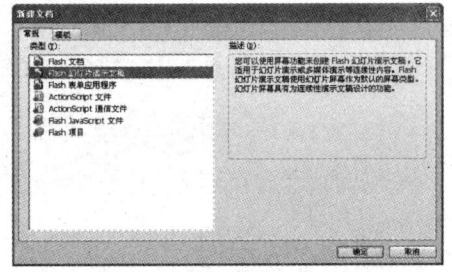

图 7-1-2　在新建文档命令中创建演示文稿

Flash 幻灯片演示文稿的默认工作界面是在工作区左面的"屏幕轮廓"面板中,如图 7-1-3 所示。当鼠标移动到屏幕上,并单击右键,可以打开一个处理屏幕的命令菜单,如图 7-1-4 所示。

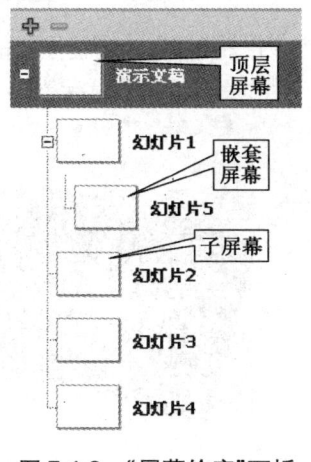

图 7-1-3　"屏幕轮廓"面板

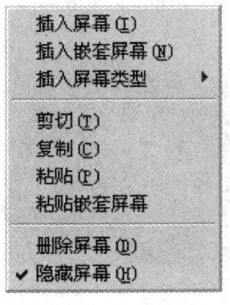

图 7-1-4　命令菜单

7.1.2 范例——花卉展示

设计结果

花卉展示共有四张幻灯片,按空格键可以逐一浏览播放。如图 7-1-5 所示。

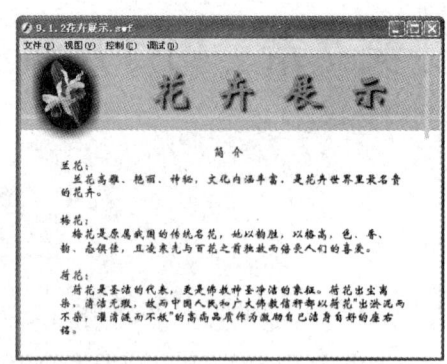

设计思路

(1) 在顶层屏幕中制作在所有幻灯片中始终显示的内容。

(2) 从 Word 文档中复制文本,制作介绍文本。

图 7-1-5 "花卉展示"效果图

范例解题引导

> **Step1** 我们首先要进行的工作是在顶层屏幕中制作始终显示的内容。

(1) 创建一个新的 Flash 幻灯片演示文稿,选择"演示文稿"屏幕。

(2) 在舞台上部使用矩形工具 绘制 550×100 像素大小的矩形,设置笔触颜色为无,填充颜色为浅紫色,如图 7-1-6 所示。

(3) 使用矩形工具 绘制浅黄色线条,如图 7-1-7 所示。

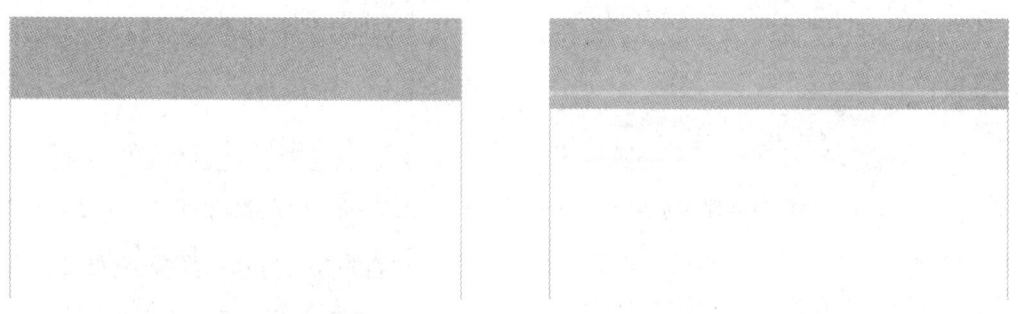

图 7-1-6 绘制矩形　　　　　　　　　　　图 7-1-7 绘制线条

(4) 执行"文件/导入/导入到库"命令,将素材"7.1.2a.jpg"～"7.1.2m.jpg"导入到库中。

(5) 新建图层 2,将库中文件"7.1.2a.jpg"拖动到舞台中,使用任意变形工具 将其缩小并旋转一定的角度,如图 7-1-8 所示。

图 7-1-8 缩小并旋转花　　　　　　　　　图 7-1-9 选中花的主体部分

（6）执行"修改/分离"命令，将花打散，使用套索工具 （此处为套索工具图标）将花的主体部分选中，如图 7-1-9 所示。

（7）单击鼠标右键，选择"剪切"命令，将花的多余部分删除，执行"编辑/粘贴到当前位置"命令。

（8）选中图层 2 中的对象"花"，单击右键，执行"转换为元件"命令，将其转换为影片剪辑"花"。

（9）选中影片剪辑"花"，打开滤镜面板，添加"发光"滤镜，如图 7-1-10 所示。

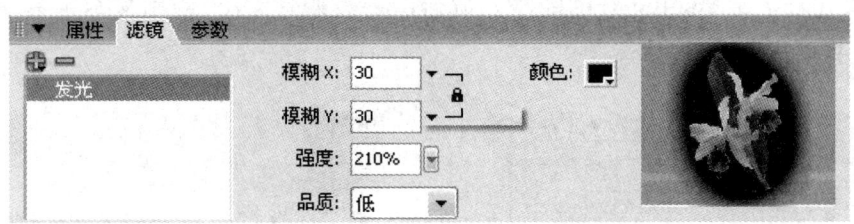

图 7-1-10　添加滤镜

（10）使用文本工具 A 输入文本"花卉展示"，打开滤镜面板，添加阴影滤镜，如图 7-1-11 所示。

图 7-1-11　制作阴影文字

Step2　接着我们就要制作幻灯片了。

（1）选中演示文稿，点击右键，选择"插入屏幕"命令，插入"幻灯片 1"。

（2）创建影片剪辑元件"简介"，打开素材中的"简介.doc"文件，将文本全部复制，返回到 Flash 8.0 的工作界面，执行"编辑/选择性粘贴"命令，选择"文本 ASCII"，如图 7-1-12 所示。

（3）将文本的大小设置为 16，使用文本工具 A 和选择工具 ▶ 调整文本框的大小和位置。

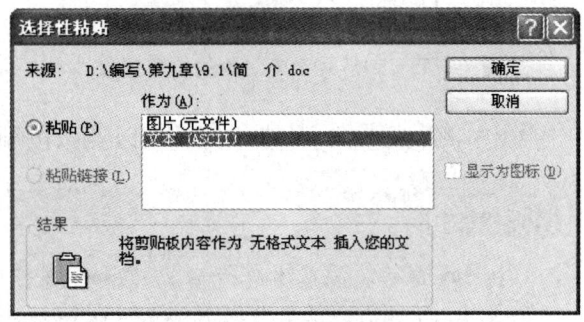

图 7-1-12　选择粘贴文本

（4）返回到幻灯片 1 的编辑状态，将库中元件"简介"拖动到舞台的下方不可见处，在第 50 帧按 F6 键插入关键帧，将文字移动到屏幕的中心。返回到第 1 帧添加动画补间。

（5）在第 50 帧处执行"动作"命令，添加"stop"动作，如图 7-1-13 所示。

（6）选中幻灯片 1，单击右键，选择"插入屏幕"命令，插入"幻灯片 2"。

（7）创建影片剪辑"兰花"，打开素材中的"兰花. doc"文件，将文本全部复制，返回到 Flash 8.0 的工作界面，执行"编辑/选择性粘贴"命令，选择"文本 ASCII"。将文本的大小设置为 16，使用文本工具 **A** 和选择工具 ➤ 调整文本框的大小和位置。

（8）返回到幻灯片 2 的编辑状态，将库中元件"兰花"及图片文件 7. 1. 2j. jpg、7. 1. 2k. jpg、7. 1. 2l. jpg、7. 1. 2m. jpg 分别拖动到舞台中并改变其大小，使用文本工具 **A** 输入"兰花"，摆放位置如图 7-1-14 所示。

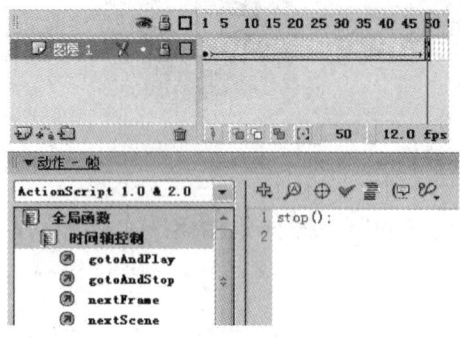

图 7-1-13　添加帧动作

图 7-1-14　幻灯片 2 中对象的位置摆放

（9）根据制作幻灯片 2 的步骤制作幻灯片 3、4，如图 7-1-15、7-1-16 所示。

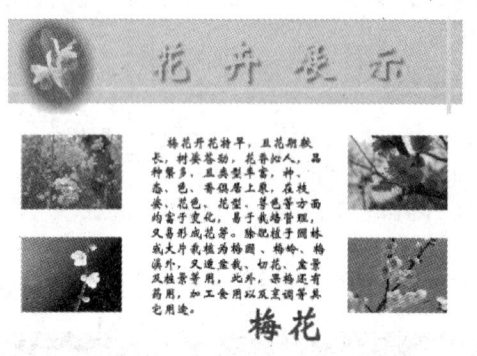

图 7-1-15　幻灯片 3 中对象的位置摆放

图 7-1-16　幻灯片 4 中对象的位置摆放

（10）测试幻灯片，按空格键就可以逐张按顺序进行幻灯片放映。

小贴士

　　按 ➡ 键可以按顺序进行播放，按 ⬅ 键可以按相反顺序播放。如果计算机启动了中文输入法，按空格键将不起作用。

（11）以文件名"7. 1. 2 花卉展示. fla"保存。

7.1.3 小试身手——李白诗词赏析

设计结果

李白诗词赏析共有四张幻灯片,在幻灯片1中设有链接,可以直接跳转到其他幻灯片。如图7-1-17所示。

设计思路

(1) 在顶层屏幕中制作在所有幻灯片中始终显示的内容。

(2) 从word文档中复制文本,制作介绍文本。

(3) 在幻灯片1中制作按钮,可以直接连接到其他幻灯片。并在其他幻灯片中制作按钮可以返回到第一张幻灯片。

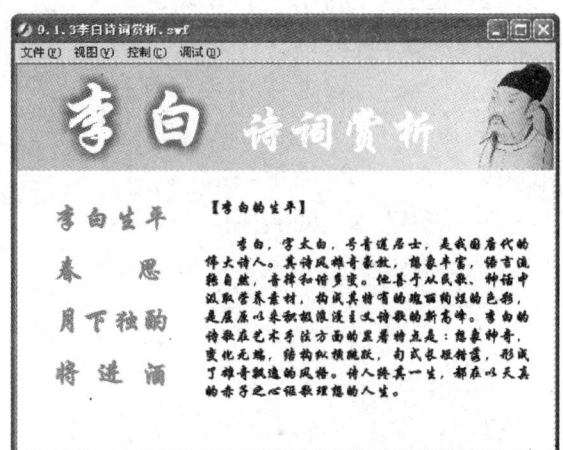

图7-1-17 "李白诗词赏析"效果图

操作提示

(1) 创建一个新的Flash幻灯片演示文稿,选择"演示文稿"屏幕。

(2) 执行"文件/导入/导入到舞台"命令,将素材"7.1.3a.jpg"导入。并使用变形工具 田 和选择工具 将其改变大小并放置位置。

(3) 新建图层2,使用矩形工具绘制550×110像素大小的矩形,设置笔触颜色为无,填充颜色为橘黄色到浅黄色的渐变(其中浅黄色可以使用滴管在7.1.3.jpg图片上获取),如图7-1-18所示。

(4) 将图层1和图层2的位置互换,如图7-1-19所示。

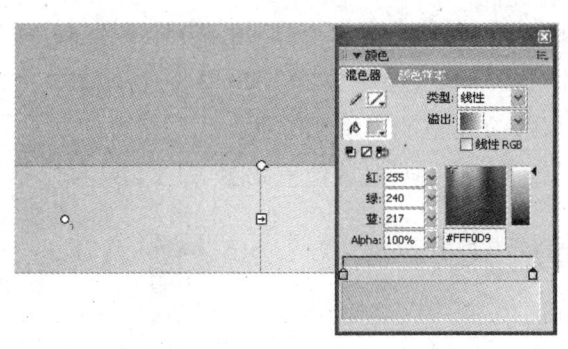

图7-1-18 绘制矩形渐变

图7-1-19 改变图层位置

(5) 建立影片剪辑"线条1",使用矩形工具绘制8×110像素大小的矩形,填充颜色为浅黄色。在第20帧处按F6键插入关键帧,向左移动一定距离后,将对象的Alpha值设置为0%,返回到第1帧设置动画补间。

(6) 以此方法,分别制作多个线条的影片剪辑,可以设置不同的线条粗细、移动方向、结束帧和Alpha值。

（7）返回到"演示文稿"的编辑状态,新建图层 3、4、5、6,将库中元件"线条 1"、"线条 2"、"线条 3"、"线条 4"分别拖动到舞台中并设置不同的起始帧,如图 7-1-20 所示。

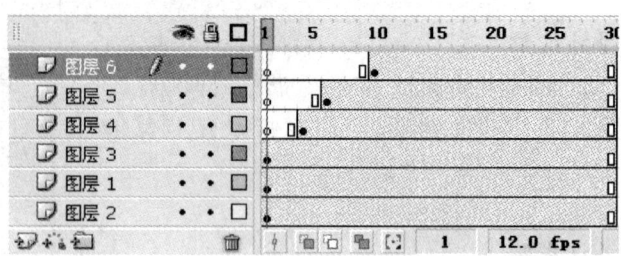

（8）新建图层 7,使用文本工具 **A** 输入"李白",设置字体为华文行楷,字号为 80。打开滤镜面板,添加发光滤镜,如图 7-1-21 所示。

（9）使用文本工具 **A** 输入"诗词赏析",设置字体为华文行楷,字号为 50,如图 7-1-22 所示。

图 7-1-20　线条时间轴设置

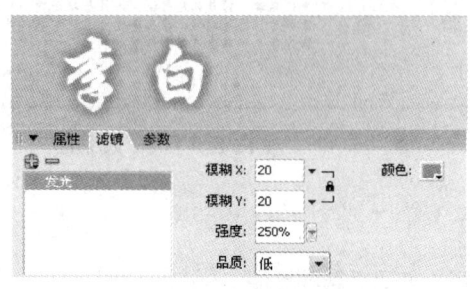

图 7-1-21　发光滤镜设置

图 7-1-22　输入文字

（10）插入幻灯片 1,使用文本工具 **A** 分别输入文字"李白生平"、"春思"、"月下独酌"、"将进酒",设置字体为华文行楷,字号为 30。选中全部字体,执行"修改/对齐/左对齐"命令和"修改/对齐/按高度均匀分布"命令,将文本对齐,如图 7-1-23 所示。

（11）将文字"李白生平"选中,单击右键,转换为"李白生平"按钮元件,以此类推其他三个分别转换为"春思"、"月下独酌"、"将进酒"按钮元件。

（12）创建影片剪辑"生平",打开素材中的"李白的生平.doc"文件,将文本全部复制,返回到 Flash 8.0 的工作界面,执行"编辑/选择性粘贴"命令,选择"文本 ASCII"。将文本的大小设置为 16,使用文本工具 **A** 和选择工具 **▶** 调整文本框的大小和位置。

（13）返回到幻灯片 1,将库中元件"生平"拖动到舞台中,摆放位置如图 7-1-24 所示。

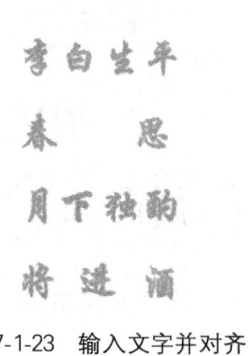

图 7-1-23　输入文字并对齐

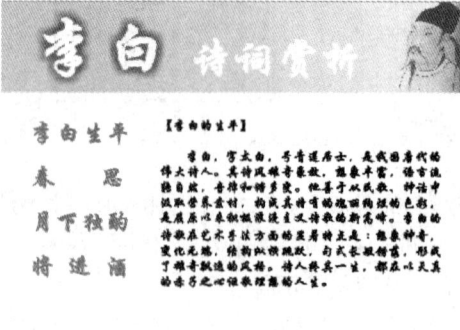

图 7-1-24　幻灯片 1 中对象的位置摆放

(14) 插入幻灯片2,创建影片剪辑"春思(诗)",打开素材中的"春思.doc"文件,将诗的部分复制,返回到 Flash 8.0 的工作界面,执行"编辑/选择性粘贴"命令,选择"文本 ASCII"。将文本的大小设置为16,使用文本工具 A 和选择工具 ↖ 调整文本框的大小和位置。创建影片剪辑"春思(译诗)",打开素材中的"春思.doc"文件,将译诗的部分复制,返回到 Flash 8.0 的工作界面,执行"编辑/选择性粘贴"命令,选择"文本 ASCII"。将文本的大小设置为16,使用文本工具 A 和选择工具 ↖ 调整文本框的大小和位置。

(15) 返回到幻灯片2的编辑状态,将库中元件"春思(诗)"、"春思(译诗)"及图片文件7.1.3b.jpg分别拖动到舞台中并改变其大小,摆放位置如图 7-1-25 所示。

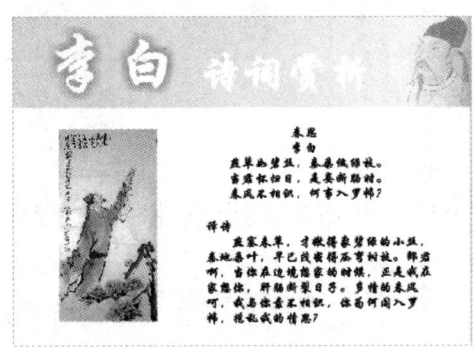

图 7-1-25　幻灯片2中对象的位置摆放

(16) 以此方法制作幻灯片3、幻灯片4,如图 7-1-26、7-1-27 所示。

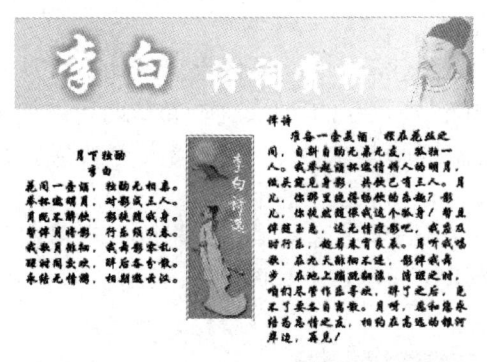

图 7-1-26　幻灯片3中对象的位置摆放

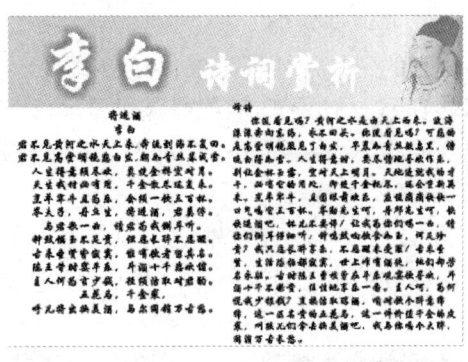

图 7-1-27　幻灯片4中对象的位置摆放

(17) 返回到第一张幻灯片,选中"李白生平"按钮,执行"窗口/行为"命令,将行为窗口打开,单击加号键 ✛,执行"屏幕/显示屏幕"命令,如图 7-1-28 所示。在后面出现的"选择屏幕"对话框中选择"幻灯片1",如图 7-1-29 所示。

(18) 以此方法,分别为"春思"、"月下独酌"、"将进酒"按钮添加行为,"春思"按钮设置转到第二张幻灯片,"月下独酌"按钮设置转到第三张幻灯片,"将进酒"按钮设置转到第四张幻灯片。

(19) 进入到幻灯片2的编辑状态,使用文本工具 A 输入文字"返回",将此文字转换为"返回"按钮元件,为此按钮添加行为并设置转到第一张幻灯片。

图 7-1-28　为按钮添加行为

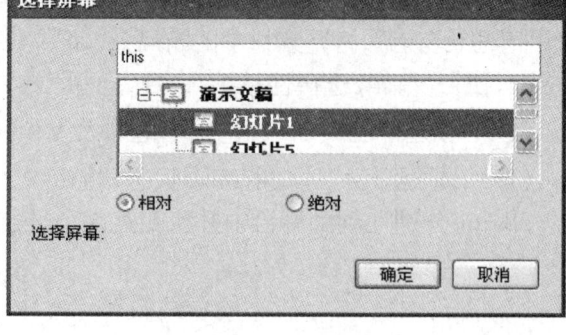
图 7-1-29　选择幻灯片 1

（20）复制幻灯片 2 中的"返回"按钮到幻灯片 3、4。

（21）测试幻灯片，并以文件名"7.1.3 李白诗词赏析. fla"保存。

7.2　生动的演示文稿

7.2.1　知识点和技能

要使演示文稿的效果更加生动，可以在 Flash 中加入丰富的幻灯片转场效果、插入嵌套屏幕或添加声音效果。

丰富的幻灯片转场效果：可以利用行为面板，设置幻灯片的转场效果。例如可以从一个屏幕转到另一个屏幕、隐藏屏幕或显示屏幕，也可以创建直观的转化动画，转化时可以使用屏幕淡入或淡出、在屏幕出现或消失时旋转屏幕、使屏幕从文档的边缘飞入等效果。如图 7-2-1、7-2-2 所示。

插入嵌套屏幕：在屏幕上插入嵌套子屏幕，子屏幕继承父屏幕中的显示内容和设置的行为。在这种结构化分支树中，可以方便地预览和修改文档结构。如图 7-2-3 所示。

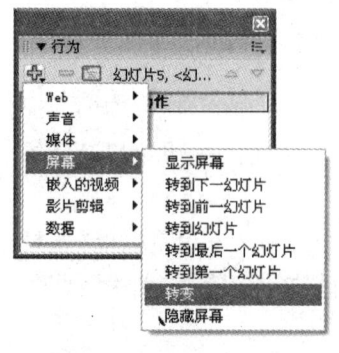
图 7-2-1　选择转变命令

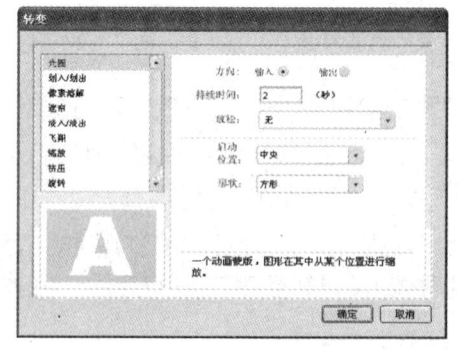
图 7-2-2　转变对话框

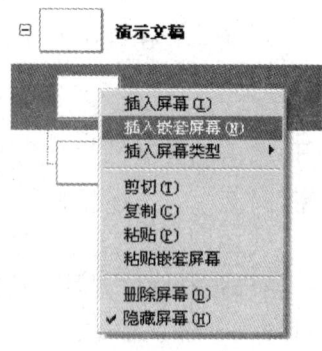
图 7-2-3　插入嵌套屏幕

7.2.2　范例——花卉展示(修改)

设计结果

在原有"花卉展示"幻灯片的基础上插入嵌套屏幕,并为幻灯片添加转场效果,如图 7-2-4 所示。

设计思路

(1) 在幻灯片 2 下插入嵌套屏幕。

(2) 为幻灯片添加转场效果。

范例解题引导

> **Step1**　我们首先要进行的工作是制作幻灯片 2 的嵌套屏幕。

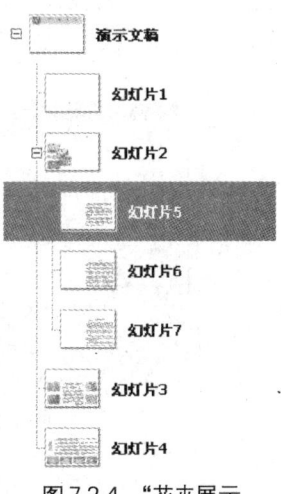

图 7-2-4　"花卉展示
(修改)"效果图

(1) 打开"7.1.2 花卉展示.fla"幻灯片演示文稿。

(2) 选择幻灯片 2,单击右键,选择"插入嵌套屏幕"命令。插入三次,分别为幻灯片 5、6、7。

(3) 将幻灯片 2 中的影片剪辑"兰花"剪切,选择幻灯片 5,执行"编辑/粘贴到当前位置"命令。

(4) 创建影片剪辑"品兰",打开素材中的"品兰.doc"文件,将文本全部复制粘贴,将文本的大小设置为 14,使用文本工具 **A** 和选择工具 **k** 调整文本框的大小和位置。返回到幻灯片 6 的编辑状态,将库中元件"品兰"拖动到舞台中,如图 7-2-5 所示。

(5) 以此方法,打开素材中的"几种兰花作假骗术.doc"文件,创建影片剪辑"骗术",并制作幻灯片 7,如图 7-2-6 所示。

图 7-2-5　幻灯片 6 中对象的位置摆放

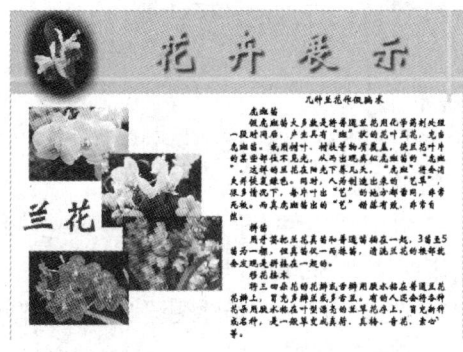

图 7-2-6　幻灯片 7 中对象的位置摆放

> **Step2**　接下来我们要设置幻灯片的转场效果。

(1) 选中幻灯片 1,执行"窗口/行为"命令,打开行为面板,单击 ➕ 选择"屏幕/转变",选择"淡入/淡出"效果,如图 7-2-7 所示。

二维动画制作 Flash 8.0

（2）选中幻灯片2，执行"窗口/行为"命令，打开行为面板，单击 ![icon] 选择"屏幕/转变"，选择"缩放"效果，在行为面板的事件下拉列表中选择"revealChild"（子屏幕和父屏幕所设置的行为一致），如图7-2-8所示。

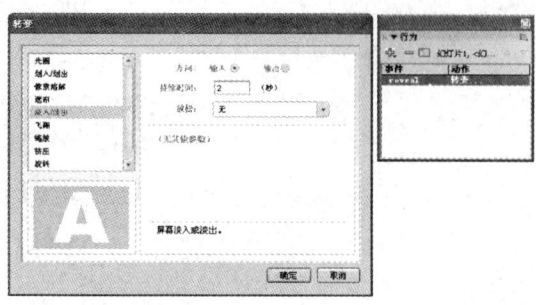
图7-2-7 设置转场效果

图7-2-8 修改行为面板的选项

（3）以此方法，设置幻灯片3、4。

（4）测试幻灯片，并以文件名"7.2.2花卉展示(修改).fla"保存。

7.2.3 小试身手——李白诗词赏析(修改)

设计结果

在原有"李白诗词赏析"幻灯片演示文稿的基础上，为幻灯片1添加声音文件，并设置幻灯片的转场效果。如图7-2-9所示。

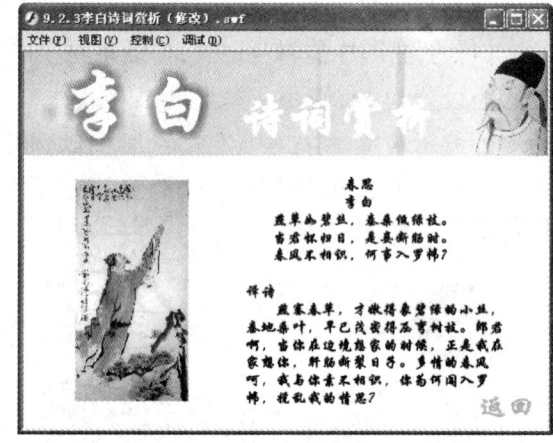

设计思路

（1）为幻灯片1添加声音文件。

（2）设置幻灯片的转场效果。

操作提示

（1）打开"7.1.3李白诗词赏析.fla"幻灯片演示文稿。

（2）执行"文件/导入/导入到舞台"命令，将素材7.2.3a.mp3导入。

图7-2-9 "李白诗词赏析(修改)"效果图

（3）选择幻灯片1，新建图层2，在第2帧处按F6键插入关键帧，将声音文件拖动到舞台中。

> **小贴士**
>
> 声音从第2帧开始，是为了避免动画开始时幻灯片中的声音同时载入播放。

（4）在图层1和图层2的第80、500、1 000帧处插入普通帧，如图7-2-10所示。

（5）选择第2帧，打开属性面板，在"同步"下拉列表中选择"数据流"，如图7-2-11所示。

二维动画制作 Flash 8.0

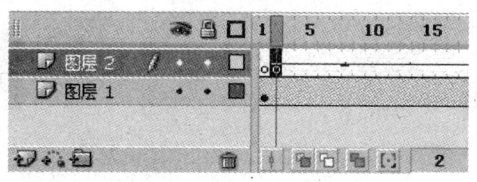
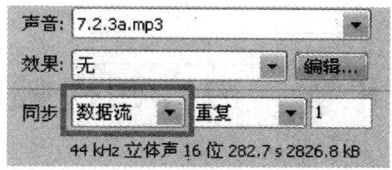

图 7-2-10　添加声音　　　　　　　　图 7-2-11　修改声音属性

（6）选择幻灯片 1，在属性面板中选择"参数"选项，将其中的 playHidden 参数设置为"false"，如图 7-2-12 所示。

图 7-2-12　修改幻灯片播放属性

小贴士

幻灯片参数的含义：

autoKeyNav：确定幻灯片是否使用默认的键盘操作来控制幻灯片的导航。

autoLoad：是否自动加载内容。

contentPath：可以输入要加载文件的绝对或相对 URL，相对路径必须指向加载内容的 SWF 文件。要在 FlashPlayer 中使用或用于测试影片命令，所有 SWF 文件必须存储在同一文件夹中，并且文件名不能包含文件夹或盘符。

overlayChildren：指定在回放期间嵌套屏幕是否在父屏幕上相互覆盖。

playHidden：指定幻灯片在显示之后，处于隐藏状态时是否继续播放。

（7）选中幻灯片 1，执行"窗口/行为"命令，打开行为面板，单击 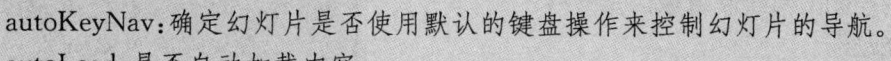 选择"屏幕/转变"，选择"光圈"效果，并设置启动位置在左侧中央，如图 7-2-13 所示。

（8）以此方法设置其他幻灯片的转场效果。

（9）测试幻灯片，并以文件名"7.2.3 李白诗词赏析(修改).fla"保存。

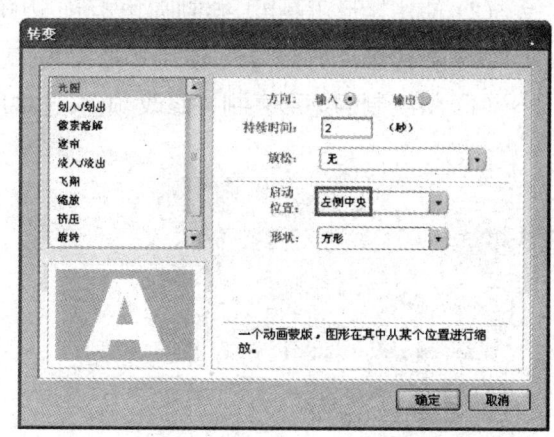

图 7-2-13　设置幻灯片转场效果

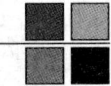

第8章 声音和视频动画

8.1 添 加 声 音

8.1.1 知识点和技能

　　Flash除了动画的表现优异外,对声音和视频的支持也相当出色。在Flash中可以插入的声音格式为MP3、WAV、AIFF和AU。

8.1.2 范例——音乐动感光柱

设计结果

　　可以看到一幅随音乐跳动的光柱动画。如图8-1-1所示。

设计思路

　　(1)使用绘图工具绘制背景以及光柱。
　　(2)添加动作。

范例解题引导

图8-1-1 "音乐动感光柱"效果图

> **Step1**　我们首先要进行的工作是绘制背景和光柱。

　　(1)创建一个新的Flash文档,设置舞台大小为400×250像素,背景为白色。
　　(2)使用矩形工具 ▢ 绘制圆角矩形,边角半径为20点,如图8-1-2所示。
　　(3)新建影片剪辑"gz",使用矩形工具 ▢ 和选择工具 ▶ 绘制矩形,如图8-1-3所示。
　　(4)将绘制的矩形复制并修改颜色,选中所有矩形,执行"修改/对齐/左对齐"和"按宽度

图8-1-2 绘制圆角矩形

图8-1-3 绘制矩形

图8-1-4 制作光柱

二维动画制作 Flash 8.0

均匀分布"命令,如图 8-1-4 所示。

（5）执行"文件/导入/导入到库"命令,导入素材"8.1.2a.mp3"。

（6）新建图层 2,在第 2 帧插入关键帧,将库中音频文件拖动到舞台中。在所有图层的第 1700 帧处插入普通帧。

小贴士

选择图层 2 的第 2 帧,打开"属性"面板:

● 效果:可以选择 Flash 自带的声音效果。

● 编辑:会弹出"编辑封套"对话框,对音频文件进行编辑。

● 同步:设置影片和声音的同步方式。

　◆ 事件:这个模式以声音为主,影片会等声音下载完毕后开始播放,如果声音下载完毕而影片还在下载,则先行播放声音。如影片播放完毕,声音还会继续播放直至整段结束。

　◆ 开始:在播放前先测试是否正在播放同一个声音,如果有就放弃播放,如果没有才进行播放。

　◆ 停止:用于设定声音停止。

　◆ 数据流:可以边下载边播放声音。

● 重复:设置播放音频文件的次数。

（7）返回到主场景中,新建图层 2,将库中元件"gz"拖动到舞台中,使用变形工具 改变其大小和位置,将此元件复制粘贴 7 次,选中全部对象,执行"修改/对齐/顶对齐"和"按宽度均匀分布"命令,如图 8-1-5 所示。

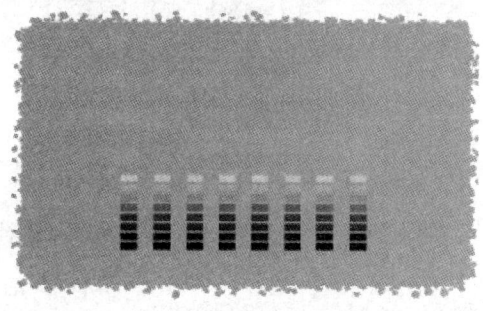

图 8-1-5　光柱的位置摆放

（8）新建图层 3,使用文本工具 输入文字"LOVE MUSIC",添加斜角滤镜,如图 8-1-6 所示。

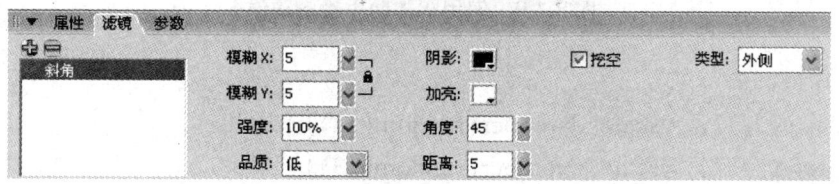

图 8-1-6　添加文字滤镜

Step2　接下来我们要进行的工作是添加动作。

（1）选中图层 2 中左侧第一个光柱，在属性面板中将其实例名称修改为"1"，如图 8-1-7 所示。以此方法依次重命名实例"2"～"8"。

（2）选中图层 2 的第 1 帧添加动作，执行"全局函数/影片剪辑控制/setProperty"命令，打开脚本助手，输入动作语句（控制影片剪辑的高度），如图 8-1-8、8-1-9 所示。

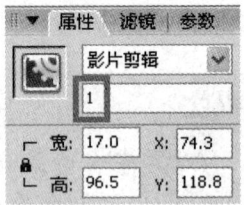

图 8-1-7　修改实例名称

小贴士

SetProperty（target，Property，value）用于设置影片剪辑的属性值。具体用法可详见 10.3 章节。这里输入此语句的主要目的是控制光柱的高度，产生随机变化的效果。

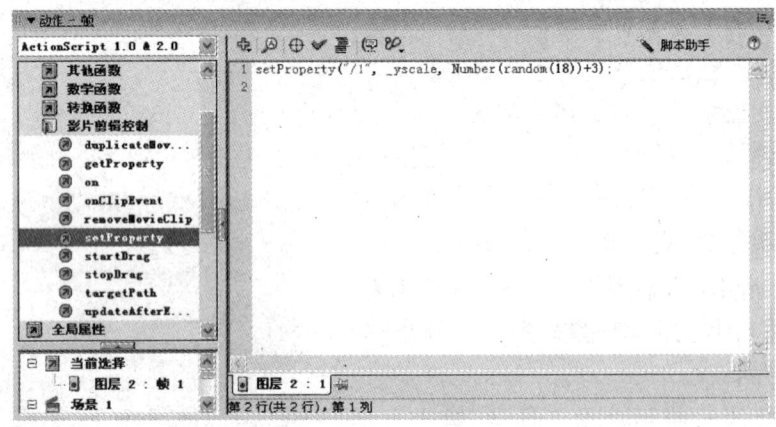

图 8-1-8　添加动作

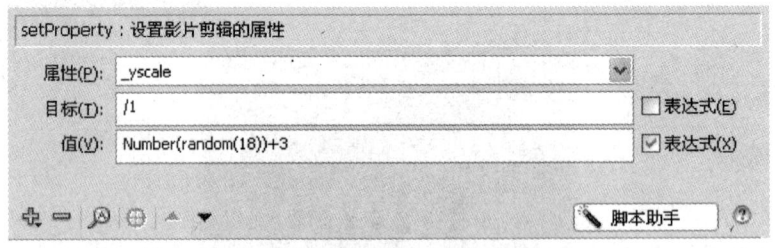

图 8-1-9　使用脚本助手输入动作

动作语句为：

```
setProperty("/1", _yscale, Number(random(18))+3);
setProperty("/2", _yscale, Number(random(13))+4);
setProperty("/3", _yscale, Number(random(20))+2);
```

二维动画制作　Flash 8.0

setProperty("/4", _yscale, Number(random(16))+2);
setProperty("/5", _yscale, Number(random(12))+3);
setProperty("/6", _yscale, Number(random(10))+4);
setProperty("/7", _yscale, Number(random(15))+5);
setProperty("/8", _yscale, Number(random(20))+3);

(3) 在3个图层的第2帧添加帧。

(4) 测试动画,并以文件名"8.1.2音乐动感光柱.fla"保存。

8.1.3 小试身手——音乐欣赏

设计结果

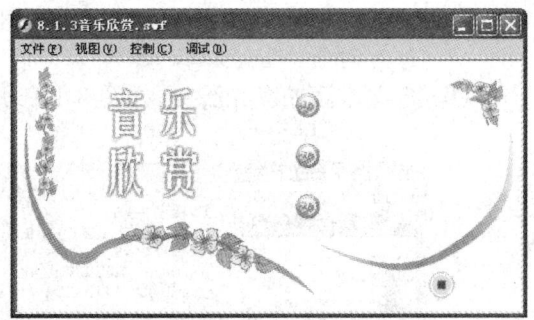

图 8-1-10 "音乐欣赏"效果图

设计制作三个按钮,鼠标移动到相应的按钮上就会播放此种音乐。如图 8-1-10 所示。

设计思路

(1) 使用绘图工具制作背景和文字。

(2) 制作音乐按钮。

操作提示

(1) 创建一个新的 Flash 文档,设置舞台大小为 400×250 像素,背景为白色。

(2) 使用椭圆工具 和选择工具 绘制圆弧,填充渐变颜色,如图 8-1-11 所示。

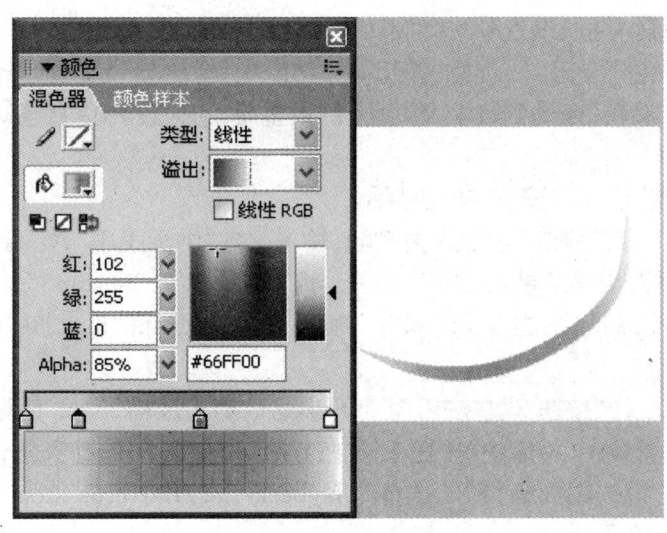

图 8-1-11 绘制圆弧

(3) 新建图层 2,使用椭圆工具 和选择工具 绘制圆弧,填充粉红色,如图 8-1-12 所示。

（4）执行"文件/导入/导入到库"命令，将素材"8.1.3a.wmf"、"8.1.3b.wmf"、"8.1.3c.wmf"导入，拖动到舞台中，如图 8-1-13 所示。

（5）新建图层 3，使用文本工具 **A** 输入文字"音乐欣赏"，如图 8-1-14 所示。

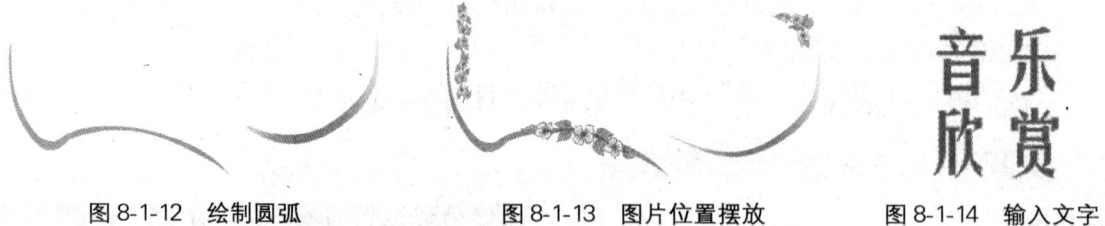

图 8-1-12　绘制圆弧　　　　图 8-1-13　图片位置摆放　　　　图 8-1-14　输入文字

（6）给文本添加发光滤镜，如图 8-1-15 所示。

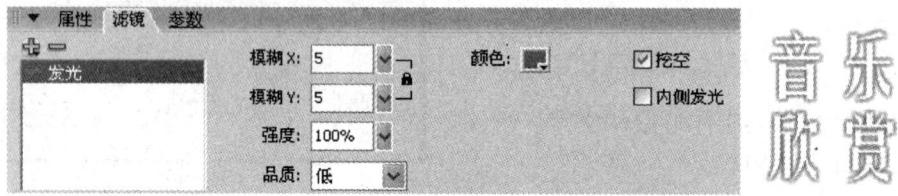

图 8-1-15　添加发光滤镜

（7）执行"文件/导入/导入到库"命令，将图片 8.1.3d.gif 导入，将其拖动到舞台中，转换为图形元件"圆"后删除。

（8）建立影片剪辑元件"旋转"，将库中元件"圆"拖动到舞台中，在第 15 帧处插入关键帧，在第 1 帧添加动画补间，设置顺时针旋转 1 次。

（9）建立按钮元件"按钮 1"，选择"弹起"帧，将库中元件"圆"拖动到舞台中，选择"指针经过"帧，将库中元件"旋转"拖动到其中，两个圆位置重叠（可以使用信息窗口修改对象的 x 轴 y 轴数值来对齐）。

（10）复制"弹起"帧，在"按下"帧处粘贴。

（11）新建图层 2，在"弹起"帧插入关键帧，输入文本"中国民乐"，如图 8-1-16 所示。

（12）执行"文件/导入/导入到库"命令，将素材"8.1.3e.mp3"、"8.1.3f.mp3"、"8.1.3g.mp3"导入，新建图层 3，在"按下"帧插入关键帧，将"8.1.3e.mp3"文件拖动到舞台中。

（13）以此方法制作"按钮 2"、"按钮 3"，分别输入"爵士风格"、"拉丁风格"。

（14）返回到主场景中，将库中"按钮 1"、"按钮 2"、"按钮 3"拖动到舞台中。执行"窗口/公用库/按钮"命令，将按钮面板打开，选择"playback flat/flat blue stop"按钮，拖动到舞台中，摆放位置如图 8-1-17 所示。

（15）进入"flat blue stop"按钮的编辑状态，新建图层 2，在"指针经过"帧插入关键帧，输入文本"stop"。如图 8-1-18 所示。

二维动画制作　Flash 8.0

中国民乐

stop

图 8-1-16　输入文字　　　　　图 8-1-17　按钮位置摆放　　　　图 8-1-18　输入文字

（16）返回到主场景中，选择"flat blue stop"按钮添加动作，先选择"全局函数/影片剪辑控制/on"，在代码提示中选择"press"（按下鼠标事件），把鼠标光标移动到"on（press）{"后面按下回车键，双击"全局函数/时间轴控制/stopAllSounds"。如图 8-1-19 所示。

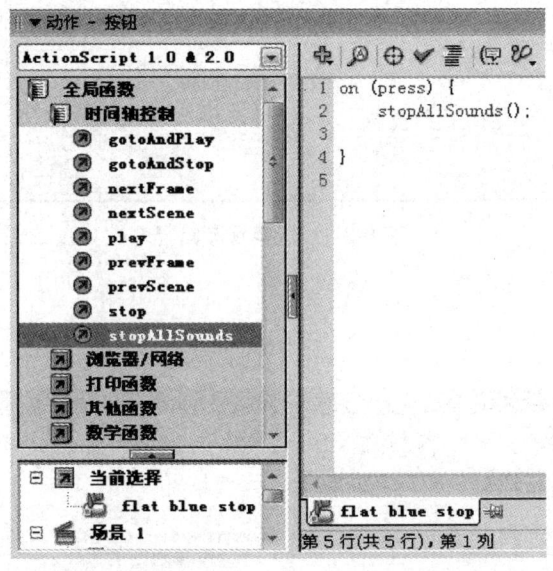

图 8-1-19　给按钮添加动作

（17）测试动画，并以文件名"8.1.3 音乐欣赏.fla"保存。

8.2　添加视频

8.2.1　知识点和技能

在 Flash 中可以导入的视频格式有 MOV、AVI、MPEG 等。执行"文件/导入/导入到库"命令，导入时会打开向导，分别为选择视频路径、视频的部署方式、视频的编码、选择视频的播放控件、完成视频导入，如图 8-2-1、8-2-2、8-2-3、8-2-4、8-2-5 所示。

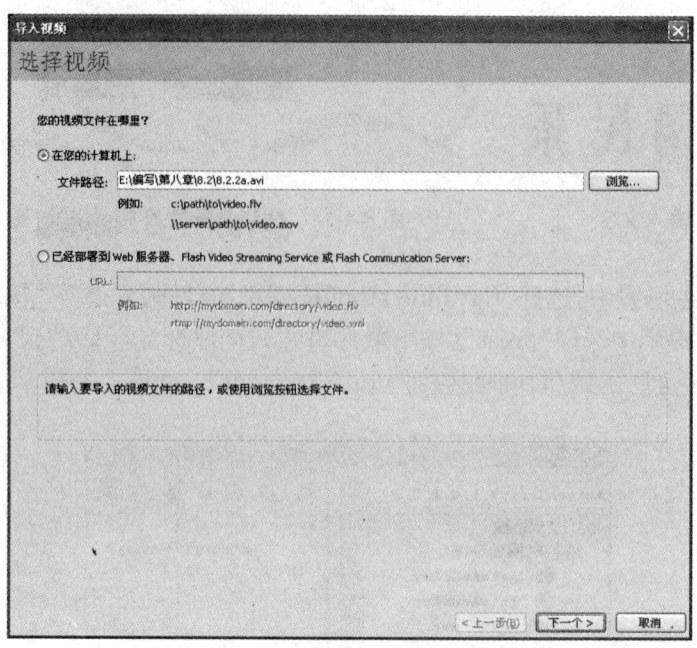

图 8-2-1　选择视频路径

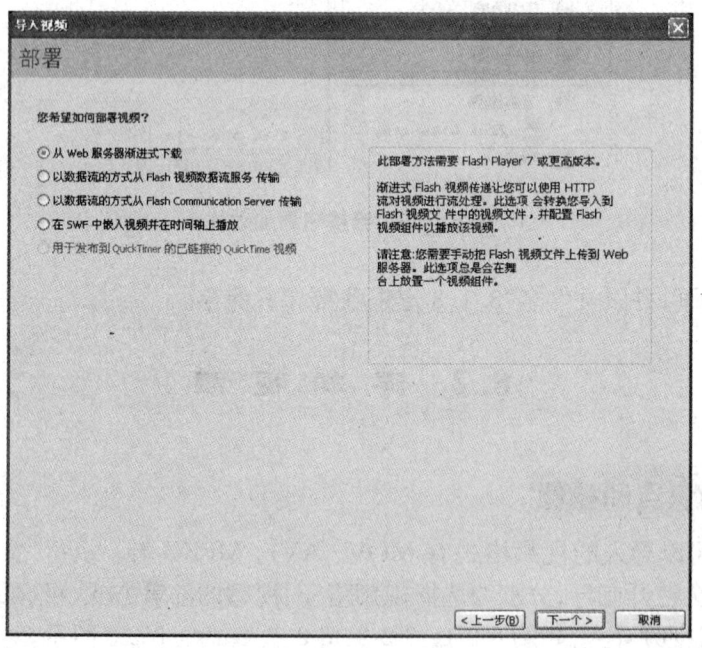

图 8-2-2　视频的部署方式

图 8-2-3　视频的编码

图 8-2-4　选择视频的播放控件

二维动画制作　Flash 8.0

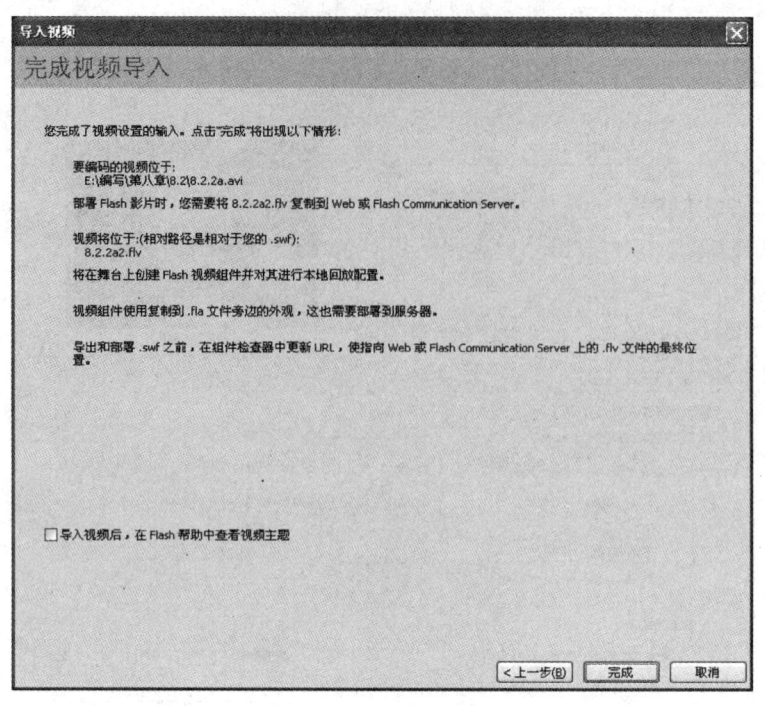

图 8-2-5　完成视频导入

8.2.2　范例——视频播放控制

设计结果

　　制作按钮"播放"、"停止"、"暂停"、"快放"和"慢放",控制视频片断的播放。如图 8-2-6所示。

设计思路

　　(1)制作具有立体感的按钮。

　　(2)为各个按钮添加动作语句,利用"真"与"假"的逻辑判断,避免各个按钮间的相互干扰。

范例解题引导

图 8-2-6　"视频播放控制"效果图

Step1　我们首先要进行的工作是制作具有立体感的按钮。

　　(1)创建一个新的 Flash 文档,设置舞台大小为 400×320 像素,背景为白色。

　　(2)创建影片剪辑元件"视频",执行"文件/导入/导入到舞台"命令,将素材"8.2.2a.avi"导入,部署方式为"在 swf 中嵌入视频并在时间轴上播放",如图 8-2-7、8-2-8 所示。

二维动画制作　Flash 8.0

小贴士

为了能使视频顺利导入到舞台，应在系统上安装 Directshow 9 和 QuickTime 6.5 或更高版本。

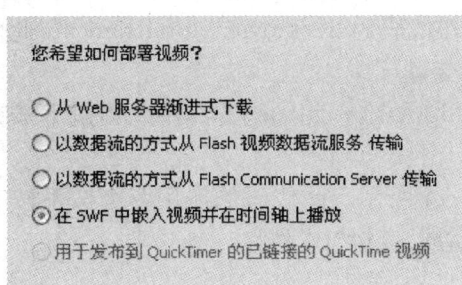

图 8-2-7　选择部署方式

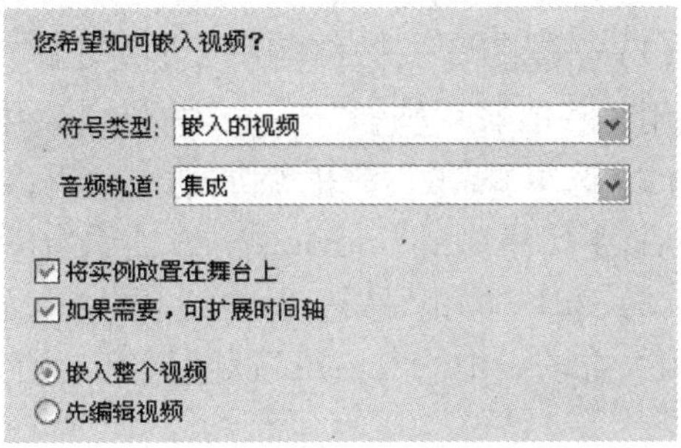

图 8-2-8　嵌入视频的方式

(3) 选择图层 1 的第 1 帧添加“stop”动作，视频开始时不自动播放。如图 8-2-9 所示。

(4) 返回主场景，新建按钮元件“暂停”，使用矩形工具 和颜料桶工具 填充绿色渐变，完成按钮的基本造型，如图 8-2-10 所示。

(5) 新建图层 2，使用矩形工具 绘制暂停标识符号，并将其转换为影片剪辑“pause”。在图层 2 的“指针经过”处插入关键帧，为影片剪辑添加投影滤镜。在图层 1 的“指针经过”和“按下”处添加关键帧，在图层 2 的“按下”处添加关键帧。

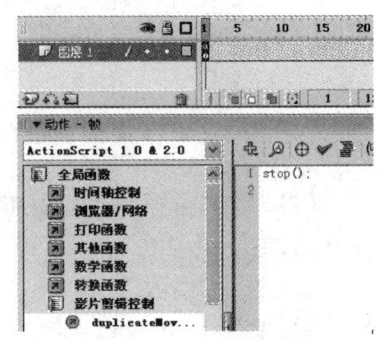

图 8-2-9　添加帧动作

(6) 以此方法制作其他的控制按钮，“播放”、“停止”、“快放”、“慢放”，返回到主场景中，将各个按钮拖动到舞台中，将全部按钮选中，执行“修改/对齐/顶对齐”和“按宽度分布”命令，如图 8-2-11 所示。

图 8-2-10　绘制矩形

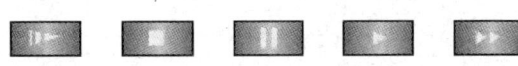

图 8-2-11　按钮的位置摆放

图 8-2-12　设置实例名称

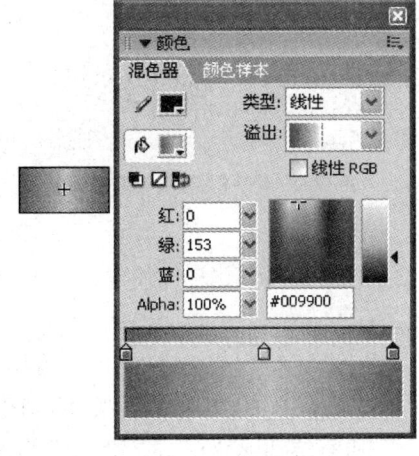

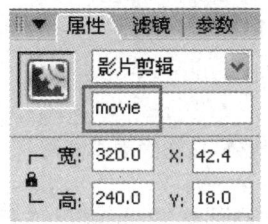

(7) 新建图层2,将库中元件"视频"拖动到舞台中,并将实例名称设置为"movie",如图8-2-12所示。

> **Step2** 接下来我们要进行的工作是为按钮添加动作。

(1) 新建图层3,选择图层3的第1帧,添加动作代码为"i=movie._totalframes",此代码的作用为获取影片剪辑"movie"的总帧数并赋值给变量"i"。

(2) 选中"播放"按钮,添加动作代码,如图8-2-13所示。此代码的作用为当按下按钮再松开后,主场景中的"movie"播放,变量"tt"为假。

(3) 选中"停止"按钮,添加动作代码,如图8-2-14所示。此代码的作用为当按下按钮再松开后,主场景中的"movie"返回到第1帧并停止播放,变量"tt"为假。

```
1  on (release) {
2      movie.play();
3      tt=false;
4  }
5
```

```
1  on (release) {
2      movie.gotoAndStop(1);
3      tt=false;
4  }
5
```

图 8-2-13　"播放"按钮的动作设置　　　　图 8-2-14　"停止"按钮的动作设置

(4) 选中"暂停"按钮,添加动作代码,如图8-2-15所示。此代码的作用为当按下按钮再松开后,主场景中的"movie"停止播放,变量"tt"为假。

(5) 选中"快放"按钮,添加动作代码,如图8-2-16所示。此代码的作用为当按下按钮再松开后,先获得"movie"当前播放到第几帧的数值并将其赋值给变量"n",变量"tt"为真,"onEnterFrame"触发事件的作用就是保证每帧都能执行,如果"movie"的当前帧数小于总帧数并且"tt"为真,"n"自动加2,"movie"跳到第"n"帧处播放,这样播放的速度会提高一倍。如果将"n"加3或加4,这样"movie"的播放速度提高会更加明显。

```
1  on (release) {
2      movie.stop();
3      tt=false;
4  }
5
```

```
1   on (release) {
2       n=movie._currentframe;
3       tt=true;
4       this.onEnterFrame=function(){
5           if(n<i && tt==true){
6               n+=2;
7               movie.gotoAndPlay(n);}
8       }
9   }
10
```

图 8-2-15　"暂停"按钮的动作设置　　　　图 8-2-16　"快放"按钮的动作设置

(6) 选中"慢放"按钮,添加动作代码,如图8-2-17所示。此代码的作用为当按下按钮再松开后,先获得"movie"当前播放到第几帧的数值并将其赋值给变量"n",变量"tt"为真,"onEnterFrame"触发事件的作用就是保证每帧都能执行,如果"movie"的当前帧数小于总帧数并且"tt"为真,"n"自动加 0.5,然后取近似的整数值并赋值给变量"m","movie"跳到第"m"帧处播放,这样播放的速度会减少一倍。

```
1  on (release) {
2      n=movie._currentframe;
3      tt=true;
4      this.onEnterFrame=function(){
5          if(n<i && tt==true){
6              n+=0.5;
7              m=Math.round(n);
8              movie.gotoAndPlay(m);}
9      }
10 }
11
```

图 8-2-17　"慢放"按钮的动作设置

(7) 测试影片,并以文件名"8.2.2 视频播放控制.fla"保存。

8.2.3　小试身手——利用行为控制视频

设计结果

使用五个按钮控制视频的播放,其中单击 forword 按钮可以跳到第 200 帧播放,单击 back 按钮可以回到第 50 帧播放。如图 8-2-18所示。

设计思路

(1) 使用绘图工具制作文字效果。

(2) 为按钮添加行为,控制视频播放。

操作提示

(1) 创建一个新的 Flash 文档,设置舞台大小为 400×320 像素,背景为白色。

(2) 使用椭圆工具 和文本工具 制作文字效果,如图 8-2-19 所示。

图 8-2-18　"利用行为控制视频"效果图

(3) 给文本添加发光滤镜效果,如图 8-2-20 所示。

(4) 创建影片剪辑"shipin",执行"文件/导入/导入到舞台"命令,将素材"8.2.3a.avi"导入,部署方式为"在 swf 中嵌入视频并在时间轴上播放"。

(5) 选择图层 1 的第 1 帧添加"stop"动作,视频开始时不自动播放。

(6) 选中视频,将其取名为"rishi",如图 8-2-21 所示。

(7) 返回到主场景中,将库中元件"shipin"拖动到舞台中,将其实例名称设置为"movie"。

(8) 选择"窗口/公用库/按钮/playback rounded/rounded green back"、"rounded green

forword"、"rounded green stop"、"rounded green pause"、"rounded green play"5 个按钮，并拖动到舞台中。

图 8-2-19　输入文字

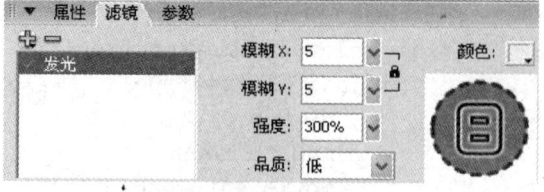

图 8-2-20　添加发光滤镜

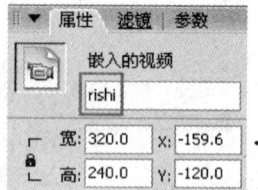

图 8-2-21　给视频取名

（9）调整"rounded green back"、"rounded green forword"两个按钮的位置，执行"修改/对齐/顶对齐"和"按宽度均匀分布"命令，对齐按钮。

小贴士

执行"修改/对齐/顶对齐"命令，此时"rounded green back"按钮的水平位置决定了所有按钮的水平位置。执行"修改/对齐/按宽度均匀分布"命令，此时"rounded green back"和"rounded green forword"两个按钮的垂直位置决定了所有按钮的垂直位置和间距。

（10）选择"play"按钮，打开行为面板，单击 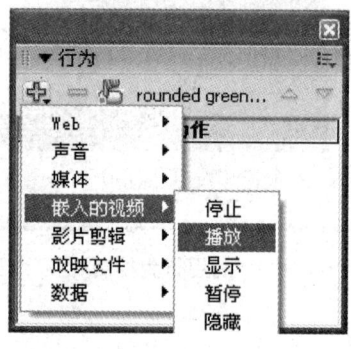 按钮，选择"嵌入的视频/播放"，如图 8-2-22、8-2-23 所示。

图 8-2-22　选择行为动作

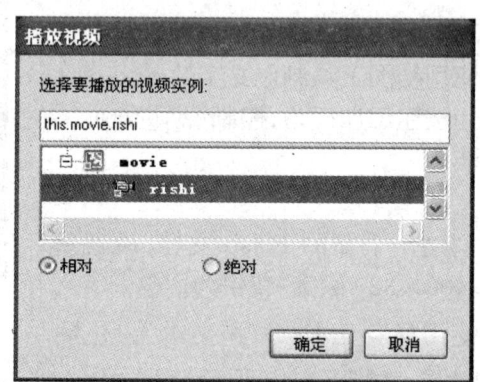

图 8-2-23　选择嵌入的视频

（11）选择"pause"按钮，打开行为面板，单击 按钮，选择"嵌入的视频/暂停"。

（12）选择"stop"按钮，打开行为面板，单击 按钮，选择"嵌入的视频/停止"。

（13）选择"forword"按钮，打开行为面板，单击 按钮，选择"影片剪辑/转到帧或标签并在该处播放"，输入"200"，如图 8-2-24、8-2-25 所示。

二维动画制作　Flash 8.0

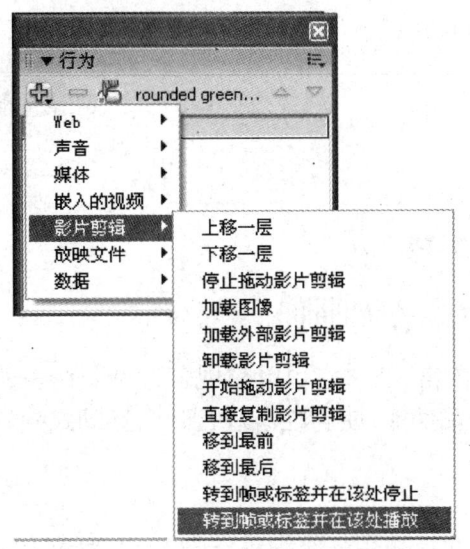

图 8-2-24　选择行为动作

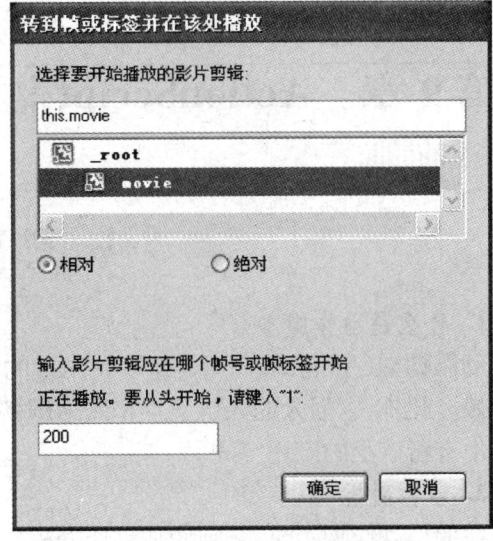

图 8-2-25　输入需转到的帧

　　(14) 选择"back"按钮,打开行为面板,单击 按钮,选择"影片剪辑/转到帧或标签并在该处播放",输入"50"。

　　(15) 测试影片,并以文件名"8.2.3 利用行为控制视频. fla"保存。

第 9 章　ActionScript 语言

9.1　动作的添加

1. 什么是动作脚本

动作脚本(ActionScript)是 Flash 内置的编程语言,通过它可以实现各种精彩纷呈的动画特效。此外,它强大的人机交互和网络服务器交互功能,使它在游戏、课件、互动式网站的制作中有着广泛的应用空间。

2. 动作面板

在编写动作脚本时,必须使用动作面板。动作面板被用来组织动作脚本,它大致由四部分组成:动作工具箱,脚本导航窗口,脚本助手和脚本编写窗口,如图 9-1-1 所示。

- 动作工具箱:它是动作脚本语言元素的分类列表。单击条目前面的图标可以显示对应条目下的动作脚本语句元素,双击选中的语句即可将其添加到脚本编辑窗口。
- 脚本导航窗口:列出了 FLA 文件中具有关联动作脚本的帧位置和对象;单击脚本导航窗口中的某一项目,与该项目相关联的脚本就会出现在脚本编辑窗口中,并且场景上的播放头也将移到时间轴上的对应位置上。双击脚本导航窗口中的某一项,则该脚本会被固定。
- 脚本助手:将提示输入脚本的元素,有助于更轻松地向 FLA 文档中添加简单的互动。
- 脚本编辑窗口:脚本添加的区域。可以直接在脚本编辑窗口中编辑动作、输入动作参数或删除动作;也可以双击动作工具箱中的某一项或脚本编辑窗口上方的添加脚本工具,向脚本窗口添加动作。

图 9-1-1　动作面板

3. 动作脚本添加的对象

我们可以为 3 种对象添加动作脚本:帧、按钮和影片剪辑。

● 帧动作

帧动作,是指在时间轴的关键帧上添加的动作。当播放头播放到该帧时,添加在该帧上的动作也同时被触发,常见的帧动作有:stop( ),gotoAndPlay( )等,如图9-1-2所示。

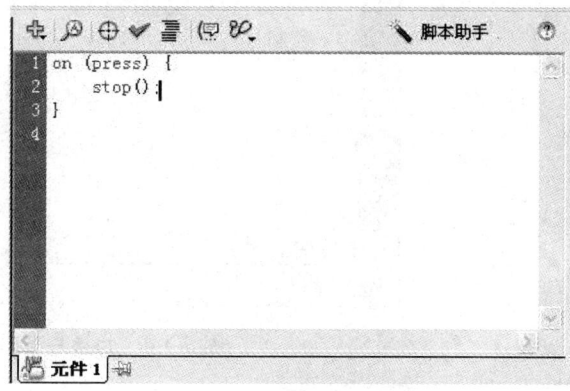

图9-1-2　在第1帧添加stop( )语句　　　　图9-1-3　为按钮添加代码

● 按钮动作

按钮动作,是指添加在按钮上的动作。添加动作前,首先要选中按钮,确保脚本编辑窗口的当前对象转变为相应按钮后,再添加动作。和帧动作不同,按钮上面的动作脚本是要有触发条件的,即它必须嵌套在on( )事件处理函数中,如图9-1-3所示。

on( )事件处理函数的用法如下:

    on(mouseEvent){

    statements

    }

参数:

mouseEvent 是一个称作"事件"的触发器。当事件发生时,执行该事件后面大括号中的语句;mouseEvent 参数可以是以下任意一种:

press:在鼠标指针经过按钮,按下鼠标时触发动作。

release:在鼠标指针经过按钮,释放鼠标时触发动作。

releaseOutside:当鼠标指针滑到按钮上时按下鼠标,然后在释放鼠标前滑出此按钮区域触发动作。press 和 dragOut 事件始终在 releaseOutside 事件之前发生。

rollOut:鼠标指针滑出按钮区域时触发动作。

rollOver:鼠标指针滑到按钮上时触发动作。

dragOut:当鼠标指针滑到按钮上时按下鼠标,然后滑出此按钮区域时触发动作。

dragOver:当鼠标指针滑到按钮上时按下鼠标,然后滑出该按钮区域,接着滑回到该按钮上时触发动作。

● 影片剪辑动作

影片剪辑动作,是指添加在影片剪辑上的动作。它的添加方法和按钮动作的添加方法相似,它也需要有触发条件,除了on( )事件处理函数外,onClipEvent( )是影片剪辑特有的事件处理函数,如图9-1-4所示。

二维动画制作 Flash 8.0

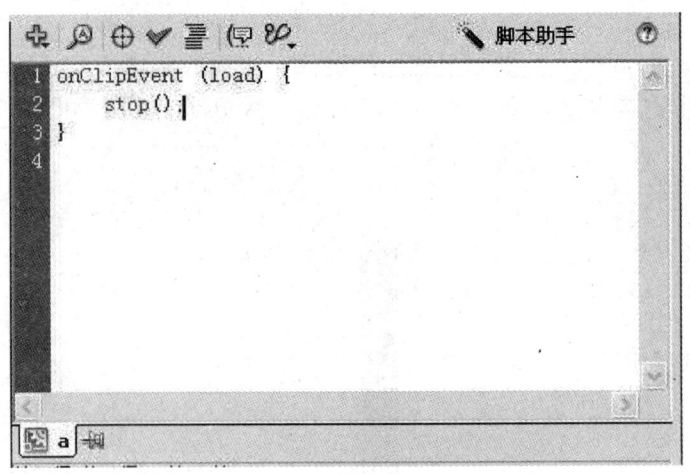

图 9-1-4   为影片剪辑添加动作

onClipEvent 处理函数的用法如下：

onClipEvent(movieEvent){

statements

}

参数：

movieEvent：是一个称作"事件"的触发器。当事件发生时，执行该事件后面大括号中的语句。movieEvent 参数可以是以下任意一种：

load：影片剪辑一旦被实例化并出现在时间轴中，即启动此动作。

Unload：在从时间轴中删除影片剪辑之后，此动作即在第 1 帧中启动。在将任何动作附加到受影响的帧之前处理与 Unload 影片剪辑事件关联的动作。

enterFrame：以影片剪辑的帧频连续触发该动作。在将任何帧动作附加到受影响的帧之前处理与 enterFrame 剪辑事件关联的动作。

mouseMove：每次移动鼠标时启动此动作。使用"_xmouse"和"_ymouse"属性来确定鼠标的当前位置。

mouseDown：当按下鼠标左键时启动此动作。

mouseUp：当释放鼠标左键时启动此动作。

keyDown：当按下某个键时启动此动作。使用 Key. getCode( )方法检索有关最后按下的键的信息。

keyUp：当释放某个键时启动此动作。使用 Key. getCode( )方法检索有关最后按下的键的信息。

Data：在 loadVariables( )或 loadMovie( )动作中接收到数据时启动该动作。当与 load-Variables( )动作一起指定时，data 事件只在加载最后一个变量时发生一次。当与 loadMovie( )动作一起指定时，则在检索数据的每一部分时，data 事件都重复发生。

4. 动作脚本的基本语法和常用术语

● 点语法

在 ActionScript 中，应使用点(.)运算符访问属于舞台上的对象或实例的属性或方法。

点语法表达式由对象或影片剪辑实例名称开始,接着是一个点,最后是要指定的属性、方法或变量,例:

Ball. _x

//调用对象 Ball 的_x 属性

语法使用两个特殊的别名:_root 和_parent。别名"_root"是指主时间轴。可以使用"_root"别名创建一个绝对路径。例:下面的语句调用主时间轴中影片剪辑实例 aa 的 Alpha 属性:_root. aa. _alpha。别名"_parent"用来引用嵌套当前影片剪辑的影片剪辑,也可以用"_parent"创建一个相对目标路径。例:影片剪辑实例 circle 被嵌套在影片剪辑实例 shape 中,那么,在实例 circle 上添加语句停止播放影片剪辑实例 shape 的语句如下:_parent. stop()。

● 目标路径

像在 Web 服务器中一样,Flash 的每个时间轴都可以用两种方式编址:绝对路径和相对路径。我们可以通过这两种路径来调用对象。在 ActionScript 中使用点(.)运算符来表示对象所处时间轴的级别关系,点的前面是父级。例:在主场景中,创建一个影片剪辑元件,定义实例名为"room",然后在这个影片剪辑中再创建另一个影片剪辑元件并定义实例名为"desk",最后创建一个按钮元件"book"放置在实例"desk"中。现在若要调用"book"对象则可以用绝对路径:_root. room. desk. book;当然也可以用相对路径,相对路径取决于控制时间轴与目标时间轴之间的关系;可以在相对路径中使用关键字"this"来引用当前时间轴;也可以在相对路径中使用别名"_parent"来指明当前时间轴的父时间轴,若在实例"room"中要调用"desk",可以用相对路径:this. desk;若在实例"book"中调用"desk",可以用相对路径:_parent. desk。

● 大括号

使用大括号({})将 ActionScript 事件、类定义和函数组合成块,例如:

```
on(press)
{
stop();
}
```

● 分号

动作脚本语句用分号(;)结束,如果省略语句结尾的分号,仍然可以成功地编译脚本。

● 小括号

在 ActionScript 中定义函数时,将参数放在小括号[()]标点符号里面,如下面的几行代码中所示:

```
function myFunction(myName, myAge, happy) {
//此处是您的代码
}
```

调用函数时,还要将传递给该函数的所有参数都包含在小括号中,如下所示:

```
myFunction("Carl", 78, true);
```

还可使用小括号覆盖 ActionScript 的优先顺序或增强 ActionScript 语句的可读性。这意味着可以通过在某些值两边添加小括号来改变计算值的顺序,如下所示:

```
var computedValue:Number=(circleClip. _x+20)* 0. 8;
```

● 注释

注释是一种使用简单易懂的句子对代码进行注解的方法,编译器不会对注释进行求值计算。可以在代码中使用注释来描述代码的作用或描述返回到文档中的数据。注释可帮助你记住重要的编码决定,并且对其他任何阅读代码的人也有帮助。注释必须清楚地解释代码的意图,而不是仅仅翻译代码。如果代码中有些内容阅读起来含义不明显,则应对其添加注释。若要指示某一行或一行的某一部分是注释,应在注释前加两个斜杠(//),例如:

setProperty("mc",_alpha,getProperty(mc,_alpha)-10);
//控制当前影片的透明度,按钮每点一次,透明度减小 10

● 关键字

动作脚本保留一些单词,专用于脚本语言中。因此,不能用这些保留字作为变量、函数或标签的名字。注意这些关键字都是小写形式,不能改成大写。

● 函数

将某种能执行特定功能的代码放在一起,用一种特殊的方式定义、封装,最后命名这段代码为函数。在 Flash 8.0 中可以分为系统函数和用户自定义函数,系统函数是 Flash 8.0 系统提供的函数,可以直接在动画中调用。用户自定义函数是用户根据自己需要定义的函数,在自定义函数中,定义一系列语句,对传递过来的值进行运算,最后返回运算结果。由于函数可以在影片中重复使用,这样就大大减少了代码量,提高了效率。

● 变量

变量是保存信息的容器,它可以存放包括字符串、数值、布尔值(值为 true 或 false)和表达式在内的任何信息。

◆ 命名规则:

变量必须是一个标识符。标识符是变量、属性、对象、函数或方法的名称。标识符的第一个字符必须为字母、下划线(_)或美元符号($)。其后的字符可以是数字、字母、下划线或美元符号。

变量不能是关键字或 ActionScript 文本,例如 true、false、null 或 undefined。

变量在其作用域内必须是唯一的。

变量不能是 ActionScript 语言中的任何元素,例如类名称。

◆ 变量的作用域:

变量的作用域指变量在其中已知并且可以引用的区域。在 ActionScript 中有三种类型的变量作用域:

全局变量对于文档中的每个时间轴和作用域均可见。因此,全局变量是在代码的所有区域中定义的。若要创建全局变量,可在变量名称前使用_global 标示符,例:_global. word="a"。

时间轴变量可用于该时间轴上的任何脚本。

本地变量在声明它们的函数体(由大括号界定)内可用。因此,本地变量仅是在代码的一部分中定义的。若要声明本地变量,可在函数体内使用 var 语句,例:varcount=1。

● 运算符和表达式

运算符是指定如何组合、比较或更改表达式中的值的字符。表达式是 Flash 可以计算并返回值的任何语句。可以通过组合运算符和值或者调用函数来创建表达式。在Flash中运算符分为很多种：数值运算符、关系运算符、逻辑运算符、按位运算符、赋值运算符等。

◆ 数值运算符：在 ActionScript 中，可以使用数值运算符来对值进行加、减、乘、除运算。可以执行不同种类的算术运算。最常见的一种运算符是递增运算符，其常见形式为 i＋＋。

◆ 关系运算符：用来对两个表达式的值进行比较，比较的结果是一个逻辑值，即真(True)或假(False)。常用的关系运算符有：等于(＝)、小于(＜)、大于(＞)、小于或等于(＜＝)、大于或等于(＞＝)。

◆ 逻辑运算符：可以使用逻辑运算符对布尔值(true 和 false)进行比较，然后根据比较结果返回一个布尔值。如果两个操作数都计算为 true，则逻辑"与"运算符(＆＆)将返回 true，例：(3＜8)＆＆(5＜6)结果为 true。如果其中一个或两个操作数都计算为 true，则逻辑"或"运算符(||)将返回 true，例：(3＞8)||(5＜6)结果为 true。

◆ 按位运算符：按位运算符用来处理浮点数，所谓浮点数，在计算机中用以近似表示任意某个实数。具体来说，这个实数由一个整数或定点数(即尾数)乘以某个基数(计算机中通常是 2)的整数次幂得到，这种表示方法类似于基数为 10 的科学记数法。运算时先将操作数转化为 32 位的二进制数，然后对每个操作数分别按位进行运算，运算后再将二进制的结果按照 Flash 的数值类型返回运算结果。动作脚本的按位运算符包括：按位与(＆)、按位或(|)、按位异或(^)、按位左移位(＜＜)、按位右移位(＞＞)等。

◆ 赋值运算符：赋值运算符(＝)用于给变量、数组元素，或对象的属性赋值。

9.2 停止与播放语句——stop 和 play

9.2.1 知识点和技能

play 和 stop 是 Flash 中最为基本的 ActionScript 语句。它们通常与按钮连用，制作最为简单的交互动画。

● **play( )——用于播放主时间轴或影片剪辑动画**
  例：松开鼠标时，播放动画。
  ```
  on(release){
  play( )
  }
  ```

● **stop( )——用于停止播放主时间轴或影片剪辑动画**
  例：松开鼠标时，停止播放动画。
  ```
  on(release){
  stop( )
  }
  ```

9.2.2 范例——掷骰子

设计结果

　　屏幕上显示不断滚动的骰子点数,按下"stop"按钮后,点数停止滚动,按下"again"按钮后,点数又继续滚动。如图9-2-1所示。

设计思路

　　(1)利用文本工具和混色器面板制作标题文本。

　　(2)利用矩形工具和刷子工具绘制骰子并制作逐帧动画。

　　(3)制作按钮并为按钮添加语句 play( )和 stop( )来实现功能。

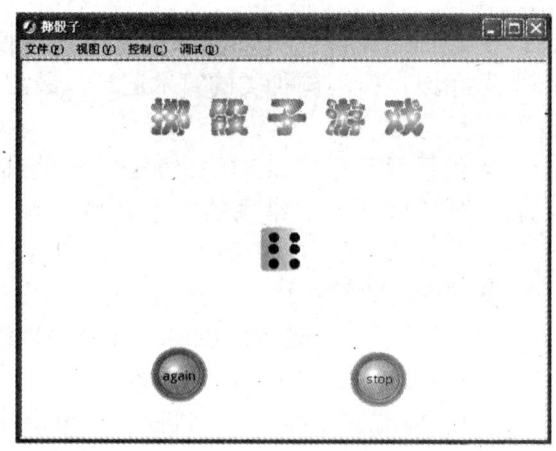

图9-2-1 "掷骰子"效果图

范例解题引导

> **Step1** 我们首先来制作标题文本。

　　(1)创建一个新的 Flash 文档,设置舞台大小为 550×400 像素,背景为淡蓝色。

　　(2)选择文本工具 **A**,展开属性面板设置字体为华文琥珀,颜色为蓝色,字体大小为43,在场景中输入静态文本"掷骰子游戏",如图 9-2-2 所示。

　　(3)执行"修改/分离"命令,执行两次后打散文本,使其变为矢量图形。

　　(4)执行"窗口/混色器"命令,打开混色器面板。

　　(5)以白蓝放射性渐变填充文字,如图 9-2-3 所示。

图9-2-2 设置文本属性

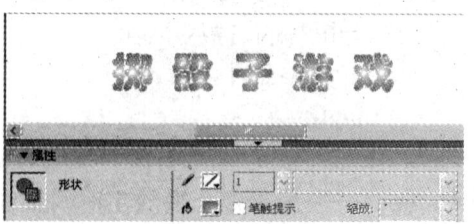

图9-2-3 填充效果

> **Step2** 接着绘制骰子,制作逐帧动画。

（1）单击时间轴上的插入图层按钮 ，添加新层。

（2）选择矩形工具 ，点击"选项"面板中的边角半径设置按钮 ，设置边角半径为 5，如图 9-2-4 所示。

（3）展开属性面板，将矩形笔触颜色设置为无，填充颜色设置为灰色到白色线性渐变；在场景中绘制一个带倒角的矩形，如图 9-2-5 所示。

（4）使用刷子工具 在矩形中央绘制点数 1，如图 9-2-6 所示。

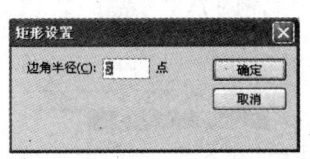
图 9-2-4 "矩形边角半径设置"对话框

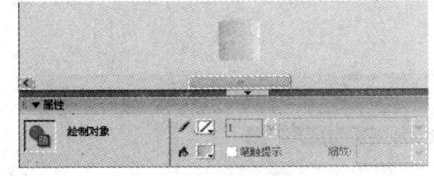
图 9-2-5 属性面板设置

图 9-2-6 点数 1

（5）按 F6 键插入 5 个关键帧，分别绘制剩余的 5 个点数，如图 9-2-7、9-2-8、9-2-9、9-2-10、9-2-11 所示。

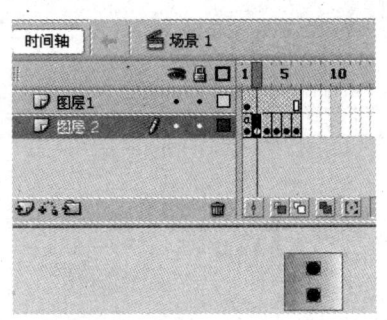
图 9-2-7 点数 2

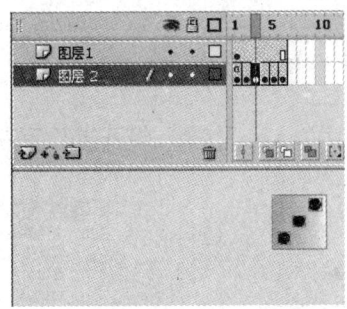
图 9-2-8 点数 3

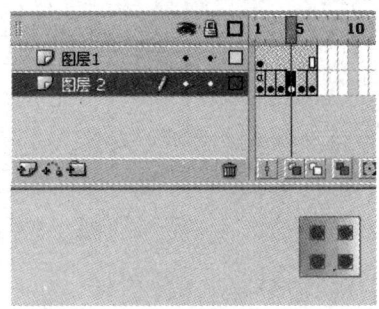
图 9-2-9 点数 4

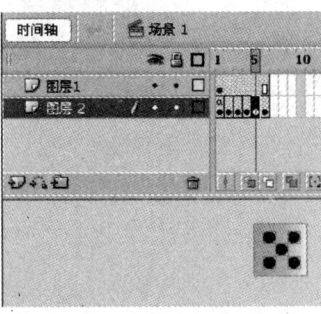
图 9-2-10 点数 5

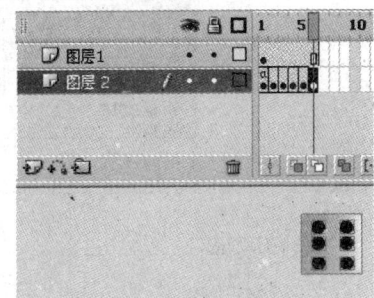
图 9-2-11 点数 6

Step 3 最后我们来制作按钮并通过添加代码来实现功能。

二维动画制作 Flash 8.0

（1）选择图层 1 的第 1 帧。

（2）执行"窗口/公用库/按钮"命令，打开按钮面板，从"button bubble 2"文件夹中选择"bubble 2 blue"和"bubble 2 green"，将它们拖到舞台下方，如图 9-2-12 所示。

（3）分别双击主场景中的按钮实例，进入编辑状态；将按钮上的文本分别改为"again"和"stop"，如图 9-2-13，9-2-14 所示。

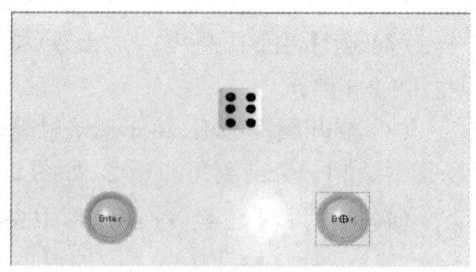

图 9-2-12　按钮

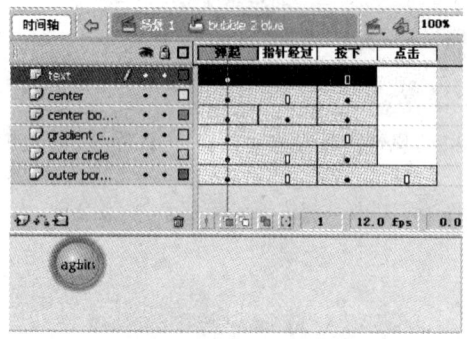

图 9-2-13　修改文本

图 9-2-14　修改文本

（4）选中"again"按钮，展开动作面板，添加动作，如图 9-2-15 所示。

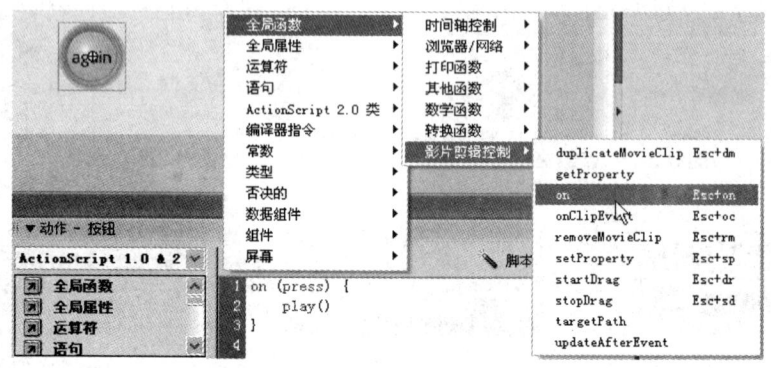

图 9-2-15　"again"按钮的动作

语句注释：

　　on(press){

　　//on(mouseEvent){}是事件处理函数，mouseEvent 为事件触发器，当发生此事件时，执行大括号后的语句。这里 press 表示当鼠标经过按钮并按下鼠标时将触发该动作

　　play()

　　//播放时间轴上的动画

　　}

（5）选中"stop"按钮，展开动作面板，添加动作，如图9-2-16所示。

语句注释：

on(press){

stop()

}

//鼠标按下，停止播放时间轴上的

动画

（6）测试动画，并以文件名"9.2.2掷骰子. fla"保存。

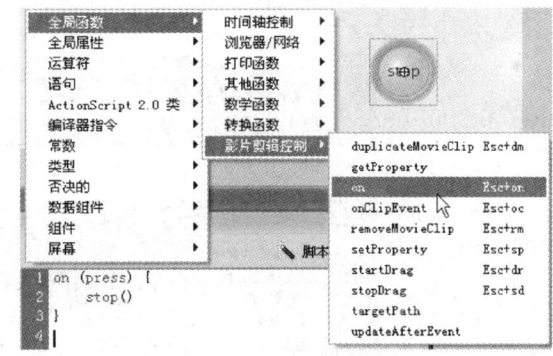

图9-2-16 "stop"按钮的动作

9.2.3 小试身手——逐渐显现的背景图片

设计结果

随着鼠标的移动，黑色前景逐渐消失，背景图片逐渐显现。如图9-2-17所示。

设计思路

（1）新建影片剪辑，制作黑色小方块逐渐消失的动画。

（2）添加代码实现效果。

（3）利用时间轴特效制作黑色前景。

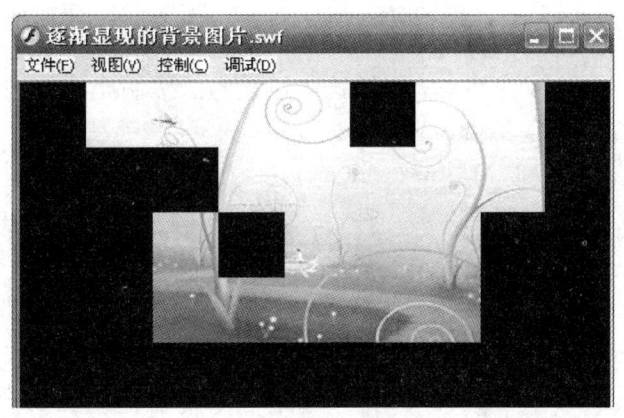

图9-2-17 "逐渐显现的背景图片"效果图

操作提示

（1）创建一个新的 Flash 文档，设置舞台大小为 450×250 像素，背景为白色；将素材"9.2.3a. jpg"导入到库中。

（2）创建影片剪辑元件"square"，进入编辑状态，使用矩形工具和颜料桶工具绘制一个宽和高都为 50 像素的黑色矩形。

（3）按 F8 键将矩形转换成名为"square2"的按钮元件，如图 9-2-18 所示。

（4）按 F6 键在第 10 帧处插入关键帧，将该按钮元件实例的 Alpha 值调为 0% 并制作补间动画，如图 9-2-19 所示。

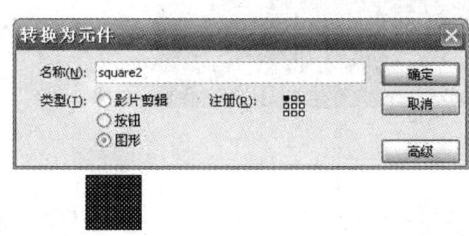

图 9-2-18 转换为按钮元件

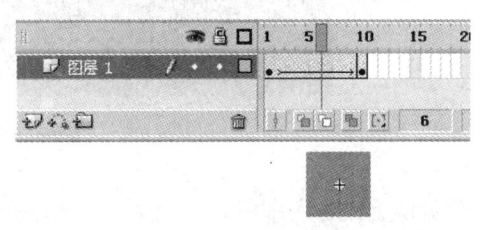

图 9-2-19 补间动画

（5）选择第1帧和第10帧，添加stop（）语句，停止播放动画，如图9-2-20所示。

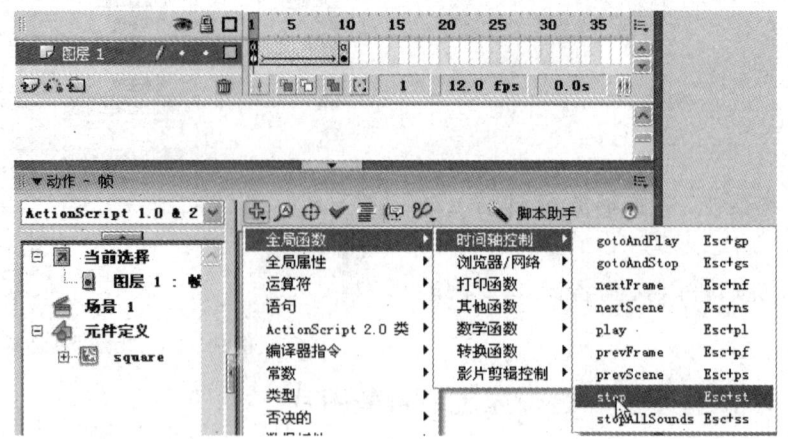

图9-2-20 添加stop（）语句

（6）回到第1帧，选中场景中的按钮元件实例，添加如下动作（注："//"及其后的文字为注释，可不输入）。

```
on (rollOver)
{
    play();
}
//鼠标滑过按钮时，开始播放动画
```

（7）返回主场景，将"9.2.3a.jpg"拖至舞台；使用对齐面板使其相对于舞台中心对齐。

（8）将"square"影片剪辑元件拖至舞台，创建它的一个实例；使用对齐面板使其相对于舞台左上对齐，如图9-2-21所示。

图9-2-21 对齐实例

（9）执行"插入/时间轴特效/帮助/复制到网格"命令，在弹出面板中进行设置，如图9-2-22所示。

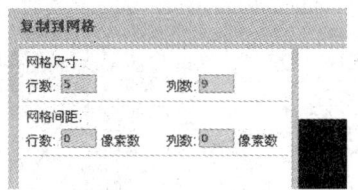

图 9-2-22 设置相关属性

（10）测试动画，并以文件名"9.2.3 逐渐显现的背景图片. fla"保存。

9.3 跳转语句——goto

9.3.1 知识点和技能

goto 语句也是 Flash 中较为基本的 ActionScript 语句。在动画中要跳转到特定的帧或场景都可以使用它，goto 语句分为 gotoAndPlay( )和 gotoAndStop( )两种。

● **gotoAndPlay( )**

gotoAndPlay("场景名",帧)：将播放头转到场景中指定的帧并从该帧开始播放。如果未指定场景，则播放头将转到当前场景中的指定帧。只能在主时间轴上使用场景名参数，不能在影片剪辑或文档中的其他对象的时间轴内使用该参数。

参数：

场景名：可选参数，指定播放头要转到的场景的名称，必须用半角双引号将场景名括起来。

帧：表示播放头转到的帧编号的数字，或者表示播放头转到的帧标签的字符串。如果是表示播放头转到的帧编号的数字则不用半角双引号括起来，如果表示播放头转到的帧标签的字符串就必须用半角双引号括起来。

例：

　　gotoAndPlay("2", 5)

　　//跳转到名为"2"的场景并从它的第 5 帧开始播放

　　gotoAndPlay("start")

　　//跳转到当前场景帧标签为"start"的那一帧开始播放

● **gotoAndStop( )**

gotoAndStop("场景名",帧)：将播放头转到场景中指定的帧并停止播放。

参数：

同上。

例：

　　gotoAndStop("2", 5)

　　//跳转到名为"2"的场景并停止在第 5 帧

　　gotoAndStop("end")

　　//跳转到当前场景帧标签为"end"的那一帧停止播放

9.3.2 范例——Menu

设计结果

将光标移至主菜单上,其下方的子菜单就会逐渐显现。如图 9-3-1 所示。

设计思路

(1) 利用绘图工具绘制菜单栏。

(2) 编辑三个主菜单。

(3) 编辑子菜单并制作动画。

(4) 添加动作实现效果。

范例解题引导

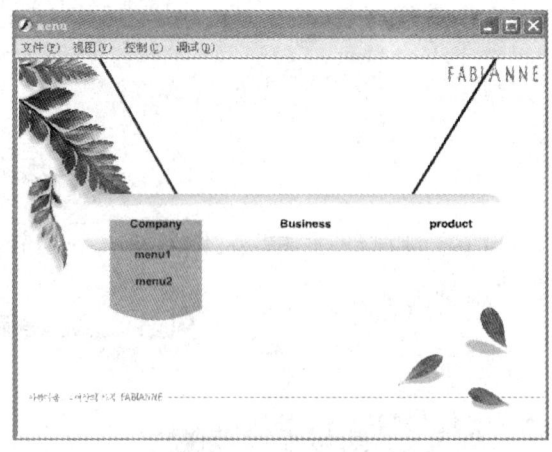

图 9-3-1 "Menu"效果图

> **Step1** 我们首先来绘制菜单栏。这个菜单栏比较简单,大家也可以自己设计喜欢的造型。

(1) 创建一个新的 Flash 文档,设置舞台大小为 550×400 像素,背景为白色;将素材"9.3.2ajpg"导入到库。

(2) 从库中将"9.3.2a.jpg"拖至主场景;利用对齐面板,使图片相对于舞台中心对齐。

(3) 单击时间轴上的插入图层按钮 ⬚,添加新层。

(4) 选择矩形工具 ▢,点击选项面板中的边角半径设置按钮 ⟨f⟩,打开矩形设置对话框,将边角半径设为 20 点。

(5) 在主场景中绘制一个无笔触颜色的灰白线性渐变矩形。

(6) 选择矩形,打开混色器面板,选择线性渐变,调整渐变色由淡灰色到白色再由白色到淡灰色的渐变,如图 9-3-2 所示。

图 9-3-2 绘制矩形

(7) 使用填充变形工具 ▦ ,调整渐变方向为由上至下,如图 9-3-3 所示。

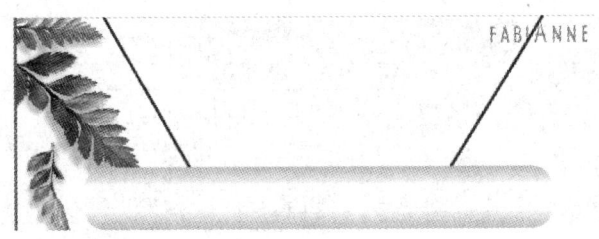

图 9-3-3　绘制斜线

(8) 使用线条工具 ✐ ,将笔触高度设为 3,在矩形上方绘制两条斜线,如图 9-3-3 所示。

> **Step2**　绘制完了菜单栏,接着我们来编辑三个主菜单。

(1) 执行"插入/新建元件"命令,建立一个类型为"按钮"、名称为"company"的元件。

(2) 进入元件编辑状态,单击文本工具 **A** ,设置字体为 Arial,颜色为黑色,字体大小为 12;在弹起帧输入静态文本"company"。

(3) 选择指针经过帧,按 F6 键插入关键帧。

(4) 选择多角形工具 Q ,展开属性面板,设置笔触颜色为无,填充颜色为红色;点击"选项"按钮,在弹出的对话框中将边数设为 3。

(5) 在文字上方绘制一个倒三角形,如图 9-3-4 所示。

(6) 选中文本,将颜色改为淡灰色,如图 9-3-4 所示。

(7) 选择点击帧,按 F6 键插入关键帧。

(8) 使用矩形工具 ▢ ,在文本区域绘制一个矩形,如图 9-3-5 所示。

Company　　　　　　　　　　　Company

图 9-3-4　效果图 　　　　　　　图 9-3-5　绘制矩形

(9) 打开库面板,选择按钮"company",点击鼠标右键选择"直接复制",执行两次,分别在弹出对话框中将元件名称改为"bussiness"和"product"。

(10) 双击元件进入编辑状态,使用文本工具 **A** ,分别将各帧的文本改为"bussiness"和"product",如图 9-3-6, 9-3-7 所示。

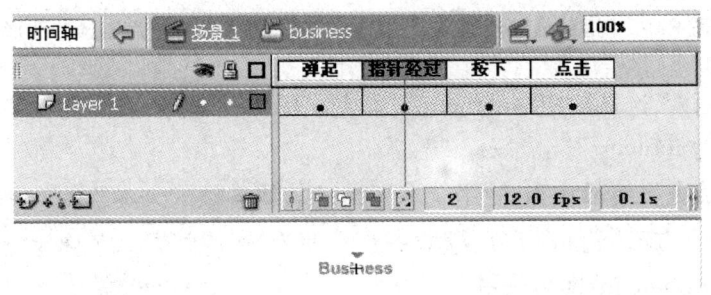

图 9-3-6　按钮"business"中的文本

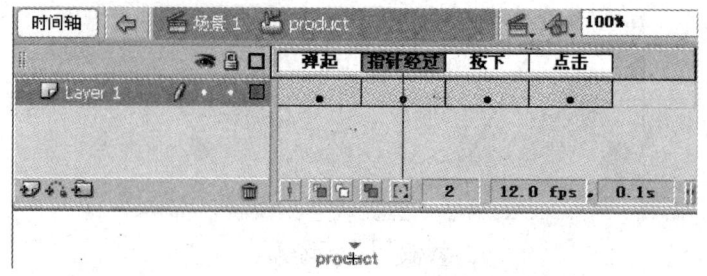

图 9-3-7 按钮"product"中的文本

（11）回到主场景，分别将按钮"company"、"bussiness"、"product"拖至菜单栏上，如图 9-3-8 所示。

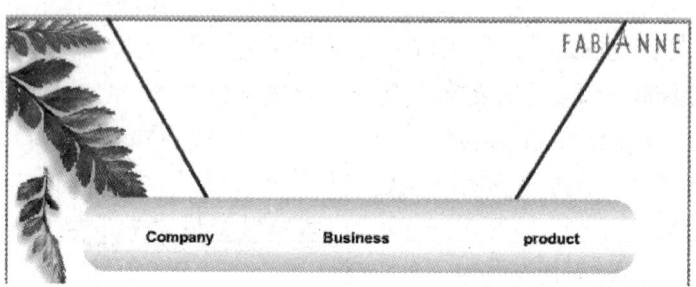

图 9-3-8 按钮的位置

Step3 接着我们来编辑子菜单。

（1）执行"插入/新建元件"命令，建立一个类型为"按钮"、名称为"submenu"的元件。

（2）进入元件编辑状态，单击文本工具 **A**，设置字体为 Arial，颜色为黑色，字体大小为 12；在弹起帧输入静态文本"menu 1"。

（3）选择指针经过帧，按 F6 键插入关键帧，将文本颜色改为紫色，如图 9-3-9 所示。

（4）选择点击帧，按 F6 键插入关键帧，使用矩形工具 **Q**，在文本区域绘制一个矩形，如图 9-3-10 所示。

图 9-3-9 指针经过帧的文本   图 9-3-10 点击帧的图形

（5）打开库面板，选择按钮"submenu"，点击鼠标右键选择"直接复制"，在弹出对话框中将元件名称改为"submenu 1"。

（6）双击元件进入编辑状态，使用文本工具 **A**，将各帧的文本改为"menu 2"。

（7）执行"插入/新建元件"命令，建立一个类型为"影片剪辑"、名称为"1"的元件。

（8）将按钮"submenu"拖至场景。

（9）选择第 5 帧，按 F6 键插入关键帧。

（10）回到第 1 帧，选中按钮实例，展开属性面板，将 Alpha 值设为 0%。

（11）选择第 1 帧，展开属性面板，创建动画补间，如图 9-3-11 所示。

（12）单击时间轴上的插入图层按钮 ，添加新层。

（13）将按钮"submenu1"拖至文本"menu 1"的正下方。

（14）使用同样的方法制作文本淡入的动画。

（15）调整图层 2 的第 1 帧，将它后移 2 帧。

（16）选中图层 1 的第 7 帧，按 F5 键插入帧，如图 9-3-12 所示。

（17）选择图层 2 的第 7 帧，添加 stop() 语句，停止播放动画，如图 9-3-13 所示。

（18）返回主场景，单击时间轴上的插入图层按钮 ，添加新层。

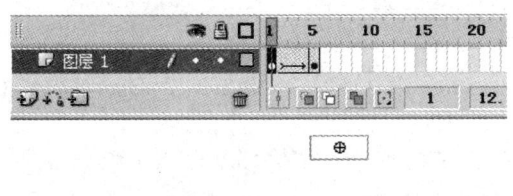

图 9-3-11　制作动画补间动画

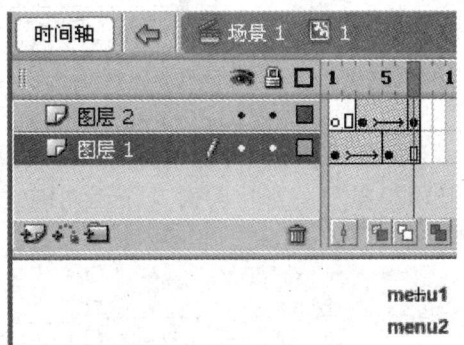

图 9-3-12　效果图

（19）选择第 2 帧，按 F6 键插入关键帧；使用矩形工具 ，在文字"company"所在区域绘制一个笔触颜色为无，填充颜色为紫色的矩形。

（20）打开混色器面板，将填充颜色的 Alpha 值设为 50%，如图 9-3-14 所示。

图 9-3-13　添加 stop() 动作

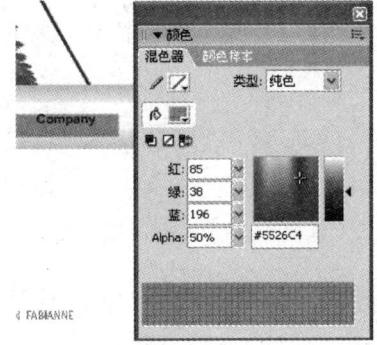

图 9-3-14　调整填充颜色的 Alpha 值

（21）使用移动工具 ，略微调整矩形下边线的弧度，如图 9-3-15 所示。

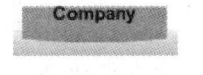

图 9-3-15　调整弧度

（22）选择第 10 帧，按 F6 键插入关键帧，使用任意变形工具 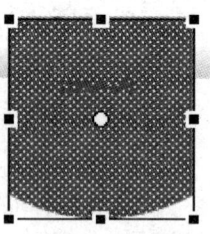，向下拉伸图形，如图9-3-16所示。

（23）回到第 1 帧，展开属性面板制作形状补间，如图 9-3-17 所示。

图 9-3-16　拉伸图形

（24）单击时间轴上的插入图层按钮 ⊕，添加新层。

（25）选择第 10 帧，按 F6 键插入关键帧，从库面板中将影片剪辑"1"拖至如图 9-3-18 所示的位置。

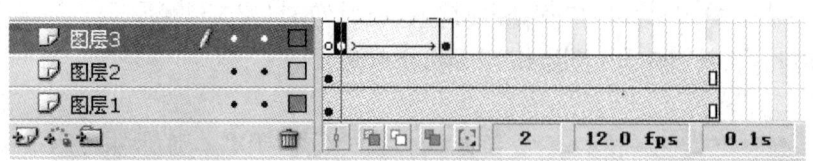

图 9-3-17　时间轴窗口

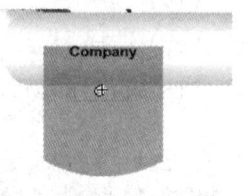

图 9-3-18　元件实例的位置

（26）参照步骤 18～25 制作另外两组图形的形变动画，分别将动画的第 1 帧移至第 11 帧和第 20 帧并将影片剪辑"1"拖至相应位置，如图 9-3-19 所示。

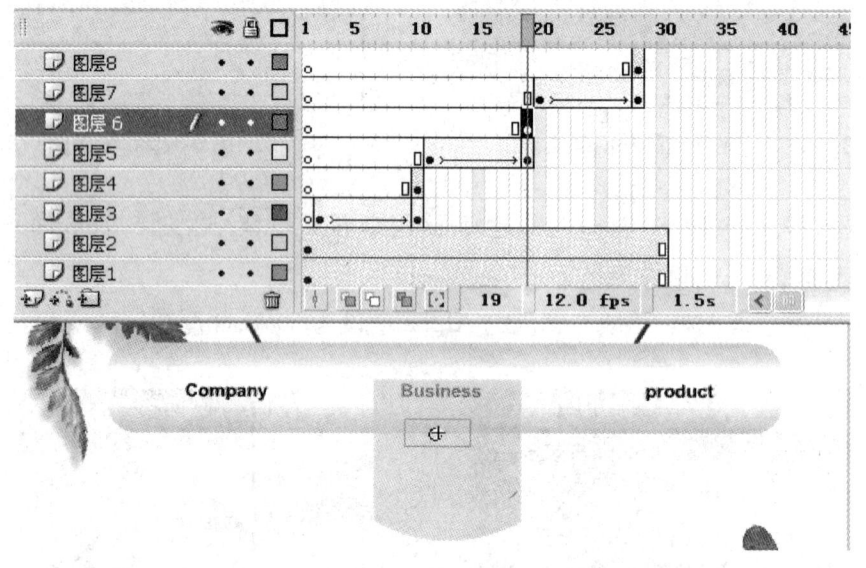

图 9-3-19　效果图

Step 4　最后我们来添加动作。

（1）分别选择图层 1 的第 1 帧，图层 4 的第 10 帧，图层 6 的第 19 帧，图层 8 的第 28 帧，展开动作面板，添加 stop()语句停止播放主时间轴的动画。

（2）选择按钮"company"的实例，展开动作面板，添加动作，如图 9-3-20 所示。

图 9-3-20 按钮"company"实例的动作

语句注释：

on(rollOver){

//光标移至按钮上触发动作

gotoAndPlay(2);

//跳转到第 2 帧播放

}

(3) 选择其他两个按钮实例,添加动作。如图 9-3-21、9-3-22 所示。

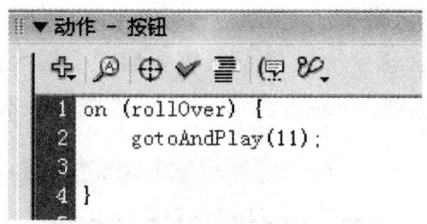

图 9-3-21 按钮"bussiness"实例的动作

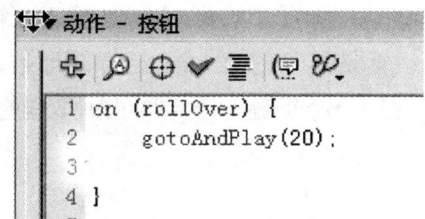

图 9-3-22 按钮"product"实例的动作

(4) 测试动画,并以文件名"9.3.2 Menu. fla"保存。

9.3.3 小试身手——Loading

设计结果

下载过程中,有一个颜色渐变的进度条。下载完毕,进度条消失,播放动画。如图 9-3-23、9-3-24所示。

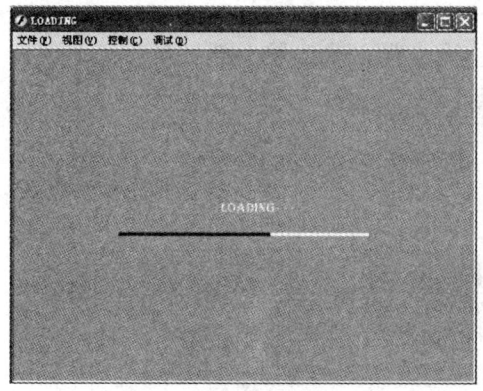

图 9-3-23 进度条

图 9-3-24 下载的动画

设计思路

（1）制作进度条形状补间动画。

（2）制作下载的动画。

（3）添加代码。

操作提示

（1）创建一个新的 Flash 文档,设置舞台大小为550×400 像素,背景为橘黄色。

（2）创建一个名为"loading"的影片剪辑元件。

（3）进入元件编辑状态,使用矩形工具![矩形工具] ,在场景中绘制一个笔触颜色为无的白色矩形条。

（4）使用文本工具![文本工具] ,在矩形条上方输入文本"LOADING"。

（5）使用刷子工具![刷子工具] ,在文本旁绘制 3 个小点,如图 9-3-25 所示。

（6）在第 100 帧处插入帧,使动画持续 100 帧。

（7）新建图层 2,复制图层 1 绘制的矩形条,选择图层 2 的第 1 帧,执行"编辑/粘贴到当前位置"命令。

（8）分别在图层 2 的第 40 帧和第 100 帧插入关键帧。

（9）回到图层 2 的第 1 帧,选择矩形条,使用任意变形工具![任意变形工具] ,将变形中心移至最左端。

（10）按 Ctrl+T 键打开变形面板,取消约束复选框,将横向比例设为 0%,如图 9-3-26 所示。

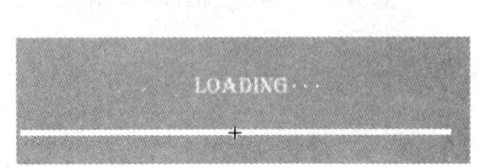

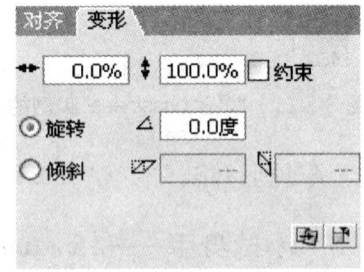

图 9-3-25　效果图　　　　　　　　图 9-3-26　设置变形面板

（11）分别将第 1 帧、第 40 帧、第 100 帧的矩形条颜色改为绿色、蓝色、红色。

（12）回到第 1 帧,展开属性面板,创建形状补间动画,如图 9-3-27 所示。

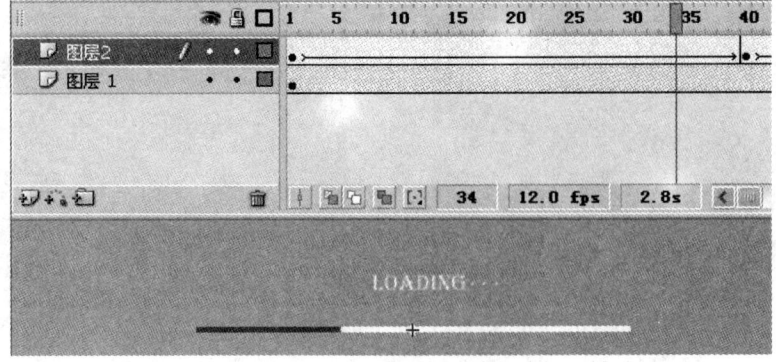

图 9-3-27　形状补间动画

（13）创建一个名为"flash"的影片剪辑元件。

（14）使用文本工具 **A**，在场景中输入文本"FLASH"。

（15）制作文本旋转的动画。

（16）新建 3 个图层，复制图层 1 的旋转动画到 3 个图层中，并依次向后调整每层之间的帧间隔为 2 帧，如图 9-3-28 所示。

（17）调整每层文本的 Alpha 值，逐层降低 20%，如图 9-3-28 所示。

（18）返回主场景，将影片剪辑"loading"拖至主场景；利用对齐面板使其相对于舞台中心对齐。

图 9-3-28　效果图

（19）展开属性面板，定义实例名为"bar"。

（20）选择第 8 帧，按 F7 键插入空白关键帧。

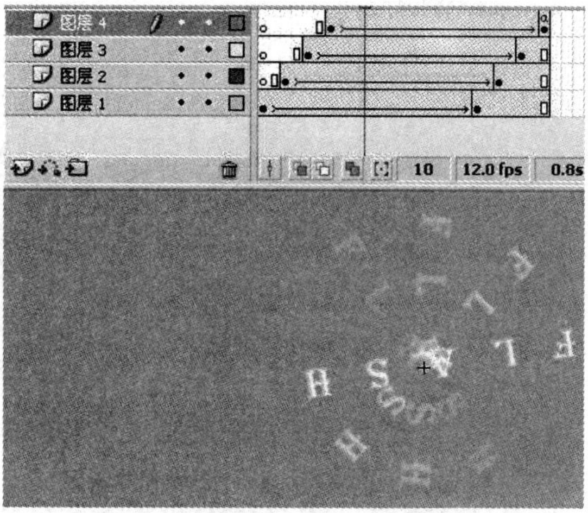

（21）将影片剪辑元件"flash"拖至主场景，利用对齐面板使其相对于舞台中心对齐。

（22）添加新层，选择第 1 帧，添加如下动作。

```
loaded=_root. getBytesLoaded();
//定义变量 loaded,设置它的值为动画已经下载的字节数
total=_root. getBytesTotal();
//定义变量 total,设置它的值为动画总的数据量
p=int(loaded/total*100);
//定义变量 p,设置它的值为已经下载的数据量的比例
bar. gotoAndStop(p);
//定义进度条播放到与下载比例相对应的帧。因为动画长度为 100 帧,因此正
好与下载比例相匹配
```

小贴士

MovieClip. getBytesLoaded()方法：返回一个整数，指示动画已经加载的字节数。

MovieClip. getBytesTotal()方法：返回一个整数，指示动画总的数据量（以字节为单位）。

（23）在第 2 帧插入关键帧，添加如下动作。

```
if(loaded==total){
    gotoAndPlay(3);
}
//如果已下载的字节数等于总的字节数,就跳到第 3 帧播放
else{
```

二维动画制作　Flash 8.0

```
            gotoAndPlay(1);
        }
        //否则,跳回第1帧继续下载动画
```

(24) 选择图层 2 的第 3 帧插入关键帧。

(25) 使用文本工具 ,在进度条的右侧输入"100％",如图 9-3-29 所示。

图 9-3-29　文本"100％"

(26) 选择图层 2 的第 8 帧插入关键帧,添加 stop()语句停止播放主时间轴动画。

小贴士

　　由于 stop()语句只是停止播放主时间轴的动画,所以它并不影响主场景中影片剪辑的播放。因此当主时间轴动画播放到第 8 帧就会停止,而影片剪辑"flash"会照常播放。

(27) 测试动画,并以文件名"9.3.3Loading. fla"保存。

小贴士

　　选择"控制/测试影片"命令,不能看到下载进度,需要模拟网络环境,选择"视图/下载设置/14.4(1.2 KB/s)"。

9.4　浏览器与网络语句——fscommand 和 getURL

9.4.1　知识点和技能

● **fscommand( )**

fscommand()可使 SWF 文件与 Flash Player 或承载 Flash Player 的程序(如 Web 浏览器)进行通讯。还可以使用 fscommand()函数将消息传递给 Macromedia Director,或者传递给 Visual Basic、Visual C++和其他可承载 ActiveX 控件的程序。

fscommand()函数有两个参数:command 和 arguments。若要使用 fscommand()将消息发送给 Flash Player,必须使用预定义的命令和参数。下表列出了可以为 fscommand()函数的 command 参数和 arguments 参数指定的值。这些值控制在 Flash Player 中播放的 SWF 文件,包括放映文件。

Command	Arguments	目　　　　的
quit	无	关闭播放器
fullscreen	true 或 false	指定 true 将 Flash Player 设置为全屏模式。指定 false 使播放器返回标准菜单视图
allowscale	true 或 false	指定 false 设置播放器始终按 SWF 文件的原始大小绘制 SWF 文件,不进行缩放。指定 true 强制 SWF 文件缩放到播放器的 100％大小
showmenu	true 或 false	指定 true 启用整个上下文菜单项集合。指定 false 使除"设置"和"关于 Flash Player"外的所有上下文菜单项变暗
exec	应用程序的路径	在播放器内执行应用程序

可用性:

◆ 表中描述的命令在 Web 播放器中都不可用。

◆ 所有这些命令在独立的应用程序(例如放映文件)中都可用。

◆ 只有 allowscale 和 exec 在测试影片播放器中可用。

◆ exec 命令只能包含字符 A-Z、a-z、0-9、句号(.)和下划线(_)。exec 命令仅在 fscommand 子目录中运行。也就是说,如果使用 exec 命令调用应用程序,该应用程序必须位于名为 fscommand 的子目录中。exec 命令只在 Flash 放映文件内起作用。

例:

```
on(release){
  fscommand("fullscreen", "true");
}
```

//按钮释放时将 SWF 文件缩放至整个显示器屏幕大小

● **getURL( )**

getURL(url, window, method)将来自特定 URL 的文档加载到窗口中,或将变量传递到位于所定义的 URL 的另一个应用程序。若要测试此函数,请确保要加载的文件位于指定的位置。若要使用绝对 URL(例如 http://www.myserver.com),则需要网络连接。

参数:

url:可从该处获取文档的 URL。

window:可选参数,指定应将文档加载到其中的窗口或 HTML 帧。可输入特定窗口的名称,或从下面的保留目标名称中选择:

_self 指定当前窗口中的当前帧。

_blank 指定一个新窗口。

_parent 指定当前帧的父级。

_top 指定当前窗口中的顶级帧。

method:可选参数,用于发送变量的 GET 或 POST 方法。如果没有变量,则省略此参数。GET 方法将变量附加到 URL 的末尾,它用于发送少量的变量。POST 方法在单独的 HTTP 标头中发送变量,它用于发送长字符串的变量。

例：

◆ 链接到网页。

```
on(press){
    getURL("http://www. baidu. com")
}
```
　　//按下按钮，链接到百度首页

◆ 发送邮件：利用 getURL( )发送邮件，必须使用关键字"mailto"，后面加上目标邮箱地址。

```
on(press){
    getURL("mailto:hy163. com")
}
```
　　//按下按钮，将出现一个收件人已设置为"hy163.com"的邮件编写窗口

◆ 与 JavaScript 连用。

```
on(press){
    getURL("javascript:alert('you clicked me ')");
)
```
　　//按下按钮，弹出警告框，警告文本为"you clicked me"

9.4.2　范例——菜单项的设置

设计结果

　　通过对屏幕上三个菜单项的设置，用户可以自主选择是否全屏显示，是否隐藏菜单，是否调整 swf 文件的显示比例。如图 9-4-1 所示。

图 9-4-1　"菜单项的设置"效果图

设计思路

（1）添加菜单项文本。

（2）绘制按钮。

（3）创建影片剪辑制作动画，并添加代码实现功能。

范例解题引导

Step1　首先我们来添加菜单项文本。

（1）创建一个新的 Flash 文档，设置舞台大小为 550×400 像素，背景为白色。

（2）执行"文件/导入/导入到库"命令，将素材"9. 4. 2a. jpg"导入到库中。

（3）将"9. 4. 2a. jpg"从库中拖入主场景，利用对齐面板使其中心与舞台中心对齐，如图

9-4-2 所示。

（4）选择文本工具 **A**，在属性面板中设置字体为 Algerian，颜色为蓝色，字体大小为 38。

（5）在场景中输入文本"SETTINGS"并将它移至适当位置，如图 9-4-3 所示。

图 9-4-2　背景图

图 9-4-3　静态文本"SETTINGS"

（6）选择文本工具 **A**，在属性面板中设置字体为 Britannic Bold，颜色为白色，字体大小为 32。

（7）在"SETTINGS"的下方输入文本"fullscreen"，如图 9-4-4 所示。

（8）切换到滤镜面板，单击添加滤镜按钮 💬，添加发光效果。

（9）对相关选项进行设置，如图 9-4-5 所示。

图 9-4-4　静态文本"fullscreen"

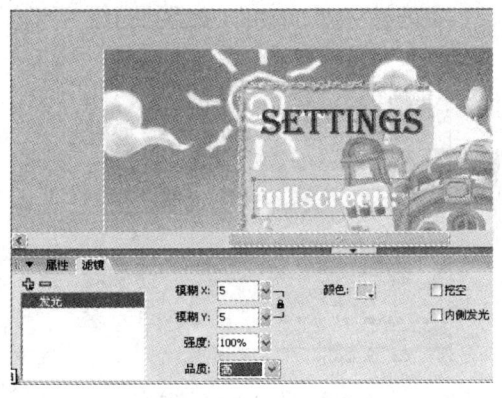

图 9-4-5　选项设置

（10）参照"fullscreen"的制作方法，制作其余两个菜单项"showmenu"和"allowscale"。

> **Step2**　接着我们来绘制按钮。

（1）执行"插入/新建元件"命令，建立一个类型为"按钮"、名称为"ON"的元件。

（2）进入元件的编辑状态，选择文本工具 **A**，在属性面板中设置字体为 Colonna MT，颜色为红色，字体大小为 32。

（3）在弹起帧输入文本"ON"，如图 9-4-6 所示。

（4）在指针经过帧按 F6 键插入关键帧，将文本调整为绿色，如图 9-4-7 所示。

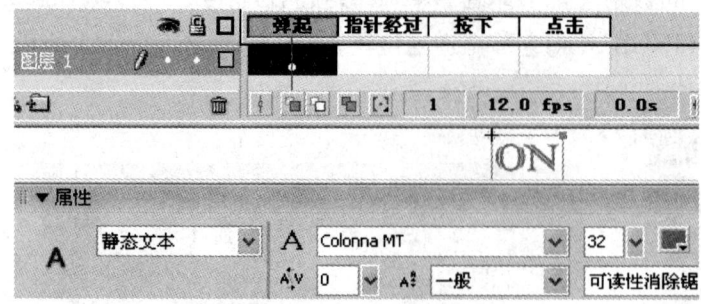

图 9-4-6　弹起帧的文本　　　　　　　　　　图 9-4-7　指针经过帧的文本

（5）参照按钮"ON"的制作方法，制作按钮"OFF"。

Step3　最后我们要创建影片剪辑制作动画，并通过添加代码来实现功能。

（1）执行"插入/新建元件"命令，建立一个类型为"影片剪辑"、名称为"fullscreen"的元件。

（2）进入元件的编辑状态，选中第 1 帧，展开动作面板添加 stop( )语句，如图 9-4-8 所示。

（3）将"OFF"按钮拖至场景中，利用对齐面板使其相对于舞台中心对齐。

（4）为按钮添加动作，如图 9-4-9 所示。

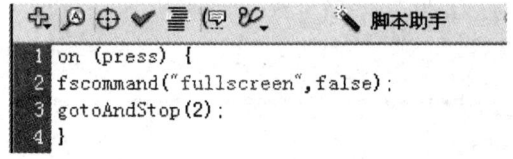

图 9-4-8　添加 stop( )语句　　　　　　　图 9-4-9　"OFF"按钮的动作

语句注释：

```
on(press){
fscommand("fullscreen", false);
//退出全屏模式
gotoAndStop(2);
//跳转并停留在第 2 帧
}
```

（5）按 F6 键插入关键帧，将按钮"ON"拖至场景中，利用对齐面板使其相对于舞台中心对齐。

（6）为按钮添加动作，如图 9-4-10 所示。

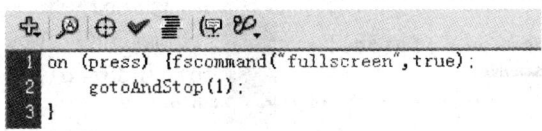

图 9-4-10 "ON"按钮的动作

语句注释：

```
on(press){
fscommand("fullscreen", true);
//设置为全屏模式
gotoAndStop(1);
//跳转并停留在第1帧
}
```

（7）右击库面板中的"fullscreen"影片剪辑，在弹出菜单中执行"直接复制"命令，如图 9-4-11所示。

（8）在弹出对话框中将其名称改为"showmenu"，如图 9-4-12 所示。

图 9-4-11 复制影片剪辑

图 9-4-12 设置元件名称

（9）双击该元件进入编辑状态，选中第 1 帧的"OFF"按钮，展开动作面板，修改相应代码，如图 9-4-13 所示。

语句注释：

```
fscommand("showmenu", false);
//隐藏菜单
```

（10）选中第 2 帧的"ON"按钮，展开动作面板，修改相应代码，如图 9-4-14 所示。

语句注释：

```
fscommand("showmenu", true);
//显示菜单
```

二维动画制作 Flash 8.0

```
1  on (press) {
2      fscommand("showmenu",false);
3      gotoAndStop(2);
4  }
```

图 9-4-13　"OFF"按钮的动作

```
1  on (press) {
2  fscommand("showmenu",true);
3  gotoAndStop(1);
4  }
```

图 9-4-14　"ON"按钮的动作

（11）使用相同的方法再复制一个影片剪辑元件，取名为"allowscale"。

（12）双击该元件进入编辑状态，分别修改"ON"和"OFF"按钮的相应代码，如图 9-4-15、9-4-16 所示。

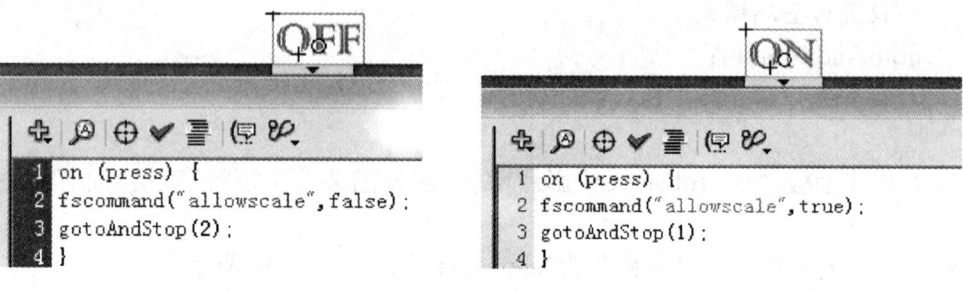

```
1  on (press) {
2  fscommand("allowscale",false);
3  gotoAndStop(2);
4  }
```

图 9-4-15　"OFF"按钮的动作

```
1  on (press) {
2  fscommand("allowscale",true);
3  gotoAndStop(1);
4  }
```

图 9-4-16　"ON"按钮的动作

语句注释：

fscommand("allowscale", true);

//将 SWF 影片强制缩放到播放器的 100％ 大小

fscommand("allowscale", false);

//保持影片的原始大小

（13）返回主场景，分别将"fullscreen"、"show-menu"、"allowscale"影片剪辑拖至相应位置，如图 9-4-17所示。

（14）选中第 1 帧，添加动作，如图 9-4-18 所示。

```
1  fscommand("fullscreen",true);
```

图 9-4-18　第 1 帧代码

图 9-4-17　各影片剪辑实例所处的位置

（15）测试动画，并以文件名"9.4.2 菜单项的设置.fla"保存。

9.4.3 小试身手——导航栏

设计结果

    屏幕上有一组导航栏,点击某个导航按钮,就能跳转到相应网页。如图9-4-19所示。

设计思路

    (1)利用绘图工具绘制导航按钮。

    (2)制作导航按钮特效。

    (3)添加 getURL()语句实现超链接和发送邮件功能。

操作提示

    (1)创建一个新的 Flash 文档,设置舞台大小为 500×380 像素,背景为白色;将素材"9.4.3a.jpg"导入到库。

图9-4-19 "导航栏"效果图

    (2)创建一个名为"frame"的图形元件。

    (3)进入元件编辑状态,使用矩形工具 和混色器面板绘制如图 9-4-20 所示的图形。

    (4)添加新层,在绘制的矩形区域内,输入"+"。

    (5)按 Alt 键,复制出四个"+",将它们组合成如图 9-4-21 所示的图形。

图9-4-20 绘制矩形

图9-4-21 组合后的图形

    (6)创建一个名为"homepage"的影片剪辑文件。

    (7)进入元件编辑状态,将"frame"元件拖至场景中。选中第 10 帧,按 F5 键插入帧,使动画持续 10 帧。

    (8)新建图层 2,使用矩形工具 ,绘制一个笔触颜色为无的白色矩形。

    (9)选中矩形填充颜色,打开混色器面板,将它的 Alpha 值调至 50%,如图9-4-22 所示。

图9-4-22 调整填充颜色的 Alpha 值

    (10)选择第 5 帧和第 10 帧,按 F6 键插入关键帧。

    (11)回到第 1 帧,单击任意变形工具 ,将变形中心调至矩形最右端。

    (12)按 Ctrl+T 键,打开变形面板,取消勾选"约束"复选框,将宽度设为 0%,如图

9-4-23 所示。

（13）将第 1 帧的内容复制到第 10 帧，如图 9-4-24 所示。

图 9-4-23　设置变形面板

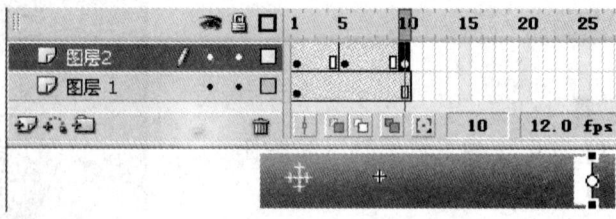

图 9-4-24　第 10 帧的图形

（14）分别选择第 1 帧和第 5 帧，展开属性面板，制作形状补间动画，如图 9-4-25 所示。

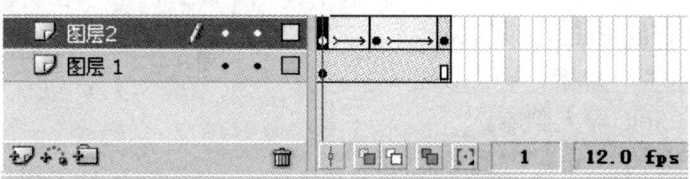

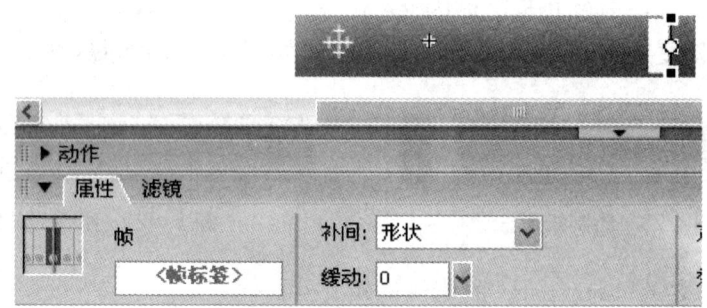

图 9-4-25　制作形状补间动画

（15）新建图层 3，使用文本工具 **A**，在所绘制的矩形区域内输入"homepage"并调整它的位置，如图 9-4-26 所示。

（16）选择第 5 帧和第 10 帧，按 F6 键插入关键帧。

（17）回到第 5 帧，按 Shift 键，将文本水平向右移，如图 9-4-27 所示。

图 9-4-26　输入静态文本

图 9-4-27　移动文本

（18）分别选择第 1 帧和第 5 帧，展开属性面板，制作动画补间动画，如图 9-4-28 所示。

二维动画制作 Flash 8.0

(19) 创建一个名为"button"的按钮元件,进入元件编辑状态,选中点击帧,按 F6 键插入关键帧。

(20) 使用矩形工具 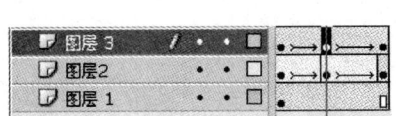,根据元件"frame"中矩形的大小,绘制一个矩形,如图 9-4-29 所示。

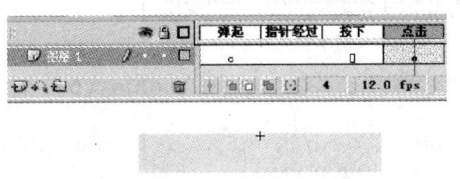

图 9-4-28　制作动画补间动画　　　　　图 9-4-29　点击帧中的矩形

(21) 双击影片剪辑"homepage"进入编辑状态。

(22) 新建图层 4,从库中将按钮"button"拖至场景,使它覆盖已有的矩形,如图 9-4-30 所示。

图 9-4-30　按钮的位置

(23) 选中按钮,展开动作面板,添加动作。

```
on(rollOver){
        gotoAndPlay(2);
}
//鼠标滑过按钮时,跳到第 2 帧播放
    on(rollOut){
        gotoAndPlay(6);
    }
//鼠标滑出按钮区域时,跳到第 6 帧播放
  on(press){
      getURL("http://www.cityflower.net");
    }
//按下鼠标时,跳转到 www.cityflower.net
```

(24) 新建图层 5,分别选择第 1 帧、第 5 帧,添加 stop()语句停止播放动画。

(25) 选中库中的影片剪辑"home",执行"直接复制"命令,执行两次分别取名为"link"和"mail"。

(26) 双击影片剪辑"mail"进入编辑状态,分别选择第 1 帧、第 5 帧、第 10 帧的图形元件"homepage",执行"修改/分离"命令,将其转化成普通文本。

(27) 使用文本工具 **A**,将文本修改为"mail",如图 9-4-31 所示。

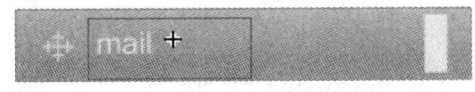

图 9-4-31　修改文本

(28) 选中按钮,展开动作面板,修改部分语句。

```
on(rollOver){
        gotoAndPlay(2);
}
on(rollOut){
        gotoAndPlay(6);
    }
on(press){
    getURL("mailto:aa@163.com");
}
//按下鼠标时,可发送邮件到目标邮箱
```

(29) 使用同样的方法编辑影片剪辑"link",并为按钮添加相应代码。

```
on(rollOver){
    gotoAndPlay(2);
}
on(rollOut){
    gotoAndPlay(6);
}
on(press){
    getURL("http://www.hq00365.com");
}
```

(30) 返回主场景,将"9.4.3a.jpg"拖至主场景,利用对齐面板使其相对于舞台中心对齐。

(31) 分别将影片剪辑"homepage"、"mail"、"link"拖至主场景。

(32) 调整它们的位置,形成阶梯状。

(33) 测试动画,并以文件名"9.4.3 导航栏.fla"保存。

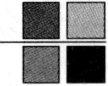

第 10 章　ActionScript 进阶

10.1　条件语句——if/if ... else/if ... else if

10.1.1　知识点和技能

在 ActionScript 中,条件语句起着判断控制的作用,它是基本的语句类型,是 Action-Script 灵活控制动画的重要语句,条件语句基本可以分为以下 3 种:if, if ... else 和 if ... else if。

● **if 语句**

```
if(conditions) {
statement(s);
}
```

对条件进行判断,如果条件为 true,则 Flash 将运行条件后面大括号内的语句。如果条件为 false,则 Flash 将跳过大括号内的语句,而运行大括号后面的语句。

参数:

conditions:计算结果为 true 或 false 的表达式。

statement(s):条件满足所执行的语句。

例:

```
if(i>5){
//如果 i 大于 5
stop();
//停止播放动画
}
```

● **if ... else 语句**

```
if(conditions){
statement(s)1;
}
else{ statement(s)2;
}
```

对条件进行判断,如果条件为 true,则执行 statement(s)1 语句,否则,执行 statement(s)2 语句。

参数:

conditions:计算结果为 true 或 false 的表达式。

statement(s)1:条件满足所执行的语句。

statement(s)2:条件不满足所执行的语句。

二维动画制作 Flash 8.0

例：

```
if(this._x<0){
//如果 x 轴的坐标值小于 0
this._x=0
//设置 x 轴坐标值等于 0
}
else{
//如果不满足条件
This._x=this._x-5
//设置 x 轴坐标值减少 5
}
```

- **if ... else if 语句**

```
if(condition(s)1){
statement(s)1;
}elseif(condition(s)2){
Statement(s)2;
}
```

如果条件 condition(s)1 满足,则执行 statement(s)1 语句;如果 condition(s)1 不满足, 但 condition(s)2 满足,则执行 statement(s)2 语句。

参数:

conditions:计算结果为 true 或 false 的表达式。

statement(s)1:条件 condition(s)1 满足所执行的语句。

statement(s)2:条件 condition(s)2 满足所执行的语句。

例：

```
if(this._x>=0){
//如果 x 轴的坐标值大于等于 0
this._x=0
//设置 x 轴坐标值等于 0
}
else if(this._x<=-500){
//如果 x 轴的坐标值小于等于-500
this._x=-500
//设置 x 轴坐标值等于-500
}
}
```

10.1.2　范例——按钮控制字幕滚动

设计结果

使用按钮能够控制字幕上下滚动。若滚动到上下极限位置,就不能再滚动。如

图 10-1-1 所示。

设计思路

（1）导入背景图片，输入背景文字。

（2）将文本复制到场景中，将其转换成影片剪辑元件，并添加遮罩层控制它的显示区域。

（3）制作按钮并通过 if 语句来控制文本的滚动方向。

图 10-1-1 "按钮控制字幕滚动"效果图

范 例 解 题 引 导

> **Step1** 首先我们来导入背景图片，输入背景文字。

（1）创建一个新的 Flash 文档，设置舞台大小为 560×460 像素，背景为白色。

（2）执行"文件/导入/导入到库"命令，将素材"10.1.2a.jpg"导入到库中。

（3）将"10.1.2a.jpg"从库中拖入主场景，利用对齐面板使其中心与舞台中心对齐。

（4）选择文本工具 **A**，展开属性面板设置字体为 Arial，颜色为暗红色，字体大小为 52，在场景中输入静态文本"LYRICS"，如图 10-1-2 所示。

图 10-1-2 设置静态文本属性

> **Step2** 接着我们将文本复制到场景中，将其转化成影片剪辑元件并添加遮罩层来控制它的显示区域。

（1）单击时间轴上的插入图层按钮 ，添加新层。打开素材"lyrics.txt"文件，将文本复制到主场景中。

（2）展开属性面板，设置文本字体为 Arial，颜色为暗红色，字体大小为 12，如图 10-1-3 所示。

（3）使用选择工具 ，将文本移到适当位置，如图 10-1-4 所示。

（4）按 F8 键打开"转换为元件"对话框，取名为"lyrics"，类型为"影片剪辑"，将文本转换成影片剪辑元件。

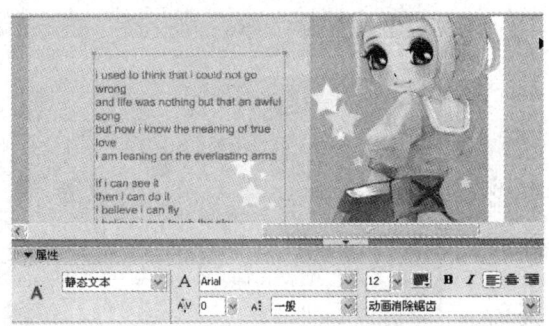
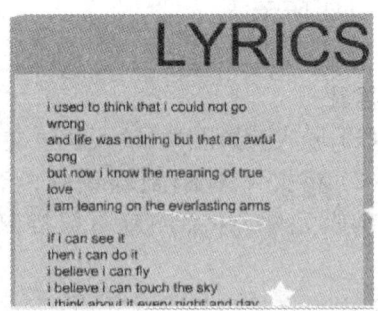

图 10-1-3　设置文本属性　　　　　　　　　图 10-1-4　文本的位置

（5）在主场景中选中该影片剪辑实例，展开属性面板取名为"lyrics"。

（6）双击该影片剪辑实例，进入编辑状态。

（7）按 Ctrl＋K 键打开对齐面板，使文本对象相对于舞台中心上对齐，如图 10-1-5 所示。

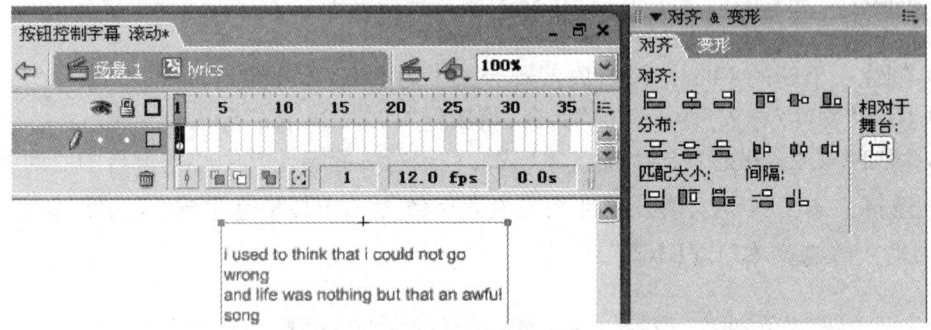

图 10-1-5　将文本相对于舞台中心上对齐

（8）返回主场景，单击时间轴上的插入图层按钮 ，添加新层。

（9）使用矩形工具 ，绘制一矩形，使其刚好覆盖背景图上的半透明矩形，如图 10-1-6 所示。

（10）在图层 3 的名称上右击鼠标，选择"遮罩层"命令，将图层 3 作为图层 2 的遮罩层，如图 10-1-7 所示。

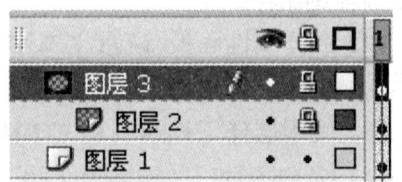

图 10-1-6　绘制的矩形　　　　　　　　　图 10-1-7　创建遮罩层

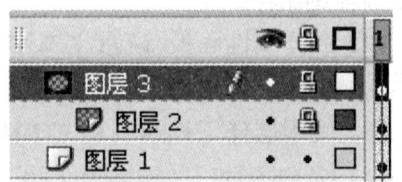

二维动画制作 Flash 8.0

Step3 最后我们来制作按钮,并通过为按钮添加代码来控制文本的滚动方向。

(1) 执行"插入/新建元件"命令,创建一个名为"button"的按钮元件。

(2) 双击该元件,进入编辑状态。

(3) 使用椭圆工具 ⊙ 按 Shift 键在弹起帧绘制一个笔触高度为 3,笔触颜色为暗红色,填充颜色为粉色的圆。

(4) 使用线条工具 ✏ ,单击选项面板中的贴紧至对象工具

图 10-1-8 绘制三角形

🧲 ,在圆中绘制一个笔触颜色和填充颜色都为暗红色三角形,如图 10-1-8 所示。

(5) 返回主场景,选择图层 1 的第 1 帧,将"button"元件拖入主场景中。

(6) 选择该元件实例,按 Alt+Shift 键,在垂直方向向上拖动鼠标,复制实例。

(7) 执行"修改/变形/垂直翻转"命令,垂直翻转复制出来的元件实例,如图 10-1-9 所示。

(8) 选择向上按钮,添加动作,如图 10-1-10 所示。

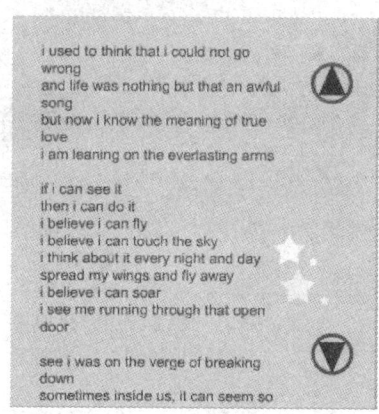

图 10-1-9 场景中的按钮实例

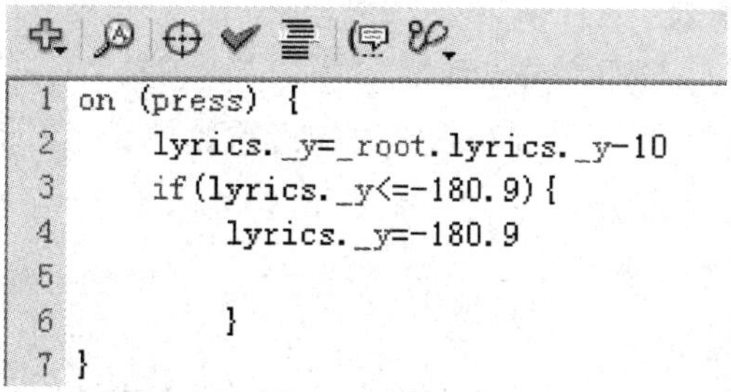

```
1  on (press) {
2      lyrics._y=_root.lyrics._y-10
3      if(lyrics._y<=-180.9){
4          lyrics._y=-180.9
5
6      }
7  }
```

图 10-1-10 向上按钮的动作

语句注释:

```
on (press) {
// 按下鼠标触发动作
lyrics._y=_root.lyrics._y-10
// 向上移动 10 个单位。注:越向上移动,y 轴坐标值越小
if(lyrics._y<=-180.9){
        lyrics._y=-180.9
            }
```

// If 语句控制文本上移的极限:如果 y 轴坐标小于等于-180.9,则设置它的 y 轴坐标为-180.9。这样就能保证字幕到达极限位置就不再滚动。当然这个极限位置不是固定的,根据你所放置字幕的位置不同会有不同的值

(9) 选择向下按钮,添加动作,如图 10-1-11 所示。

语句注释:

lyrics. _y=_root. lyrics. _y+10

// 向下移动 10 个单位

if(lyrics. _y>=82){

lyrics. _y=82

}

// If 语句控制文本下移的极限:如果 y 轴坐标大于等于 82,则设置它的 y 轴坐标为 82

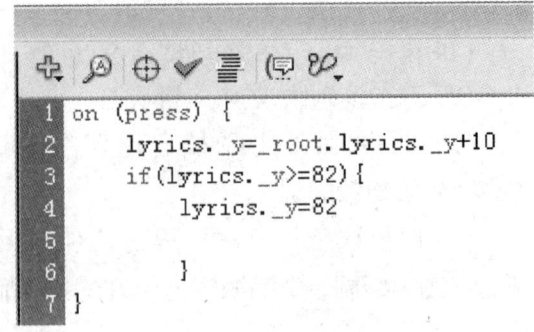

图 10-1-11　向下按钮的动作

(10) 测试动画,并以文件名"10. 1. 2 按钮控制字幕滚动. fla"保存。

10.1.3　小试身手——循环划变

设计结果

单击开始按钮开始划变,再次单击则反向划变,单击停止按钮则停止划变。如图 10-1-12 所示。

设计思路

(1) 制作遮罩动画。

(2) 利用 setMask()语句设置遮罩。

(3) 利用 if 语句控制划变方向。

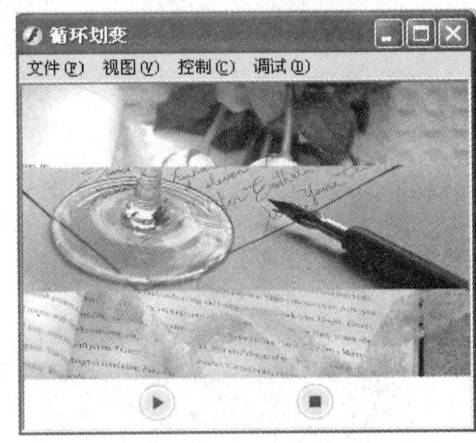

图 10-1-12　"循环划变"效果图

操作提示

(1) 创建一个新的 Flash 文档,设置舞台大小为 320×250 像素,背景为白色;将素材"10. 1. 3a. jpg"、"10. 1. 3b. jpg"导入到库中。

(2) 创建影片剪辑元件"mask",双击进入编辑状态。

(3) 利用矩形工具 绘制一矩形,结合变形面板制作矩形高度由 100%缩为 0%,再恢复到 100%的形变动画,如图 10-1-13 所示。

(4) 分别在第 1 帧和第 20 帧处添加 stop()语句,如图 10-1-13 所示。

(5) 回到主场景,将"10. 1. 3a. jpg"、"10. 1. 3b. jpg"拖至舞台。

(6) 按 F8 键分别将两张图片转换成名为"图 1"、"图 2"的影片剪辑元件。

(7) 将主场景中"图 1"的实例名称设置为"pic1","图 2"的实例名称设置为"pic2",如图 10-1-14、10-1-15 所示。

(8) 利用对齐面板使两个实例相对于舞台中心上对齐。

(9) 将影片剪辑"mask"拖至主场景并设置其实例名称为"mask1",如图 10-1-16 所示。

(10) 利用对齐面板使其相对于舞台中心上对齐,如图 10-1-16 所示。

图 10-1-13　形变动画和代码

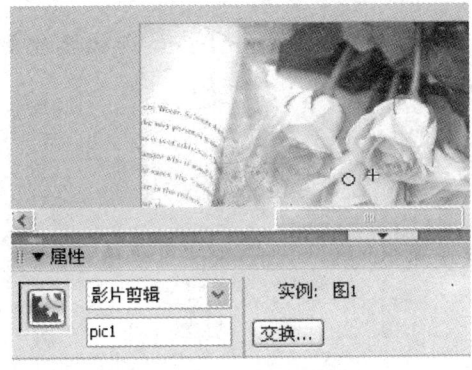

图 10-1-14　"图 1"的实例名称

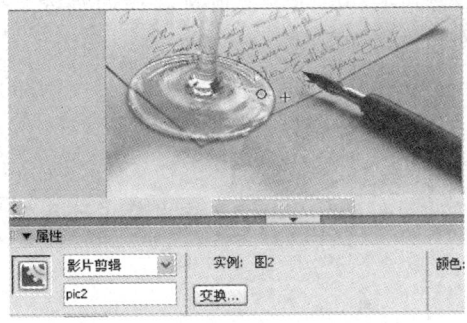

图 10-1-15　"图 2"的实例名称

(11) 执行"窗口/公用库/按钮"命令,打开按钮面板,从"playback"文件夹中选择"flat blue play"和"flat blue stop",将它们拖到舞台下方,如图 10-1-17 所示。

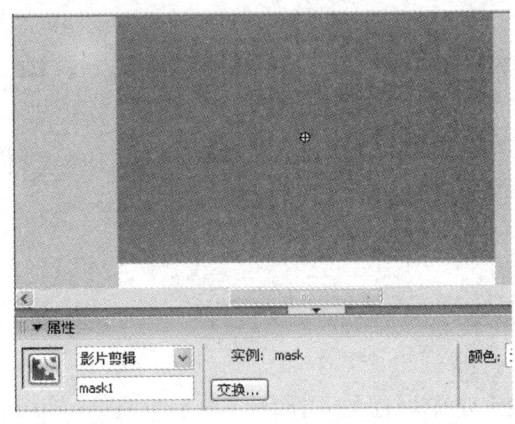

图 10-1-16　对齐实例

图 10-1-17　按钮

(12) 选中第 1 帧,添加如下动作。

pic2. setMask(mask1)

//将"mask1"作为影片剪辑实例"pic2"的遮罩

mask1._visible＝false

//使"mask1"实例不可见

小贴士

My_mc. setMask(mask_mc)用于将一个影片剪辑实例设置为另一个影片剪辑实例的遮罩。其中"my_mc"是被遮罩的影片剪辑实例的实例名,"mask_mc"是作为遮罩的影片剪辑实例的实例名。

(13) 选中"play"按钮,添加如下动作。

on (press) {

    f＝mask1._currentframe

//将"mask1"当前所在帧的编号赋予给变量 f。属性 currentframe 返回播放头所在的帧编号

    if(f==1||f==20||f==39){

    mask1. play()

}

//如果"mask1"当前在第 1 帧或第 20 帧或第 39 帧,则"mask1"正常播放

    else

    {

    mask1. gotoAndPlay(40-f)

            }

//否则就跳到"40-f"帧处播放,从而实现按原先相反方向划变的效果

}

(14) 测试动画,并以文件名"10.1.3 循环划变.fla"保存。

10.2 循环语句——for/while/do … while/for … in

10.2.1 知识点和技能

● for 语句

    for(init; condition; next) {

    statement(s);

    }

计算一次 init(初始化)表达式,然后开始一个循环序列。循环序列从计算 condition 表达式开始。如果 condition 表达式的计算结果为 true,将执行 statement(s)并计算 next 表达式。

然后循环序列再次从计算 condition 表达式开始。直到 condition 表达式的计算结果为 false,则跳过代码块,执行 for 语句后面的代码。

参数:

init:赋值表达式,为循环变量赋初值。

condition:循环的条件。

next:循环变量操作语句,增加或减少循环变量的值。

statement(s):循环条件满足时,执行的循环语句。

例:用 for 循环将从 1 到 100 的数字相加。

```
var sum:Number = 0;
//定义变量 sum,设置它的初始值为 0
for (var i:Number = 1; i <= 100; i++) {
//循环变量 i 的初值为 1,循环条件为 i<=100,每次执行完循环语句,i 的值递增
sum += i;
//变量 sum 的值增加 i
}
trace(sum);
//在输出面板中显示变量 sum 的值,也就是 1 到 100 的和
```

● **while 语句**

```
while(condition) {
statement(s);
}
```

在执行 statement(s)代码块之前,首先判断循环条件 condition,如果返回 true,则执行代码块。如果为 false,则跳过代码块,执行 while 语句块后面的语句。通常将循环变量的值作为 condition,在每个循环结尾递增或递减循环变量的值,直到达到指定值为止。此时,condition 不再为 true,循环结束。

参数:

condition:循环的条件。

statement(s):循环条件满足时,执行的循环语句。

例:while 语句用于测试表达式。在 i 的值小于 20 时,跟踪 i 的值。当条件不再为 true 时,循环将退出。

```
var i:Number = 0;
//定义循环变量 i,设置初始值为 0
while (i < 20) {
//循环条件为 i<20
trace(i);
//在输出面板中显示 i 的值
i += 3;
//循环变量 i 的值增加 3
}
```

● **do … while 语句**

```
do {
statement(s)
}
while (condition)
```

与 while 循环类似,不同之处是在对条件进行初始计算前执行一次语句。随后,仅当条件计算结果是 true 时执行语句。因此,do … while 循环确保循环内的代码至少执行一次。

参数:

condition:循环的条件。

statement(s):循环条件满足时,执行的循环语句。

例:使用 do … while 循环语句判断条件"myVar 大于 5"是否为 true,并一直跟踪 my-Var,直到 myVar 大于 5。当 myVar 大于 5 时,循环将结束。

```
var myVar:Number = 0;
//定义循环变量 myVar,设置初始值为 0
do {
trace(myVar);
//在输出面板中显示 myVar 的值
myVar++;
//变量 myVar 递增
}
while (myVar < 5);
//循环条件为 myVar<5
```

● **for … in 语句**

```
for (variableIterant in object) {
statement(s);
}
```

迭代对象的属性或数组中的元素,并对每个属性或元素执行 statement(s)。

注:所谓迭代就是遍历一个集合中的数据。

参数:

variableIterant:要作为迭代变量的变量的名称,迭代变量引用对象的每个属性或数组中的每个元素。

statement(s):循环条件满足时,执行的循环语句。

例:使用 for … in 迭代数组的元素。

```
var myArray:Array = new Array("one", "two", "three");
//创建数组 myArray,数组中有 3 个元素分别为"one", "two", "three"
for (var index in myArray) {
//遍历每个数组元素
trace("myArray["+index+"] = " + myArray[index]);
```

//在输出面板中显示 myArray[2] = three, myArray[1] = two, myArray[0] = one

```
}
```

10.2.2 范例——算一算

设计结果

  屏幕上逐渐显现一道算数题,按下"cal-culate"按钮后答案将出现在等号右侧。如图 10-2-1 所示。

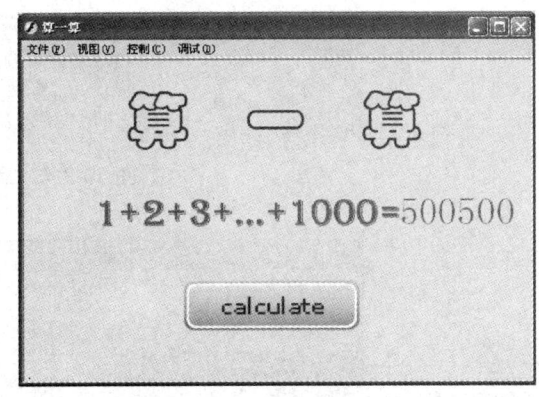

设计思路

  (1) 输入标题文本和算式。

  (2) 制作逐帧动画和动画补间动画。

  (3) 创建动态文本和按钮,并通过添加 for 语句计算出结果。

图 10-2-1 "算一算"效果图

范例解题引导

> **Step1** 首先我们来制作算式的文本。

  (1) 创建一个新的 Flash 文档,设置舞台大小为 550×350 像素,背景为淡蓝色。

  (2) 单击文本工具 **A**,设置字体为华文彩云,颜色为蓝色,字体大小为 67,在主场景中输入文本"算一算",如图 10-2-2 所示。

  (3) 单击时间轴上的插入图层按钮 ，新建图层 2。

  (4) 单击文本工具 **A**,设置字体为 Algerian,颜色为紫色,字体大小为 42,在标题文本"算一算"的下方输入算式,如图 10-2-3 所示。

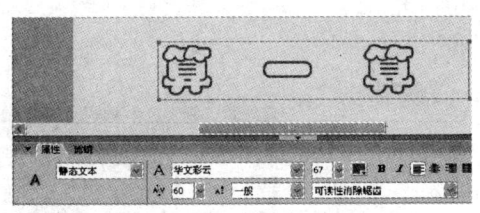

图 10-2-2 文本"算一算"

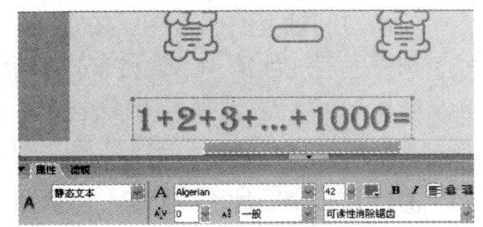

图 10-2-3 输入算式

> **Step2** 接着我们就来制作逐帧动画和动画补间动画。

  (1) 选择图层 2 的算式,执行"修改/分离"命令,将它拆分成一个个独立的文本。

二维动画制作 Flash 8.0

（2）每 4 帧插入一个关键帧,从右向左逐个删除文本,如图 10-2-4、10-2-5 所示。

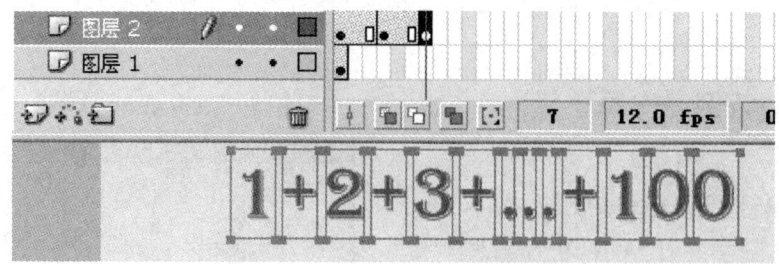

图 10-2-4　第 7 帧的删除效果

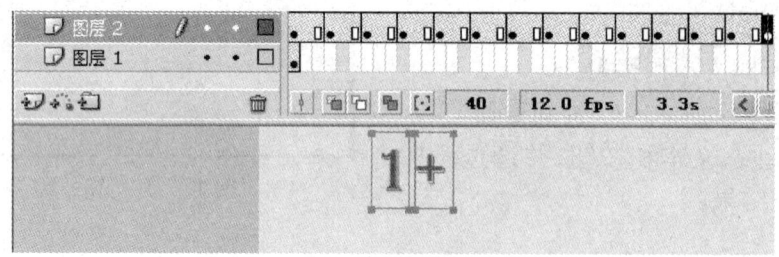

图 10-2-5　第 40 帧的删除效果

（3）选择图层 2 的所有帧,单击右键选择"翻转帧"命令,使动画翻转,如图 10-2-6 所示。

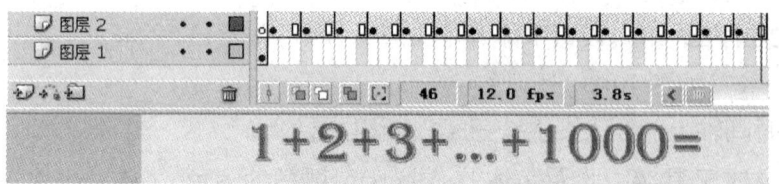

图 10-2-6　翻转动画

（4）单击时间轴上的插入图层按钮 ，新建图层 3。

（5）选择图层 3 的第 46 帧,按 F6 键插入关键帧。

（6）使用文本工具 **A**,在等号右侧输入问号,其属性与等号属性一致。

（7）选择第 54 帧,按 F6 键插入关键帧。

（8）回到第 46 帧,选择问号,按 Ctrl＋T 键打开变形面板,设置宽度和高度都为 0%,如图 10-2-7 所示。

（9）选择第 46 帧,展开属性面板,创建动画补间动画,设置选择旋转下拉菜单中的"顺时针"选项,次数为 1 次,如图 10-2-8 所示。

图 10-2-7　设置问号的宽和高

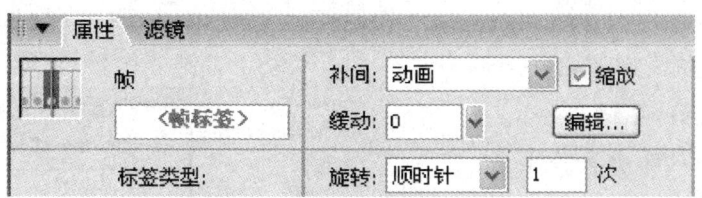

图 10-2-8　创建动画补间

Step3　最后我们来创建动态文本和按钮,并通过添加 for 语句计算出结果。

(1) 选择图层 3 的第 55 帧,按 F6 键插入关键帧。

(2) 选择场景中的问号,展开属性面板,设置文本类型为动态文本,变量为 answer,如图 10-2-9 所示。

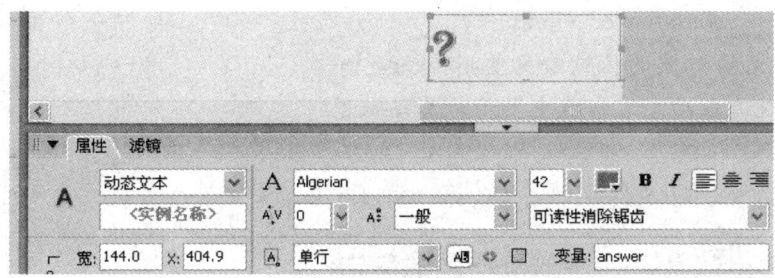

图 10-2-9　设置动态文本

小贴士

　　动态文本常用于存储变量,随着变量值的更改,文本框的内容也会随之改变,它是和用户产生互动的必备手段。有关动态文本的用法会在第 10.6 节做详细介绍。

(3) 按 Shift 键,同时选择图层 1 和图层 2 的第 55 帧,按 F5 键插入帧。

(4) 执行"窗口/公用库/按钮"命令,打开按钮面板,从"buttons rounded"文件夹中选择"rounded blue",将它拖到舞台下方。

(5) 双击按钮,进入编辑状态。

(6) 使用文本工具 ,将按钮文本改为"calculate",如图 10-2-10 所示。

(7) 回到主场景,选择按钮,使用任意变形工具 ，将按钮的比例放大,如图 10-2-11 所示。

图 10-2-10　修改文本

图 10-2-11　放大按钮

(8) 展开动作面板,为按钮添加如图 10-2-12 所示的动作。

语句注释:

on (press){

// 按下按钮,触发动作

    sum=0

// 定义变量 sum,设置它的初始值为 0

    for(i=1;i<=1000;i++){

// 设置循环变量 i 初始值为 1,循环条件为循环变量 i 的值小于等于 1000,每次执行完循环语句变量 i 的值递增

    sum=sum+i

// 变量 sum 的值等于它原来的值加变量 i

    }

    _root. answer=sum

// 将变量 sum 的值赋给变量 answer,这样就能在动态文本框中显示计算结果了

}

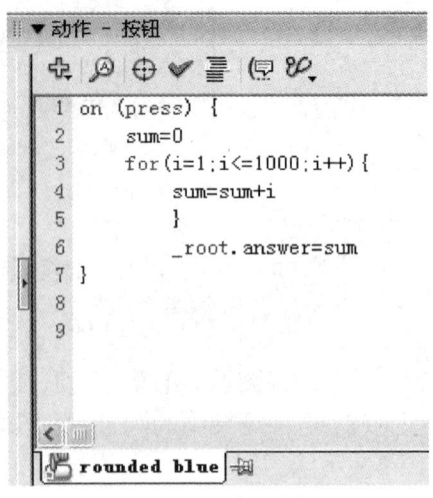

图 10-2-12　按钮的动作

(9) 测试动画,并以文件名"10.2.2 算一算. fla"保存。

10.2.3　小试身手——随机产生的气泡

设计结果

按下"bubble"按钮后,在屏幕上就会随机产生 50 个气泡。如图 10-2-13 所示。

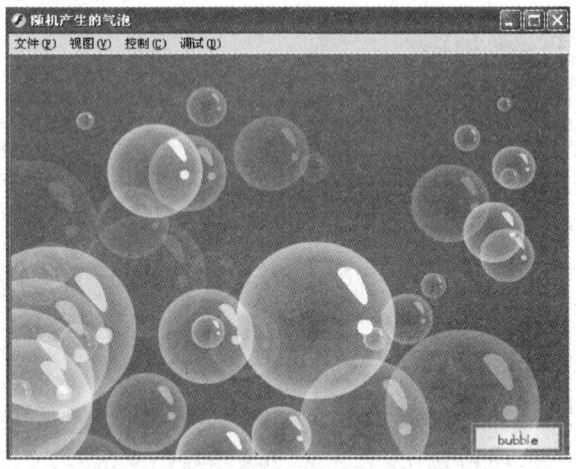

图 10-2-13　"随机产生的气泡"效果图

设计思路

(1) 利用绘图工具绘制气泡。

(2) 创建按钮。

(3) 通过添加 while( )语句、duplicate( )语句、setproperty( )语句复制气泡并设置属性。

操作提示

(1) 创建一个新的 Flash 文档,设置舞台大小为 550×400 像素,背景为紫色。

(2) 创建一个名为"气泡"的影片剪辑元件。

(3) 使用椭圆工具 、刷子工具 和混色器面板完成气泡的绘制,如图 10-2-14 所示。

(4) 回到主场景,将影片剪辑"气泡"拖至主场景外,展开属性面板定义实例名为"bub-

ble",如图 10-2-15 所示。

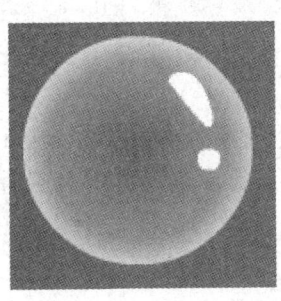

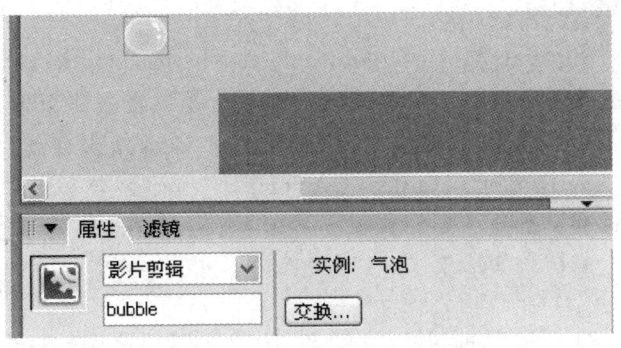

图 10-2-14　绘制气泡　　　　　　　　图 10-2-15　定义实例名

（5）执行"窗口/公用库/按钮"命令，打开按钮面板，从"buttons rect flat"文件夹中选择"rectangle flat blue"，将它拖到舞台下方。

（6）双击进入编辑状态，使用文本工具 ，将按钮文本改为"bubble"。

（7）回到主场景，选择按钮，添加如下代码。

```
on (press) {
    i=1;
//定义变量 i,设置初始值为 1
    while(i<=50) {
//设置循环条件为 i 小于等于 50
        duplicateMovieClip(bubble,"bubble"+i, i);
//复制实例"bubble",设置新实例名为"bubble"+i,深度为 i
        setProperty("bubble"+i, _x, Math. random()*500);
//设置新实例的 x 轴坐标值在 0～500 之间
        setProperty("bubble"+i, _y, Math. random()*350);
//设置新实例的 y 轴坐标值在 0～350 之间
        scale=Math. random()*150
//定义变量 scale,设置它的值在 0～150 之间
        setProperty("bubble"+i, _xscale, scale);
//设置新实例横向比例为变量 scale 的值
        setProperty("bubble"+i, _yscale, scale);
//设置新实例纵向比例为变量 scale 的值
        setProperty("bubble"+i, _alpha, Math. random()*100);
//设置新实例 Alpha 值在 0%～100%之间
    i++;
//变量 i 的值递增
    }
}
```

二维动画制作 Flash 8.0

duplicateMovieClip(target，newname，depth)语句用于复制影片剪辑,其中 target 为要复制影片剪辑的名称;Newname 为复制出来的新影片剪辑的名称;depth 表示复制出来的新影片剪辑的深度。具体用法会在 10.4 节做详细介绍。

SetProperty(target，property，value)语句用于设置影片剪辑属性值,其中 target 为要设置其属性的影片剪辑实例名称;property 为要设置的影片剪辑属性;value 为属性的值。具体用法会在 10.3 节做详细介绍。

(8) 测试动画,并以文件名"10.2.3 随机产生的气泡. fla"保存。

10.3　设置属性语句——setProperty

10.3.1　知识点和技能

● **setProperty(target，property，value)——用于设置影片剪辑的属性值**

参数:

target:要设置其属性的影片剪辑的实例名称。

property:要设置的属性。

value:属性值。

影片剪辑属性	说　明
_x	影片剪辑的横坐标
_y	影片剪辑的纵坐标
_alpha	影片剪辑的透明度
_rotation	影片剪辑的旋转角度
_xscale	影片剪辑的横向比例
_yscale	影片剪辑的纵向比例
_visible	影片剪辑的可见性

例:

　　　SetProperty("aa"，_visible，false)

　　　//设置影片剪辑示例"aa"不可见

● **getProperty(my_mc，property)——获取影片剪辑的属性值**

参数:

my_mc:要获取其属性的影片剪辑的实例名称。

property:影片剪辑的一个属性。

例:

　　　x＝getProperty("aa"，_x)

　　　//将影片剪辑实例 aa 的 x 坐标值赋给变量 x

10.3.2　范例——调皮的章鱼

设计结果

在海底世界中有只调皮的小章鱼,当鼠标触碰到它时,便会立即躲闪开。如图 10-3-1 所示。

图 10-3-1　"调皮的章鱼"效果图

设计思路

(1) 利用绘图工具绘制海底背景和气泡。

(2) 利用文本工具 A 输入背景文本。

(3) 将图片转换成按钮元件并添加动作。

范例解题引导

> **Step1**　首先我们来绘制海底背景和气泡。

(1) 创建一个新的 Flash 文档,设置舞台大小为 550×400 像素,背景为黑色;将素材 "10.3.2a. png"导入到库。

(2) 使用矩形工具 ,绘制一个与舞台大小一致的无边框的深蓝色矩形。

(3) 选择矩形填充颜色,点击"窗口/混色器",展开混色器面板,选择由深蓝色到浅蓝色的线性渐变,如图 10-3-2 所示。

(4) 使用填充变形工具 ,调整渐变方向为由上至下并将渐变中心稍稍上移,如图 10-3-3 所示。

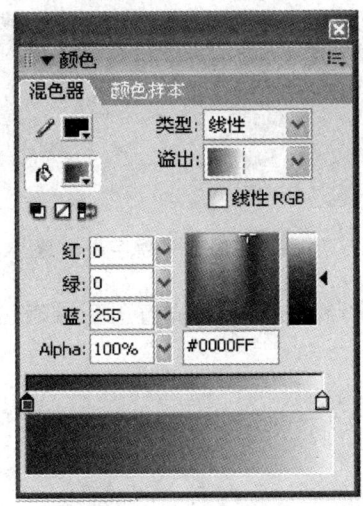

图 10-3-2　调整渐变色

图 10-3-3　调整渐变方向和渐变中心

（5）执行"插入/新建元件"命令，建立一个类型为"图形"、名称为"气泡"的元件。

（6）进入元件编辑状态，使用椭圆工具 ⭕，按 Shift 键绘制无边框的白色圆。

（7）选择圆形填充颜色，点击"窗口/混色器"，展开混色器面板，选择由白色透明到 Alpha 值为 80％的白色的放射性渐变。

（8）使用刷子工具 ✏，设置填充颜色为白色，在圆上绘制如图 10-3-4 的图形。

（9）回到主场景，从库中多次将气泡元件拖至主场景，建立元件实例。

（10）使气泡随机分布在主场景中并使用任意变形工具 ⊞ 调整气泡的大小，如图 10-3-5 所示。

图 10-3-4　绘制图形

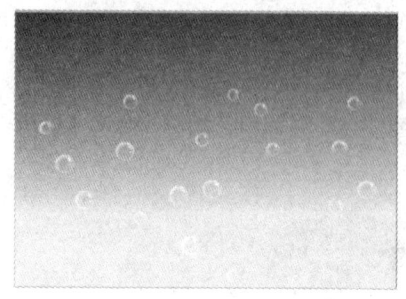

图 10-3-5　效果图

Step2　接着我们来添加背景文字。

（1）单击文本工具 **A**，设置字体为 Bauhaus 93，颜色为黑色，字体大小为 73，在主场景中输入英文文本"octopus"，如图 10-3-6 所示。

（2）执行"修改/分离"命令，将文本分解成独立的字母。

（3）调整各个字母的位置使其呈波浪状，如图 10-3-7 所示。

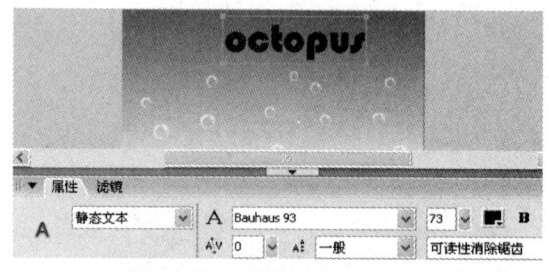

图 10-3-6　输入英文文本

图 10-3-7　调整字母位置

（4）选择所有字母，点击"编辑/复制"，再选择"编辑/粘贴到当前位置"，在原有位置创建字母副本。

（5）使用方向键，移动复制的字母形成错位感。

（6）展开属性面板将字体颜色改为黄色。

Step3　最后我们来添加动作。

（1）将"10.3.2a. png"拖至主场景,按 F8 键将它转换为名为"zy"的按钮元件。

（2）展开属性面板,定义实例名为"zy"。

（3）展开动作面板,为按钮实例添加如图 10-3-8 所示的动作。

```
1  on (rollOver) {
2      setProperty("zy",_x,Math.random()*400);
3      setProperty("zy",_y,Math.random()*250);
4  }
```

图 10-3-8　按钮的动作

语句注释:

　　on(rollOver) {

　　　　setProperty("zy", _x,Math. random( ) * 400);

　　// 设置实例的 x 轴坐标值在 0～400 之间。Math. random( )函数用来获取随机数,
它的取值范围在 0～1 之间

　　　　setProperty("zy", _y,Math. random( ) * 250);

　　// 设置实例的 y 轴坐标值在 0～250 之间

　　　　}

　　// 注:数值 400 和 250 是由主场景的宽和高决定的,这样就能保证实例只在主场景
范围内移动

（4）测试动画,并以文件名"10.3.2 调皮的章鱼. fla"保存。

10.3.3　小试身手——可控探照灯

设计结果

　　黑暗中按下"switch on"按钮可打开探照灯,再次按下可关闭探照灯;屏幕上另外有两个按钮用于调整探照灯的旋转方向。如图 10-3-9 所示。

设计思路

（1）利用绘图工具绘制光束。

（2）分别将图片、光束转换为影片剪辑元件。

（3）创建遮罩效果。

（4）绘制按钮并添加动作。

图 10-3-9　"可控探照灯"效果图

操作提示

（1）创建一个新的 Flash 文档,设置舞台大小为 600×500 像素,背景为黑色。将素材

"10. 3. 3a. gif"导入到库。

（2）从库中将图片拖至舞台，并利用对齐面板使其相对于舞台水平中齐。

（3）按 F8 键将图片转换成影片剪辑元件，定义实例名为"pic"。

（4）新建图层 2，使用矩形工具 ▢，绘制一个无边框的白色矩形。

（5）打开混色器面板，将矩形填充颜色调整为由白色到白色透明的线性渐变。

（6）使用填充变形工具 ▦，调整渐变方向为由上至下。

（7）使用部分选取工具 ▷，将矩形调整为梯形，如图 10-3-10 所示。

（8）按 F8 键将图形转换成影片剪辑元件，定义实例名为"zz"。

（9）选择图形，点击"编辑/复制"。

（10）新建图层 3，点击"编辑/粘贴到当前位置"。

（11）展开属性面板，将该实例名改为"tzd"。

（12）将图层 2 设为图层 1 的遮罩层。

（13）创建按钮元件，利用椭圆工具 ◯、线条工具 ✎，在弹起帧绘制如图 10-3-11 所示的图形。

图 10-3-10　调整为梯形

（14）创建另外两个按钮元件，分别在弹起帧输入"switch on"和"switch off"，如图 10-3-12、10-3-13 所示。

图 10-3-11　绘制的图形　　　图 10-3-12　弹起帧的文本　　　图 10-3-13　弹起帧的文本

（15）创建影片剪辑元件，将"switch on"和"switch off"按钮元件分别放置在第 1 帧和第 2 帧。

（16）选择第 1 帧，添加 stop( )语句，停止播放动画。

（17）选择按钮"switch on"，添加如下动作。

```
on(press) {
setProperty("_root. tzd", _visible,1);
//设置主场景中的"tzd"实例可见
setProperty("_root. pic", _visible,1);
//设置主场景中的"pic"实例可见
gotoAndStop(2)
//跳转并停留在第 2 帧
}
```

(18) 选择按钮"switch off",添加如下动作。

```
on(press) {
setProperty("_root. tzd", _visible,0);
//设置主场景中的"tzd"实例不可见
setProperty("_root. pic", _visible,0);
//设置主场景中的"pic"实例不可见
setProperty("_root. tzd", _rotation,0);
//设置主场景中的"tzd"实例的旋转角度为0
setProperty("_root. zz", _rotation,0);
//设置主场景中的"zz"实例的旋转角度为0
gotoAndStop(1)
//跳转并停留在第1帧
}
```

(19) 返回主场景,选择图层3的第1帧,分别将刚刚新创建的按钮和影片剪辑拖至主场景,如图10-3-14所示。

(20) 复制出另一个圆形按钮并将其水平翻转,如图10-3-15所示。

图10-3-14　效果图

图10-3-15　复制按钮

(21) 分别为两个圆形按钮添加如下动作。

逆时针旋转按钮:

```
on(press) {
    setProperty("tzd", _rotation, getProperty("tzd", _rotation)-5);
//设置实例"tzd"的旋转角度减少5度
    setProperty("zz", _rotation, getProperty("zz", _rotation)-5);
//设置实例"zz"的旋转角度减少5度
}
```

顺时针旋转按钮:

```
on (press) {
    setProperty("tzd", _rotation, getProperty("tzd", _rotation)+5);
//设置实例"tzd"的旋转角度增加5度
    setProperty("zz", _rotation, getProperty("zz", _rotation)+5);
```

//设置实例"zz"的旋转角度增加 5 度
}

(22) 选择图层 3 的第 1 帧,添加如下动作。

setProperty("tzd", _visible,0);

//设置实例"tzd"不可见

setProperty("pic", _visible,0);

//设置实例"pic"不可见

(23) 测试动画,并以文件名"10.3.3 可控的探照灯. fla"保存。

10.4　复制语句——duplicateMovieClip

10.4.1　知识点和技能

● **duplicateMovieClip(target, newname, depth)——用于复制影片剪辑实例**

参数:

target:要复制的影片剪辑的目标路径。此参数可以是一个字符串(例如"my_mc"),也可以是对影片剪辑实例的直接引用(例如 my_mc)。能够接受一种以上数据类型的参数以 Object 类型列出。

newname:所复制的影片剪辑的唯一标识符。

depth:所复制的影片剪辑的唯一深度级别。深度级别是所复制的影片剪辑的堆叠顺序。这种堆叠顺序很像时间轴中图层的堆叠顺序;较低深度级别的影片剪辑隐藏在较高堆叠顺序的剪辑之下。必须为每个所复制的影片剪辑分配一个唯一的深度级别,以防止它替换已占用深度上的 SWF 文件。

例:

duplicateMovieClip(aa,"aa"+1,1)

//复制影片剪辑实例 aa,新复制出来的影片剪辑实例名为"aa"+1

setProperty("aa"+1, _alpha,10)

//设置它的透明度为 10%

10.4.2　范例——星光点点

设计结果

当你按下鼠标,黑幕中就会闪现星光点点。如图 10-4-1 所示。

设计思路

(1) 利用绘图工具绘制光芒。

(2) 制作星光闪闪的动画。

(3) 制作按钮,并通过 duplicateMovieClip 语句复制出多盏星光。

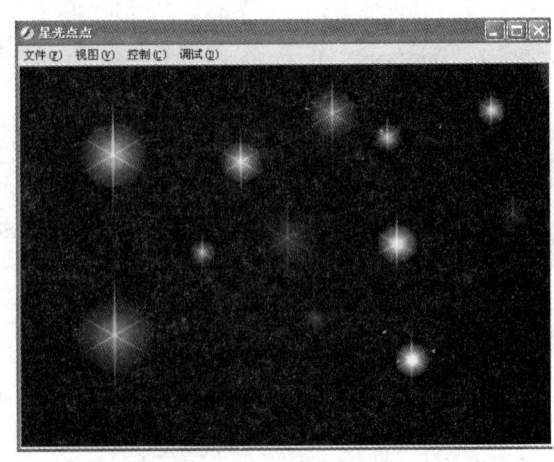

图 10-4-1　"星光点点"效果图

二维动画制作 Flash 8.0

> **Step1**　我们首先要做的是绘制出一盏星光,当然你也可以发挥想象自己设计。

（1）创建一个新的 Flash 文档,设置舞台大小为 550×400 像素,背景为黑色。

（2）执行"插入/新建元件"命令,建立一个类型为"图形"、名称为"光线"的元件。

（3）进入元件编辑状态,使用矩形工具 ▢ ,绘制一个笔触颜色为无,填充颜色为白色到白色透明的矩形,使用填充变形工具 ▦ ,调整渐变方向,如图 10-4-2 所示。

（4）使用部分选取工具 ▸ ,选取矩形的一个节点,按 Delete 键将其删除,完成光线的绘制,如图 10-4-3 所示。

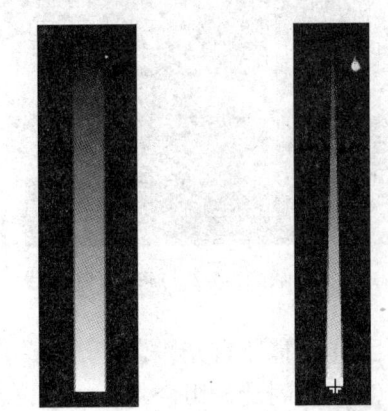

图 10-4-2　绘制矩形　　图 10-4-3　删除节点

（5）执行"插入/新建元件"命令,建立一个类型为"图形"、名称为"光芒"的元件,如图 10-4-4 所示。

（6）进入元件编辑状态,使用椭圆工具 ◯ ,按 Shift 键,绘制一个笔触颜色为无,填充颜色为白色的圆。

（7）选择圆形填充颜色,打开混色器面板,选择"放射性"渐变,调整颜色由白色到 50％ 的淡蓝色再到透明白色,如图 10-4-5 所示。

（8）单击时间轴上的插入图层按钮 ,新建图层 2,将库中"光线"元件拖至场景。

（9）使用任意变形工具 ▨ ,将变形中心调至元件底部中心,如图 10-4-6 所示。

图 10-4-4　创建图形元件

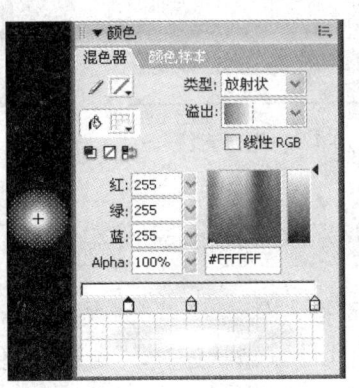

图 10-4-5　调整渐变色　　图 10-4-6　调整变形中心

（10）按 Ctrl＋T 键,打开变形面板,设置旋转选项参数为 60 度,单击"复制并应用变形"按钮 5 次,复制出一组光线,如图 10-4-7 所示。

(11) 按 Shift 键,同时选择除了上下两条光线外的其余四条光线;利用变形面板将其纵横比例缩为原来的 75%,如图 10-4-8 所示。

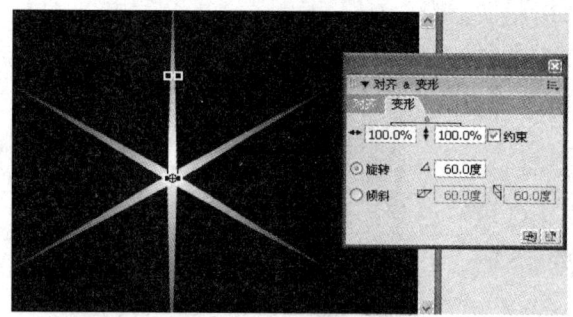

图 10-4-7　旋转复制光线

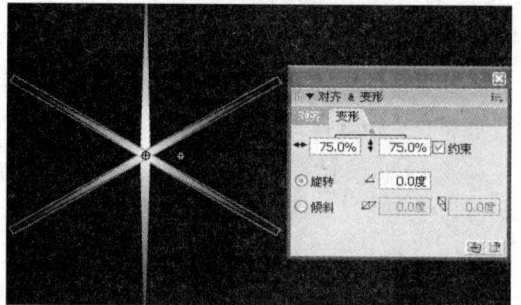

图 10-4-8　调整纵横比例

(12) 选择所有光线,执行"修改/组合"命令,将其合为一体,如图 10-4-9 所示。

(13) 同时选择组合光线和圆,利用对齐面板,使其相对于舞台中心对齐。

(14) 选择组合光线,按 Ctrl＋T 键,打开变形面板,调整它的纵横比例,如图 10-4-10 所示。

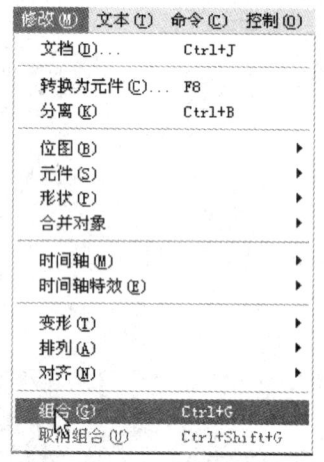

图 10-4-9　组合光线

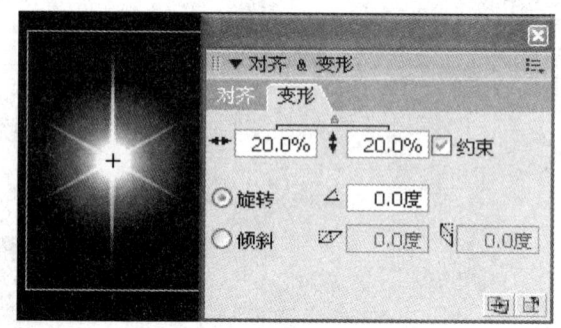

图 10-4-10　调整组合光线的纵横比例

Step2　接着我们来制作星光闪闪的动画。

(1) 执行"插入/新建元件"命令,建立一个类型为"影片剪辑"、名称为"星光"的元件。

(2) 进入元件编辑状态,将"光芒"元件拖入场景,利用对齐面板使其相对于舞台中心对齐。

(3) 分别在第 10 帧、第 20 帧、第 30 帧插入关键帧。

(4) 选择第 1 帧的"光芒"元件,按 Ctrl＋T 键,打开变形面板,将其宽度和高度调为 0%,如图 10-4-11 所示。

(5) 展开属性面板,设置动画补间,将"旋转"选项设为顺时针 10 次,如图 10-4-12 所示。

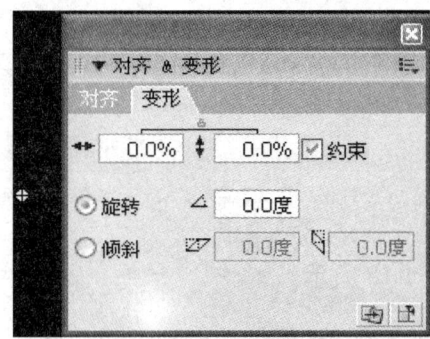

图 10-4-11 调整光芒元件的纵横比例

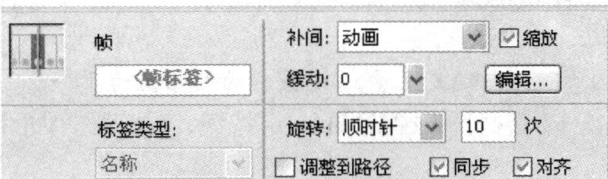

图 10-4-12 制作补间动画

（6）选中第 20 帧的光芒元件，展开属性面板，将 Alpha 值降为 0％。

（7）分别选择第 10 帧和第 20 帧，展开属性面板，制作动画补间动画，如图 10-4-13 所示。

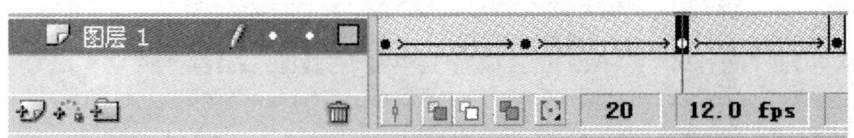

图 10-4-13 动画补间动画

（8）选择第 30 帧，添加动作，如图 10-4-14 所示。

语句注释：

gotoAndPlay(10);

// 跳到第 10 帧播放

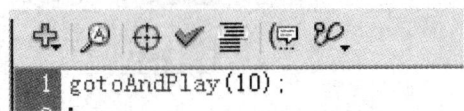

图 10-4-14 第 30 帧的动作

> **Step 3** 最后我们来制作按钮，并通过 duplicateMovieClip 语句复制出多盏星光。

（1）执行"插入/新建元件"命令，建立一个类型为"按钮"、名称为"button"的元件。

（2）进入编辑状态，在点击帧插入关键帧；使用矩形工具 ▢，在场景中绘制一个白色矩形，展开属性面板，将宽和高分别设为 550 和 400，如图 10-4-15 所示。

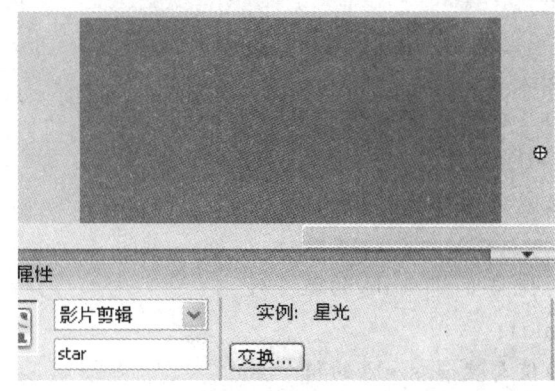

图 10-4-16 创建影片剪辑实例

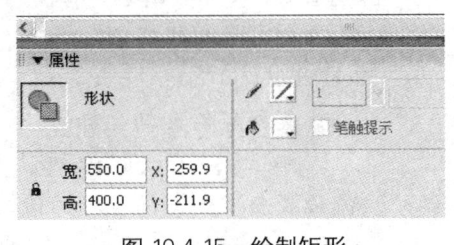

图 10-4-15 绘制矩形

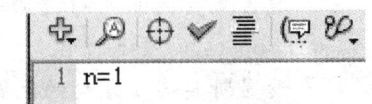

图 10-4-17 第 1 帧的动作

二维动画制作 Flash 8.0

（3）返回主场景，将按钮"button"拖至主场景，利用对齐面板使其相对于舞台中心对齐。

（4）将"星光"元件拖至场景外，展开属性面板，设置实例名为"star"，如图 10-4-16 所示。

（5）选择第 1 帧，添加动作，如图 10-4-17 所示。

语句注释：

    n＝1

     // 定义变量 n，设置它的初始值为 1

（6）选择场景中的"button"按钮，添加动作，如图 10-4-18 所示。

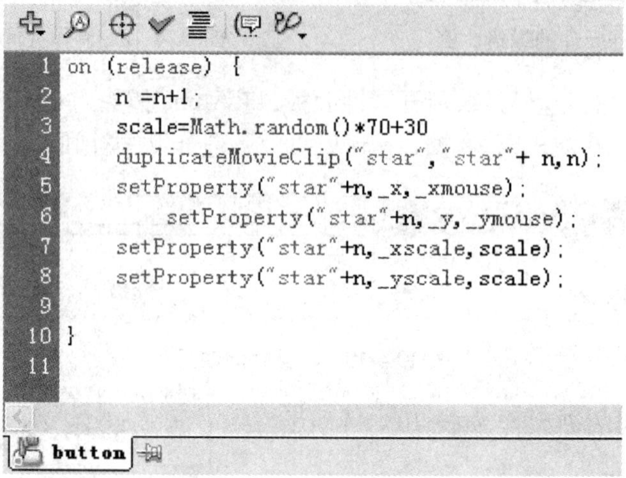

```
1  on (release) {
2      n =n+1;
3      scale=Math.random()*70+30
4      duplicateMovieClip("star","star"+ n, n);
5      setProperty("star"+n, _x, _xmouse);
6          setProperty("star"+n, _y, _ymouse);
7      setProperty("star"+n, _xscale, scale);
8      setProperty("star"+n, _yscale, scale);
9
10 }
11
```

button

图 10-4-18　按钮的动作

语句注释：

    on（release）

    // 松开鼠标时，触发动作

    n＝n＋1；

    // 变量 n 的值递增

    scale＝Math.random()*70＋30；

    // 定义变量 scale 的取值范围在 30～100 之间

    duplicateMovieClip("star", "star"＋ n, n)；

    // 复制影片剪辑实例"star"

    setProperty("star"＋n, _x, _xmouse)；

    // 设置新实例 x 轴坐标的值，使它与鼠标的 x 坐标值一致

    setProperty("star"＋n, _y, _ymouse)；

    // 设置新实例 y 轴坐标的值，使它与鼠标的 y 坐标值一致

    setProperty("star"＋n, _xscale, scale)；

    // 设置新实例 x 方向的比例，使它的值与变量 scale 的值一致

    setProperty("star"＋n, _yscale, scale)；

    // 设置新实例 y 方向的比例，使它的值与变量 scale 的值一致

（7）测试动画，并以文件名"10.4.2 星光点点.fla"保存。

10.4.3　小试身手——凝结下落的露珠

设计结果

露珠不断地凝结下落。如图
10-4-19 所示。

设计思路

（1）绘制露珠。

（2）创建影片剪辑制作露珠凝
结下落的过程。

（3）通过 duplicateMovieClip
语句实现复制出多颗露珠。

图 10-4-19　凝结下落的露珠效果图

操作提示

（1）创建一个新的 Flash 文档，设置舞台大小为 600×250 像素，背景为黑色。

（2）使用矩形工具 ▢，绘制一个无边框色，填充色为由深绿到淡绿线性渐变的矩形。

（3）使用填充变形工具 ▥，调整渐变方向为由上至下，如图 10-4-20 所示。

（4）执行"插入/新建元件"命令，建立一个类型为"图形"、名称为"lz"的元件。

（5）进入元件编辑状态，使用椭圆工具 ◯，绘制露珠，如图 10-4-21 所示。

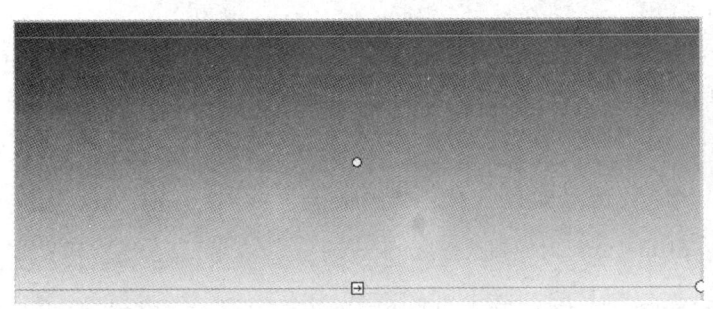

图 10-4-20　调整渐变方向为由上至下

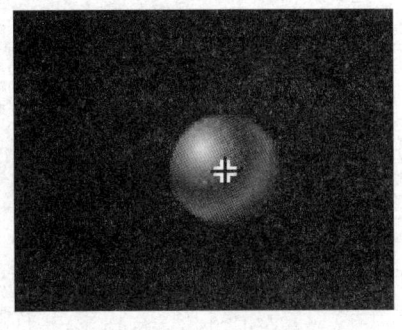

图 10-4-21　绘制露珠

（6）执行"插入/新建元件"命令，建立一个类型为"影片剪辑"、名称为"fall"的元件。

（7）进入元件编辑状态，将图形元件"lz"拖至舞台中心。

（8）在第 10 帧、第 11 帧、第 12 帧、第 30 帧、第 35 帧插入关键帧，如图 10-4-22 所示。

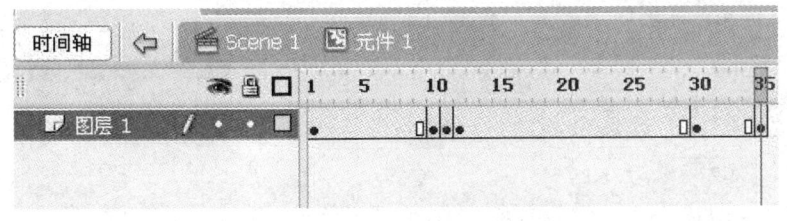

图 10-4-22　插入关键帧

二维动画制作 Flash 8.0

（9）选择第 1 帧，展开属性面板，将 Alpha 值调至 0%；按 Ctrl＋T 键，打开变形面板，设置缩放比例为 10%。

（10）选择第 11 帧，将元件"lz"向右移动 2 个像素；选择第 12 帧，将元件"lz"向左移动 2 个像素，如图 10-4-23、10-4-24 所示。

（11）选择第 30 帧，将"lz"元件向左移动 2 个像素，向下移动 5 个像素，如图 10-2-25 所示。

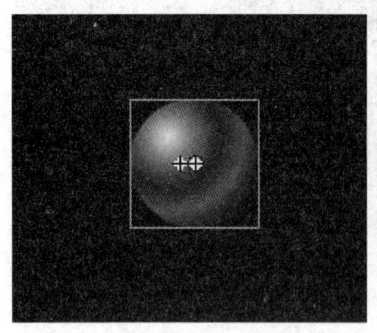
图 10-4-23　第 11 帧元件
"lz"的位置

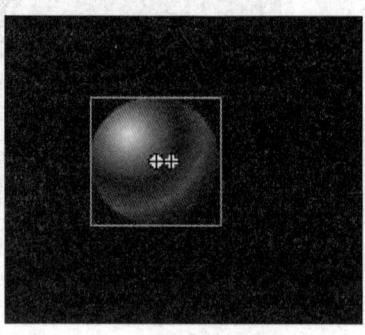
图 10-4-24　第 12 帧元件
"lz"的位置

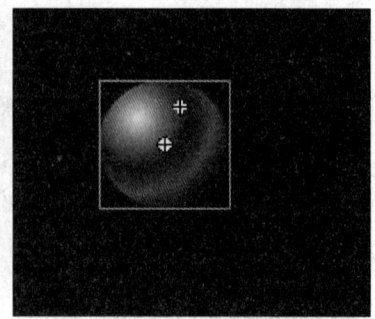
图 10-4-25　第 30 帧元件
"lz"的位置

（12）选择第 35 帧，将"lz"元件向左移动 2 个像素，向下移动 50 个像素；展开属性面板，将 Alpha 值调至 0%；按 Ctrl＋T 键，打开变形面板，设置缩放比例为 10%。

（13）分别选择第 1 帧、第 12 帧、第 30 帧，展开属性面板创建动画补间，如图 10-4-26 所示。

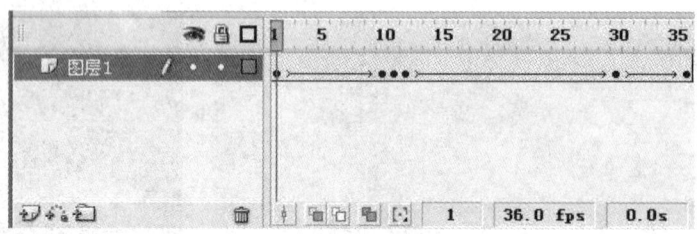
图 10-4-26　时间轴状态

（14）返回主场景，将影片剪辑元件"fall"拖至舞台，展开属性面板定义实例名为"fall"，如图 10-4-27 所示。

（15）选中图层 1 的第 5 帧，按 F5 键插入帧，使动画持续 5 帧。

（16）新建图层 2，分别在第 2 帧和第 5 帧插入关键帧，如图 10-4-28 所示。

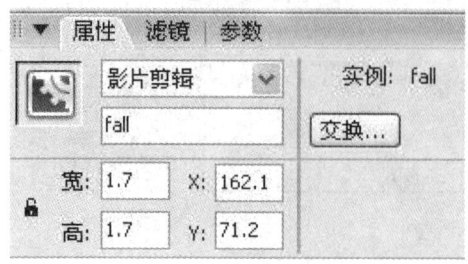
图 10-4-27　定义实例名

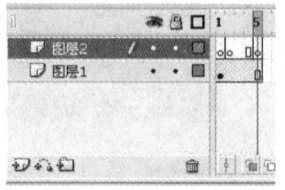
图 10-4-28　插入关键帧

二维动画制作 Flash 8.0

(17) 选中图层 2 的第 1 帧,添加如下动作。

i＝0;

(18) 选中图层 2 的第 2 帧,添加如下动作。

i＝i＋1

//变量 i 的值递增

duplicateMovieClip(fall,"fall"＋i,i);

setProperty("fall"＋i,_x,Math. random() * 600);

setProperty("fall"＋i,_y,Math. random() * 250);

//设置新实例 x 轴坐标值在 0～600 之间

//设置新实例 y 轴坐标值在 0～250 之间

//这样就能制作出露珠从不同位置下落的效果了

scale＝Math. random() * 50＋50;

//定义变量 scale,它的取值范围在 50～100 之间

setProperty("fall"＋i,_xscale,scale);

setProperty("fall"＋i,_yscale,scale);

//设置新实例的缩放比例,该值由变量 scale 决定

if(i＞50){

i＝1;

}

//如果 i 大于 50,则设置 i 等于 1;这样就能避免无限复制实例

(19) 选中第 5 帧,添加如下动作。

gotoAndPlay(2);

//返回第 2 帧反复执行代码

(20) 测试动画,并以文件名"10.4.3 凝结下落的露珠. fla"保存。

10.5 拖动语句——startDrag

10.5.1 知识点和技能

● **startDrag(target, lock, left, top, right, bottom)——使 target 影片剪辑在影片播放过程中可拖动**

一次只能拖动一个影片剪辑。执行 startDrag()操作后,影片剪辑将保持可拖动状态,直到用 stopDrag()明确停止拖动为止,或直到对其他影片剪辑调用了 startDrag()动作为止。

参数:

target:要拖动的影片剪辑的目标路径。

lock:可选参数,一个布尔值,指定可拖动影片剪辑是锁定到鼠标位置中央(true),还是锁定到用户首次单击该影片剪辑的位置上(false)。

left, top, right, bottom:可选参数,相对于该影片剪辑的父级坐标的值,用以指定该影片剪辑的约束矩形,约束矩形用来确定剪辑可被拖动的范围。一般来说相对于影片剪辑的父级坐标的值也就是相对于主场景左上角的值。

主场景

(0,0)

right

left

top

bottom

例：

startDrag("_root. aa", true, 50, 50, 200, 200)

//在所定义的矩形范围内拖动主场景中的影片剪辑实例"aa"，并且将"aa"锁定到鼠标中央

● **target. stopDrag( )——停止当前的拖动操作**

参数：

target：要停止拖动的影片剪辑的目标路径。

例：

on(release) {

this. stopDrag( );

}

//松开鼠标后，停止拖动该影片剪辑

10.5.2 范例——神秘地图

设计结果

移动烛台，地图局部可被照亮。如图 10-5-1 所示。

设计思路

(1) 利用滤镜功能和 setMask( )语句制作边缘模糊遮罩效果。

(2) 通过 startDrag( )语句实现拖动效果。

范例解题引导

图 10-5-1 "神秘地图"效果图

Step 1 我们首先来制作边缘模糊的遮罩效果。

(1) 创建一个新的 Flash 文档,设置舞台大小为 400×300 像素,背景为黑色;将图片 "10.5.2a.jpg"、"10.5.2b.png"导入到库中。

（2）选择"插入/新建元件"命令，建立一个类型为"影片剪辑"、名称为"map"的元件。

（3）进入元件编辑状态，将"10.5.2a. jpg"拖至舞台并利用对齐面板使其相对舞台中心对齐。

（4）选择"插入/新建元件"命令，建立一个类型为"影片剪辑"、名称为"zhezhao"的元件。

（5）使用椭圆工具 ⬭ ，按 Shift 键在场景中心位置绘制一个笔触色为无，填充色为白色，高、宽为 80 像素的正圆，如图 10-5-2 所示。

（6）返回主场景，从库中将影片剪辑"map"拖入主场景；利用对齐面板使该影片剪辑相对舞台中心对齐。

（7）展开属性面板，定义实例名为"map"，勾选"使用运行时位图缓存"复选框，如图 10-5-3 所示。

（8）新建图层 2，将影片剪辑"zhezhao"拖至主场景；利用对齐面板使该影片剪辑相对舞台中心对齐。

（9）展开属性面板，定义实例名为"zz"，如图 10-5-4 所示。

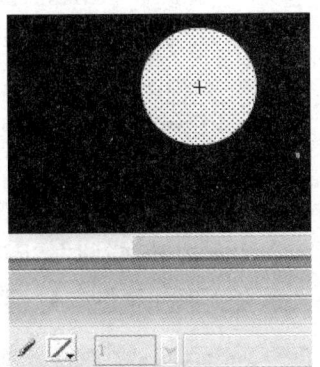

图 10-5-2　绘制圆

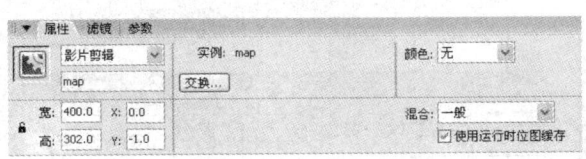

图 10-5-3　属性面板设置

图 10-5-4　属性面板设置

（10）展开滤镜面板，添加模糊滤镜，效果如图 10-5-5 所示。

（11）选择图层 2 的第 1 帧，添加动作，如图 10-5-6 所示。

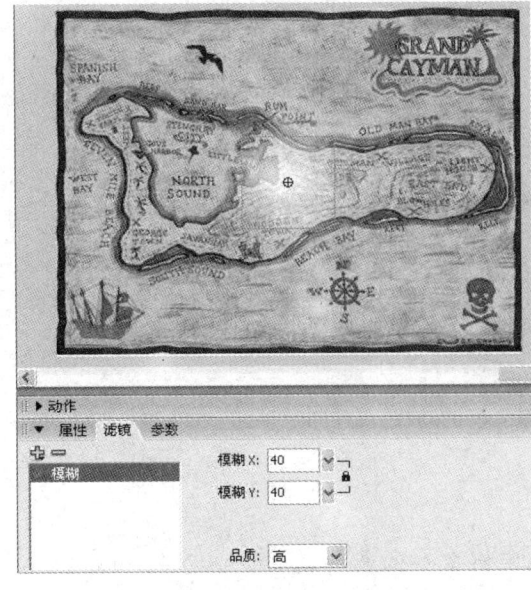

图 10-5-5　添加模糊滤镜

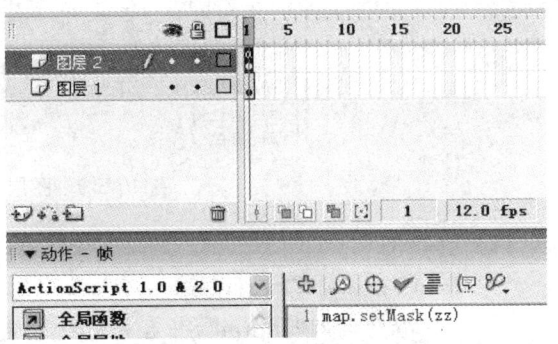

图 10-5-6　第 1 帧的动作

语句注释：

> map. setMask(zz)
>
> //将影片剪辑"zz"作为影片剪辑"map"的遮罩。

Step2　接着我们通过添加 starDrag()语句来实现拖动效果。

---

(1) 新建图层 3,将"位图 2"从库中拖至主场景,将其放置在影片剪辑"zz"的正下方。

(2) 按 F8 键将"位图 2"转化成名为"zhutai"的影片剪辑元件,如图 10-5-7 所示。

(3) 展开属性面板,定义实例名为"zhutai",如图 10-5-8 所示。

图 10-5-7　转化为影片剪辑元件

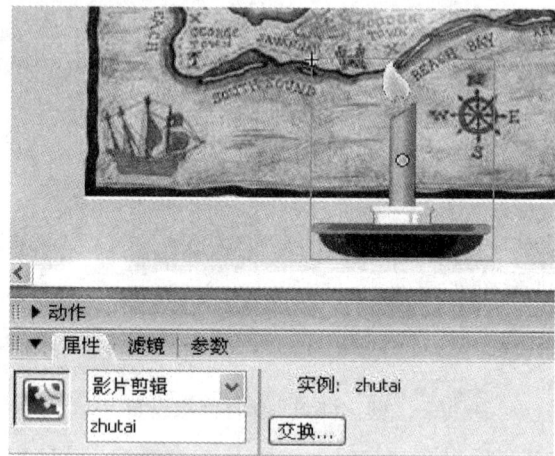

图 10-5-8　定义实例名

(4) 选择图层 3 第 1 帧,添加动作,如图 10-5-9 所示。

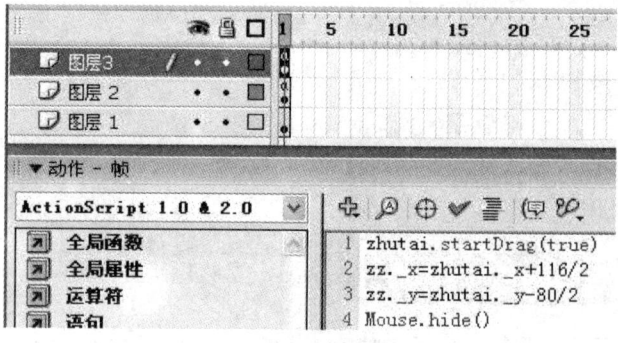

图 10-5-9　图层 3 第 1 帧的动作

语句注释：

> zhutai. startDrag(true)
>
> //拖动实例"zhutai",并且光标被锁定在实例中心位置
>
> zz. _x=zhutai. _x+116/2

//设置实例"zz"x轴坐标值,该值为实例"zhutai"x轴坐标值加上实例"zhutai"宽度的
一半

　　zz._y=zhutai._y—80/2

//设置实例"zz"y轴坐标值,该值为实例"zhutai"y轴坐标值减去实例"zz"高度的
一半

　　通过对 x 轴和 y 轴坐标值赋值就能实现实例"zz"和实例"zhutai"同步移动

　　Mouse.hide()

//隐藏鼠标

小贴士

　　语句 Mouse.hide()和 Mouse.show()用于隐藏和显示光标。

　　(5) 同时选择 3 个图层的第 2 帧,按 F5 键插入帧,如图 10-5-10 所示。

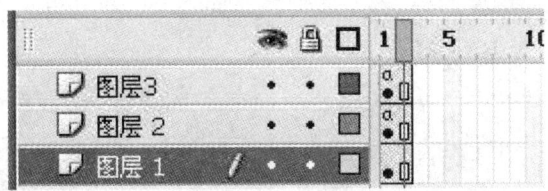

图 10-5-10　添加帧

　　(6) 测试动画,并以文件名"10.5.2 神秘地图.fla"保存。

10.5.3　小试身手——速控车

设计结果

　　移动滑块可自由调节跑车的行驶
速度。如图 10-5-11 所示。

设计思路

　　(1) 导入图片,绘制界面。

　　(2) 为相关对象添加动作,实现
交互效果。

操作提示

　　(1) 创建一个新的 Flash 文档,设
置舞台大小为 517×315 像素,背景为

图 10-5-11　"速控车"效果图

白色;将素材"10.5.3a.jpg"、"10.5.3b.png"导入到库。

　　(2) 从库中将"10.5.3a.jpg"拖入主场景,利用对齐面板使该影片剪辑相对舞台中心对齐。

　　(3) 新建图层 2,从库中将"位图 2"拖入主场景,利用对齐面板使其相对舞台左对齐,如
图 10-5-12 所示。

（4）按 F8 键将"位图 2"转化成名为"car"的影片剪辑元件。

（5）展开属性面板，定义实例名为 car，如图 10-5-13 所示。

图 10-5-12　"位图 2"在舞台中的位置

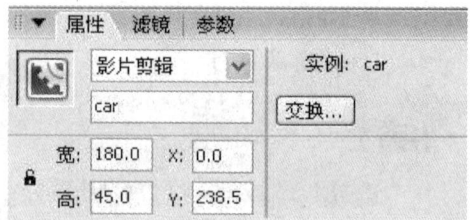

图 10-5-13　定义实例名

（6）新建图层 3，使用矩形工具 ▢，绘制一个宽度为 250 的渐变色滑杆；利用对齐面板使其相对舞台左对齐，如图 10-5-14 所示。

图 10-5-14　绘制滑动条

（7）使用文本工具 **A**，在滑杆右侧输入静态文本"speed level"，如图 10-5-15 所示。

图 10-5-15　输入静态文本

(8) 执行"插入/新建元件"命令,建立一个类型为"影片剪辑"、名称为"hk"的元件。

(9) 进入元件编辑状态,使用绘图工具,在舞台中心位置绘制滑块,如图10-5-16所示。

(10) 回到主场景,新建图层4,将影片剪辑"hk"拖至滑杆左端,如图10-5-17所示。

图 10-5-16　绘制滑块　　　　　图 10-5-17　影片剪辑"hk"的位置

(11) 展开属性面板,定义实例名为"hk"。

(12) 展开动作面板,为实例"hk"添加如下动作。

```
on (press) {
    this. startDrag(true,"20","300","230","300");
}
```

//按下鼠标,可在滑杆所在区域水平拖动实例。(20,300)为起点坐标,(230,300)为终点坐标。起点、终点的坐标值由滑块的宽度、高度以及滑杆的宽度决定

```
on (release) {
    this. stopDrag()
}
```

//松开鼠标时,停止拖动实例

(13) 选择图层4的第1帧,添加如下动作。

car. _x＝car. _x＋(hk. _x－20)/2

//实例"car"x轴坐标值等于其x轴的偏移量递增;偏移量由实例"hk"x轴坐标值的变化量决定

//从而实现由滑块位置决定跑车速度的效果

```
if(car. _x＞＝517){
    car. _x＝－180 }
```

//设置当实例"car"移出画布右侧时,回到画布左侧继续移动。其中"517"为画布的宽度,"180"为跑车的宽度

(14) 同时选择4个图层的第2帧,按F5键插入帧。

(15) 测试动画,并以文件名"10.5.3速控车. fla"保存。

10.6　输入文本与动态文本

10.6.1　知识点和技能

1.　输入文本

输入文本用于接收用户输入的数据。要创建一个输入文本,我们先要使用文本工具绘制

一个文本框,然后在属性面板中将该文本框的类型设置成"输入文本"。

在输入文本的属性面板中,除了可以设置一般的文本格式外,还可以单击 <> 按钮将文本显示为 HTML 格式,单击 按钮为文本添加边框并设置文本的换行格式或将文本设置成密码显示。

此外,输入文本还有两个重要的属性,一个是实例名称,它用于标识输入文本框;另一个是变量名,输入文本框中的值同时也可作为输入文本变量的值,它们之间是等价的。若要获取输入文本框的值我们可以通过两种方式:一种是通过输入文本的实例名称,格式:输入文本的实例名称. text="文本内容";另一种是直接引用变量,格式:变量名="文本内容"。

例:利用文本工具 A,插入一个输入文本框,设置实例名称为"aa",变量名为"input",将输入文本框中的内容赋给变量 x:

　　　　x=aa. text 或 x=_root. input

2． 动态文本

动态文本可以用来动态显示文本框中的信息。与输入文本不同,它不能直接接受用户的输入。

和输入文本一样,使用文本工具 A 可以创建动态文本框,只需在属性面板中选择"动态文本"即可。

动态文本框也有实例名称和变量名这两个属性,要为动态文本框赋值我们同样可以采取两种方式:一种是通过输入文本的实例名称,格式:动态文本的实例名称. text="文本内容";另一种是直接引用变量,格式:变量名="文本内容"。

例:利用文本工具 A,插入一个动态文本框,设置实例名称为"aa",变量名为"dy",将光标的横坐标值显示在动态文本框中。

　　　　aa. text=_root. _xmouse 或_root. dy=_root. _xmouse

10. 6. 2　范例——登录系统

设计结果

在登录界面中输入账号和密码,若输入正确则跳转到相应网页;反之,则会出现错误提示信息。如图 10-6-1、10-6-2、10-6-3 所示。

图 10-6-1　登录界面

图 10-6-2　跳转到的网页

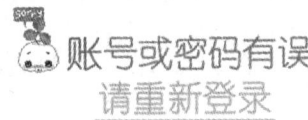

图 10-6-3　登录失败界面

设计思路

(1) 利用绘图工具完成登录界面。

二维动画制作 Flash 8.0

（2）设置输入文本。

（3）绘制错误提示信息界面。

（4）添加代码，实现简单登录功能。

范例解题引导

Step1 首先我们要绘制登录界面，当然你也可以自己设计喜欢的造型。

（1）创建一个新的 Flash 文档，设置舞台大小为 550×400 像素，背景为白色；将素材"10.6.2a. gif"导入到库。

（2）执行"插入/新建元件"命令，建立一个类型为"图形"、名称为"login 界面"的元件。

（3）双击该元件，进入编辑状态。选择矩形工具 ，点击选项面板中的边角半径设置按钮 ，设置边角半径为 10 点。

（4）展开属性面板，将矩形笔触颜色设置为无，填充颜色设置为深蓝到浅蓝线性渐变；在场景中绘制一个带倒角的矩形，如图 10-6-4 所示。

图 10-6-4　属性面板设置

（5）使用填充变形工具 调整渐变方向为从上到下。

（6）单击时间轴上的"插入图层"按钮 ，新建图层 2。

（7）利用上述方法绘制另一倒角矩形，矩形笔触颜色设置为无，填充颜色为白色到白色透明渐变，渐变方向为从上到下，高度约为前一倒角矩形的 1/6，如图 10-6-5 所示。

（8）调整此倒角矩形的位置，使其上边缘与前一倒角矩形的上边缘齐平。

（9）使用文本工具 **A** 输入静态文本："MEMBERlogin"、"ID"、"PW"，并设置其属性。

（10）使用矩形工具 绘制两个白色倒角矩形，如图 10-6-6 所示。

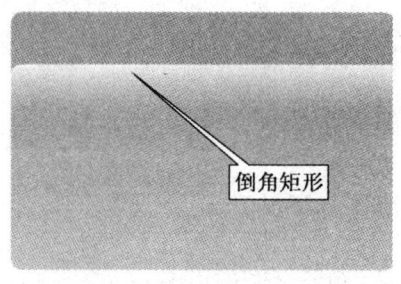

图 10-6-5　绘制倒角矩形

图 10-6-6　文本和矩形

（11）执行"插入/新建元件"命令，建立一个类型为"按钮"、名称为"login"的元件。

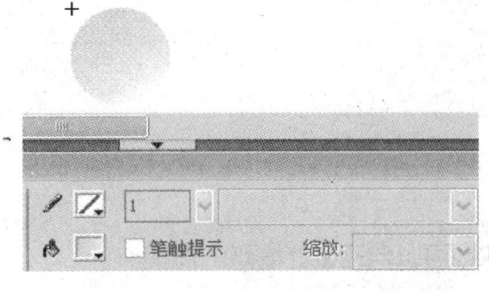

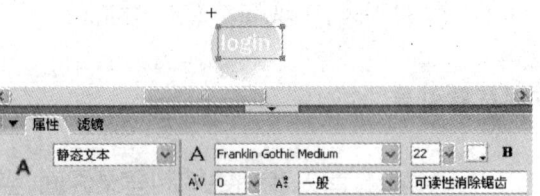

图 10-6-7　绘制的圆及其属性　　　　　　　图 10-6-8　输入的文本及其属性

（12）双击该元件，进入编辑状态。使用椭圆工具 ◎，按住 Shift 键，绘制一个笔触颜色为无，填充颜色为淡绿到白色渐变的圆，使用填充变形工具 ▤ 调整渐变方向，如图 10-6-7 所示。

（13）使用文本工具 **A** 在圆上输入静态文本"login"，并设置其属性，如图 10-6-8 所示。

（14）返回主场景，将"login 界面"和"login"元件分别拖入主场景并调整两者的位置，如图 10-6-9 所示。

图 10-6-9　摆放的位置

> **Step2**　接着我们来设置这个登录界面的输入文本。

（1）单击文本工具 **A**，展开属性面板，设置文本类型为输入文本，字体为 Arial Black，颜色为黑色，字体大小为 22，变量设置为"id"，如图 10-6-10 所示。

图 10-6-10　属性面板设置

（2）在场景中拉出一文本框，并调整其宽度及位置，如图 10-6-11 所示。

（3）使用同样的方法绘制另一输入文本框，展开属性面板设置变量为"pw"，并将此文本框拖入另一倒角矩形内。

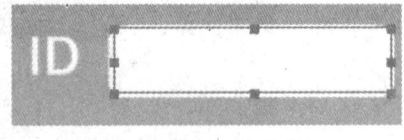

图 10-6-11　文本框

> **Step3**　随后我们来绘制错误信息提示界面。

（1）选择第 2 帧，按 F7 键插入空白关键帧，展开库面板，将"10.6.2a.jpg"拖入场景中。

（2）使用文本工具 **A** 输入静态文本"账号或密码有误"；展开属性面板设置其属性并调整其位置，如图 10-6-12 所示。

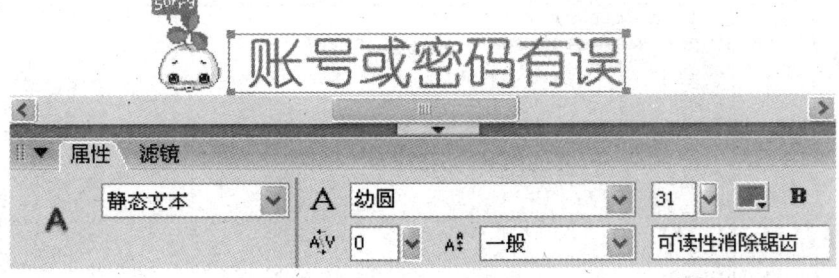

图 10-6-12　设置静态文本

（3）执行"插入/新建元件"命令，建立一个类型为"按钮"、名称为"back"的元件。

（4）双击该元件，进入编辑状态。在弹起帧使用文本工具 **A** 输入静态文本"请重新登录"，并使用线条工具添加下划线，如图 10-6-13 所示。

（5）按 F6 键在指针经过帧插入关键帧，将文本和下划线调整为蓝色，如图 10-6-14 所示。

（6）回到主场景的第 2 帧，将"back"按钮拖入场景中，如图 10-6-15 所示。

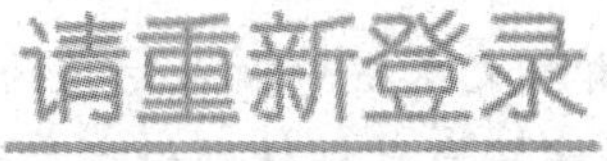

图 10-6-13 弹起帧的文本和下划线

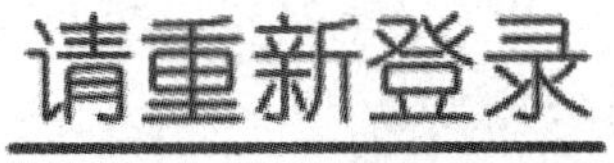

图 10-6-14　指针经过帧的文本和下划线

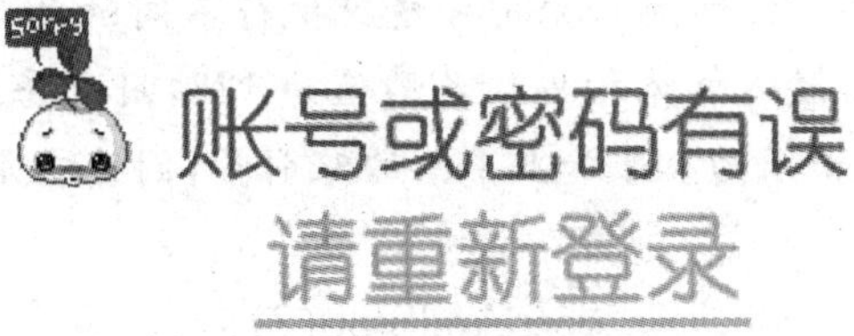

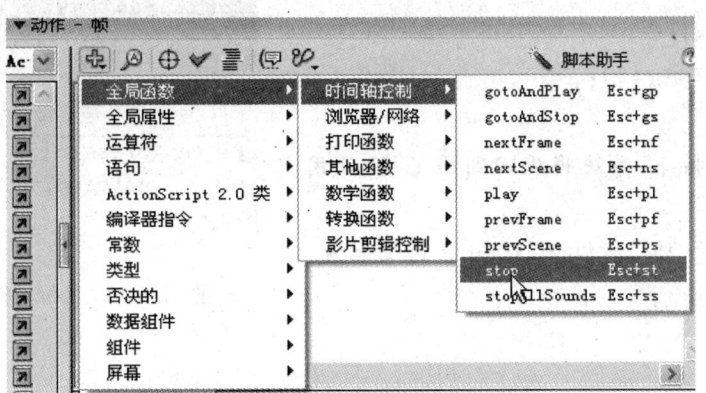

图 10-6-15　第 2 帧的内容

> **Step4**　最后我们通过添加代码来实现简单的登录功能，这是非常关键的一步。

（1）选中主场景的第 1 帧，展开动作面板，添加 stop( )语句，如图 10-6-16 所示。

图 10-6-16　stop( )语句的添加

(2) 选中"login"按钮实例,为它添加动作,如图 10-6-17 所示。

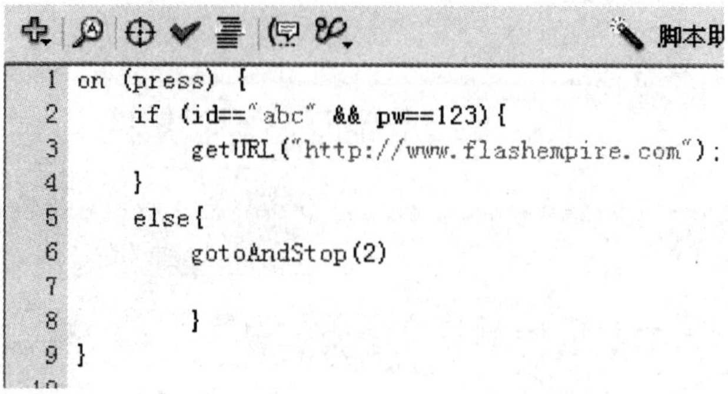

```
1  on (press) {
2      if (id=="abc" && pw==123){
3          getURL("http://www.flashempire.com");
4      }
5      else{
6          gotoAndStop(2)
7
8      }
9  }
```

图 10-6-17 "login"按钮实例的动作代码

语句注释:

on (press) {

// 按下鼠标,触发动作

if (id=="abc" && pw==123){

getURL("http://www. flashempire. com");

}

// 利用 if 语句分情况执行不同的语句;若 id 输入文本框中输入的值为"abc"并且 pw 输入文本框内输入的值为 123,用户登录成功,系统将自动跳转到闪客帝国主页。这里必须为 abc 加上半角的双引号,因为它是字符串而不是数值

else{

gotoAndStop(2)

}

}

// 否则,用户登录失败,系统将跳转到第 2 帧即登录失败页面

(3) 选中主场景的第 2 帧,单击 back 按钮实例,为它添加动作,如图 10-6-18 所示。

语句注释:

on(press){

gotoAndStop(1);

}

// 鼠标按下,系统将跳回到第 1 帧,让用户重新登录

(4) 测试动画,并以文件名"10.6.2 登录系统. fla"保存。

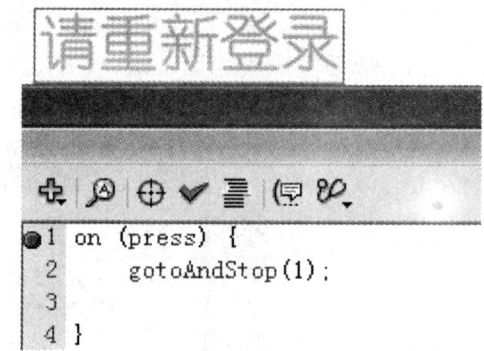

图 10-6-18 "back"按钮实例的动作

10.6.3 小试身手——打靶游戏

设计结果

屏幕上有一个活动的枪靶,通过鼠标点击靶面进行射击,屏幕右下方能时时显示每发的成绩。十发射完后游戏结束,屏幕上方出现总成绩,可按 replay 按钮重新进行游戏。如图 10-6-19 所示。

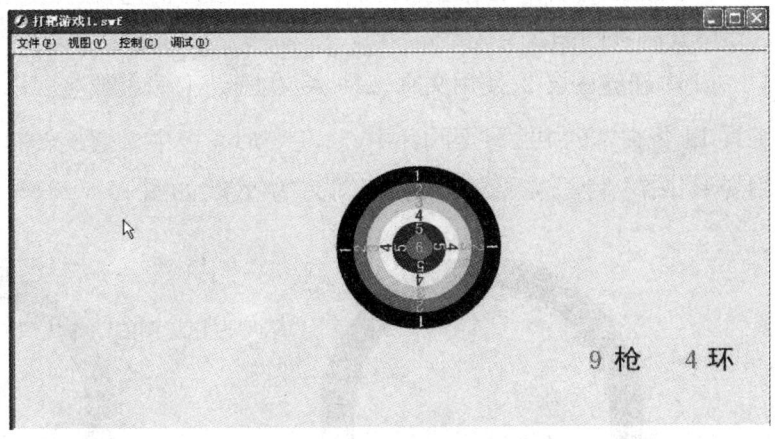

图 10-6-19 "打靶游戏"效果图

设计思路

(1) 利用绘图工具绘制枪靶。

(2) 将每个圆环转化为按钮。

(3) 设置动态文本。

(4) 添加代码,实现相关功能。

操作提示

(1) 创建一个新的 Flash 文档,设置舞台大小为 800×400 像素,背景为淡蓝色。

(2) 新建名称为"枪靶"的图形元件。

(3) 双击进入元件编辑状态,使用椭圆工具 在舞台中心绘制枪靶最外侧的黑色正圆。

(4) 选择黑色正圆,右击鼠标执行"复制"命令;点击编辑菜单执行"复制到当前位置"命令。

(5) 利用变形面板,将新复制出的图形的高度和宽度设置为 80%,填充色设置为红色,如图 10-6-20 所示。

(6) 参照上述步骤,完成枪靶的绘制,如图 10-6-21 所示。

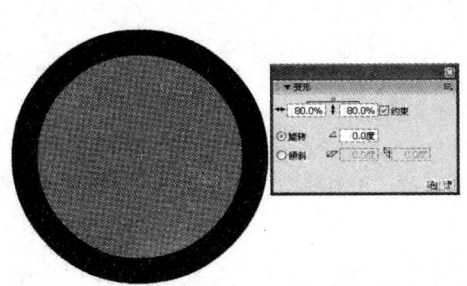

图 10-6-20 复制圆并调整大小和填充色

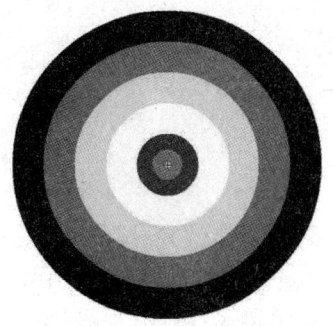

图 10-6-21 枪靶

（7）在库中直接复制枪靶元件，并将名称改为"1"，类型改为按钮。

（8）双击进入元件编辑状态，保留最外侧的黑色圆环，其余圆环删除，如图 10-6-22 所示。

（9）在按下帧插入关键帧，将圆环的颜色改为白色；在点击帧插入关键帧，使得按钮有效点击区在圆环内部。

（10）新建图层 2，使用文本工具 **A** 在圆环上输入数字"1"，颜色为白色；使用任意变形工具 回 将文本的中心移至圆环中心；在变形面板中设置旋转角度为 90 度，点击"复制并应用变形"按钮 3 次，实现文字绕圆环排列的效果，如图 10-6-23 所示。

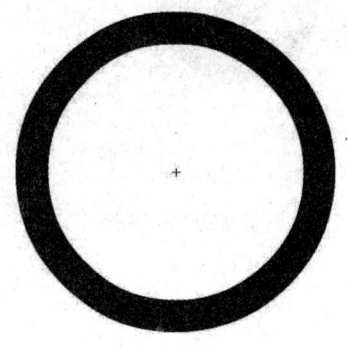

图 10-6-22　黑色圆环

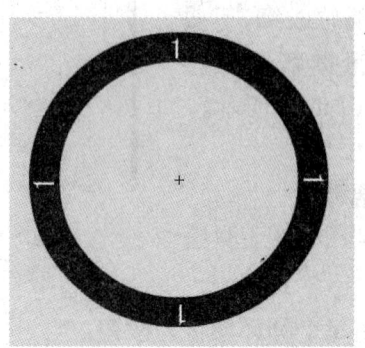

图 10-6-23　文字效果

（11）删除点击帧，将按下帧转化为关键帧，将这帧的文本颜色改为黑色，如图 10-6-24 所示。

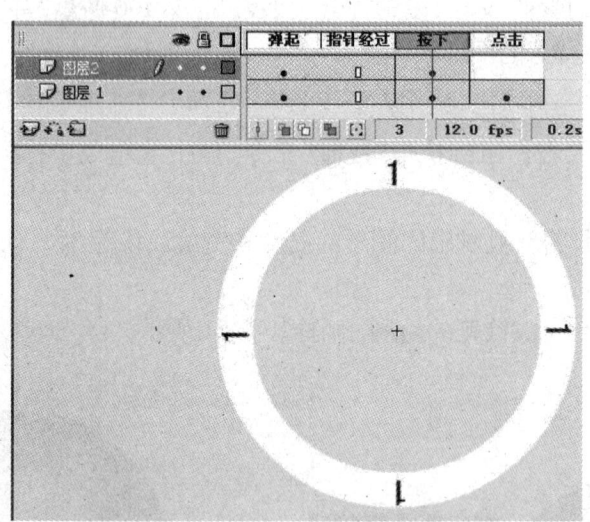

图 10-6-24　改变文字颜色

（12）参照步骤(7)～(11)，完成按钮元件"2"～"6"的制作，为了使效果更明显可将圆环与文本的颜色设为互补色，如图 10-6-25 所示。

（13）双击进入"枪靶"元件的编辑状态，删除原有的图形；分别将按钮元件"1"～"6"拖至舞台，利用对齐面板使它们相对舞台中心对齐，如图 10-6-26 所示。

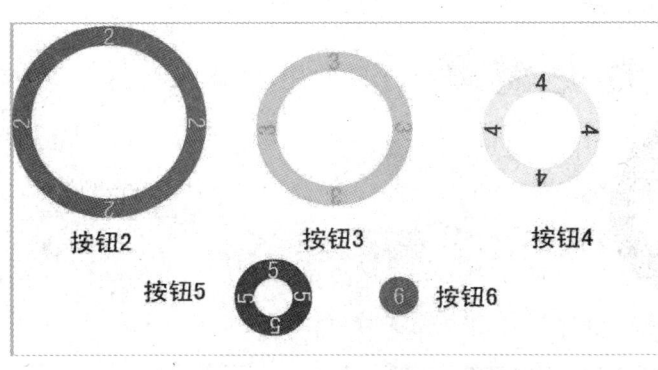

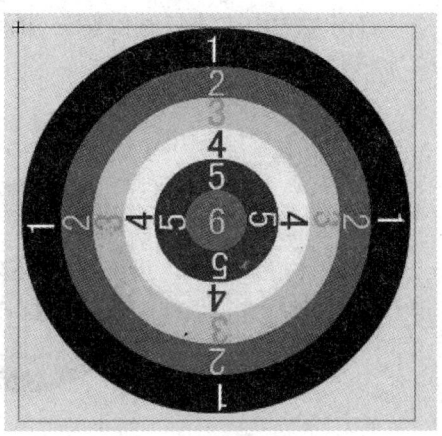

图 10-6-25　其余 5 个按钮

图 10-6-26　枪靶

（14）新建名为"移动"的影片剪辑元件；双击进入元件编辑状态，将"枪靶"元件拖至舞台，创建枪靶移动的引导层动画，如图 10-6-27 所示。

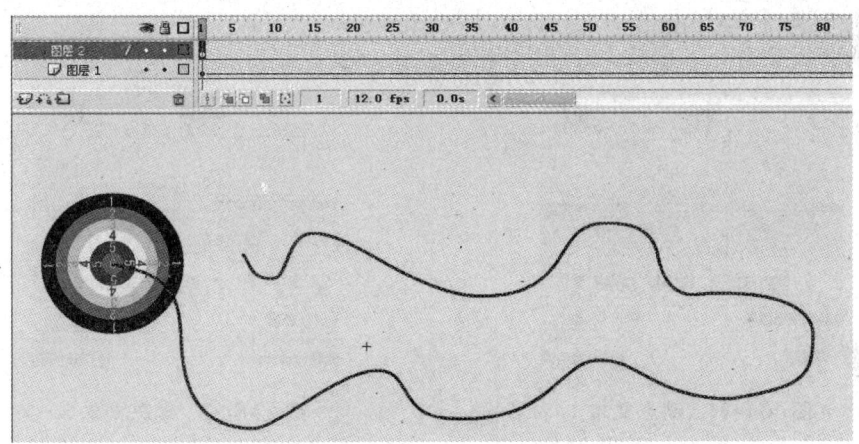

图 10-6-27　引导层动画

（15）新建两个名为"start"和"replay"的按钮元件；分别进入元件编辑状态，在弹起帧添加文本，在点击帧绘制覆盖文字区域的矩形，如图 10-6-28、10-6-29 所示。

图 10-6-28　"start"按钮元件

图 10-6-29　"repaly"按钮元件

二维动画制作 Flash 8.0

(16) 返回主场景,输入文字,将"枪靶"元件和"start"元件拖至舞台,完成游戏界面的制作,如图 10-6-30 所示。

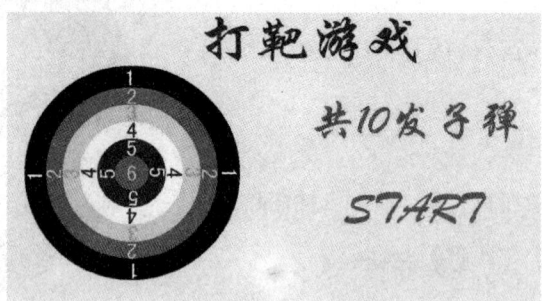

图 10-6-30　游戏界面

(17) 在第 1 帧添加语句 stop( )。

(18) 插入场景 2,将"移动"影片剪辑元件拖至舞台左侧。

(19) 使用文本工具 **A** 输入静态文本"枪"和"环";在两个静态文本前方添加两个动态文本,变量名分别为"t"和"number",如图 10-6-31 和 10-6-32 所示。

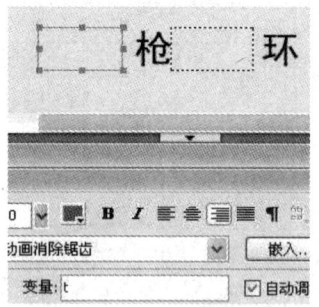

图 10-6-31　动态文本 1

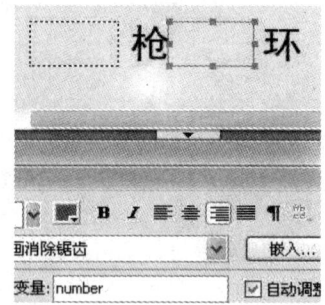

图 10-6-32　动态文本 2

(20) 在第 2 帧插入关键帧,使用文本工具 **A** 输入静态文本并在"共"和"环"之间添加一个动态文本,变量名为"cj";将"replay"元件拖至舞台,如图 10-6-33 所示。

图 10-6-33　第 2 帧的内容

(21) 回到第 1 帧,添加如下语句。

```
stop();
_root. number＝0
//动态文本 number 的初始值为 0
_root. t＝0
//动态文本 t 的初始值为 0
_root. score＝0
//创建变量 score 并将其初始值设置为 0;该变量是用来累计所得的环数
_root. onEnterFrame＝function( ){
//构建自定义函数,以主场景的帧频连续触发该函数的执行
if(_root. t＞＝10){

 gotoAndStop(2);
//若变量 t 的值大于等于 10 则跳转到第 2 帧
 }
 }
```

(22) 选择第 2 帧,添加如下语句。

```
 _root. cj＝_root. score
//将变量 score 值赋给动态文本框
```

(23) 双击库中的"枪靶"元件,进入元件编辑状态,选择最外侧的黑色圆环按钮,添加如下语句。

```
on (press) {
 _root. number＝1
//变量 number 值为 1
 _root. score＝Number(_root. score)＋1
//变量 score 的值累加 1
 _root. t＝Number(_root. t)＋1
//变量 t 的值累加 1
 }
```

(24) 为其余按钮添加相似的语句,要注意对语句进行略微修改。其中变量"number"的值和变量"score"的累加值应与圆环上的环数保持一致。

(25) 测试动画,并以文件名"10.6.3打靶游戏. fla"保存。

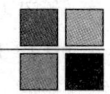

第11章 组　　件

11.1　组件应用(一)

11.1.1　知识点和技能

组件是用来简化交互式动画开发的一门技术。我们通过使用组件可以做到编码与设计的分离,让开发人员可以重复使用并共享代码,封装复杂的功能,使设计者无需编写 ActionScript 就可使用和定义这些功能了。Flash 8.0 在原有版本的基础上又增加了些组件,使设计者更容易地在 Flash 中添加不同功能的组件。在 Flash 8.0 中将组件分为 Data、FLV Playback-Player 8、FLV Playback Custom UI、Media-Player 6-7 和 User Interface 五个分类,如图 11-1-1 所示。

图 11-1-1　组件面板

组 件 类 别	组件类别说明
Data	用于加载和处理数据源信息
FLV Playback-Player 8	用于视频的播放
FLV Playback Custom UI	用于自定义视频播放的用户界面
Media-Player 6-7	用于控制和播放媒体流
User Interface	用于应用程序的交互

在使用这些组件时,如果组件面板未被打开,我们可以通过执行"窗口/组件"命令打开组件面板,将所需要的组件拖入到舞台上即可。由于组件具有封装好的结构,因此,我们只要设置属性面板的参数选项卡中相关参数就可使用了,如图 11-1-2 所示:

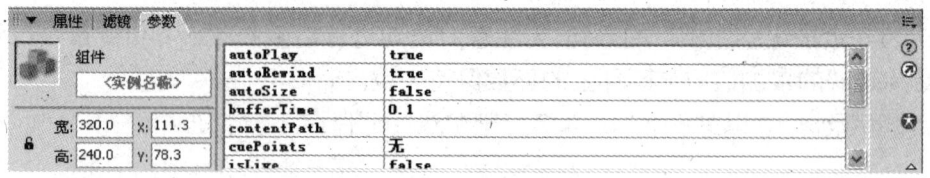

图 11-1-2　参数选项卡

每种组件都拥有自己的属性和方法,当我们选取不同组件时,参数选项卡中的参数会根据不同的组件显示不同的参数。由于 Flash 8.0 中所包含的组件比较多,我们在这一小节中列举一些常用组件的使用方法。具体的参数使用,我们将在实例中详细说明。

在本小节中我们主要使用了 Alert 组件、ScrollPane 组件、TextArea 组件和 FLV Play-back 组件。Alert 组件能够显示一个窗口,该窗口向用户呈现一条消息和响应按钮。该窗口包含一个可填充文本的标题栏、一个可自定义的消息和若干可更改标签的按钮。Scroll-Pane 组件、TextArea 组件可以加载外部的图像及文字。Flash 8.0 针对 FLV 增加了一个非常好的组件 FLV playback,用户可更换皮肤并且可以使用之前版本的传统方法来使用和控制它。

11.1.2 范例——警告框

设计结果

通过 Alert 组件,我们制作一个弹出提示框,它会根据用户的不同选择显示不同的内容。如图 11-1-3 所示。

设计思路

(1) 完成背景及闪动文字的制作。

(2) 制作按钮,并利用 Alert 组件制作弹出提示框效果。

范例解题引导

Step 1　我们首先要进行的工作是完成背景及闪动文字的制作。

图 11-1-3　"警告框"效果图

(1) 创建一个新的 Flash 文档,设置舞台大小为 200×400 像素,背景为白色。

(2) 执行"文件/导入/导入到舞台"命令,将素材"11.1.2a.jpg"导入到舞台,如图 11-1-4 所示。

(3) 执行"插入/新建元件"命令,建立一个类型为"影片剪辑"、名称为"闪动文字 1"的元件。

(4) 进入元件的编辑状态,使用文本工具输入竖排文字"请点击我",如图 11-1-5 所示。

图 11-1-4　导入图片

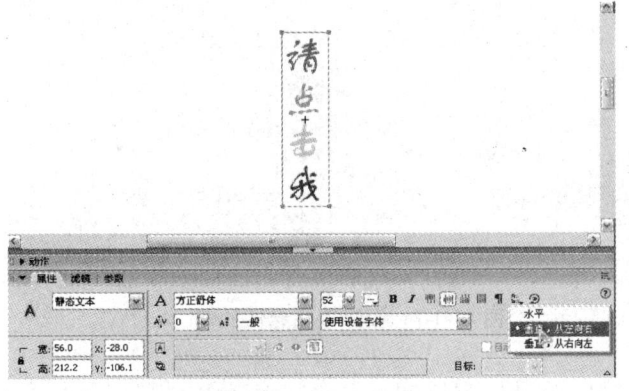

图 11-1-5　设置竖排文字

（5）在第2、3、4帧插入关键帧，更换每个文字的颜色，注意颜色不要有重复，如图11-1-6所示。

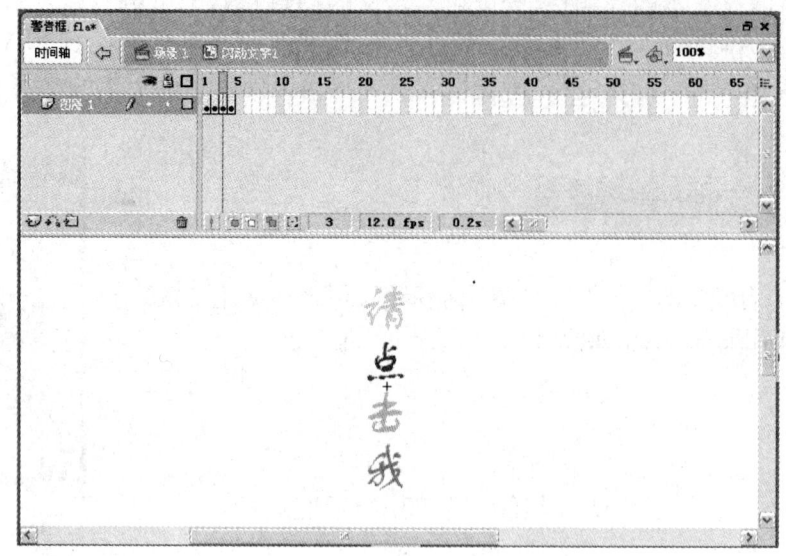

图 11-1-6　插入关键帧

Step2　下面我们来制作按钮，并完成弹出提示效果。

（1）执行"插入/新建元件"命令，建立一个类型为"按钮"、名称为"闪动文字2"的元件。

（2）进入元件的编辑状态，将影片剪辑"闪动文字1"从库中拖入舞台，如图11-1-7所示。

（3）在点击帧插入关键帧，绘制一个覆盖文字区域的矩形，如图11-1-8所示。

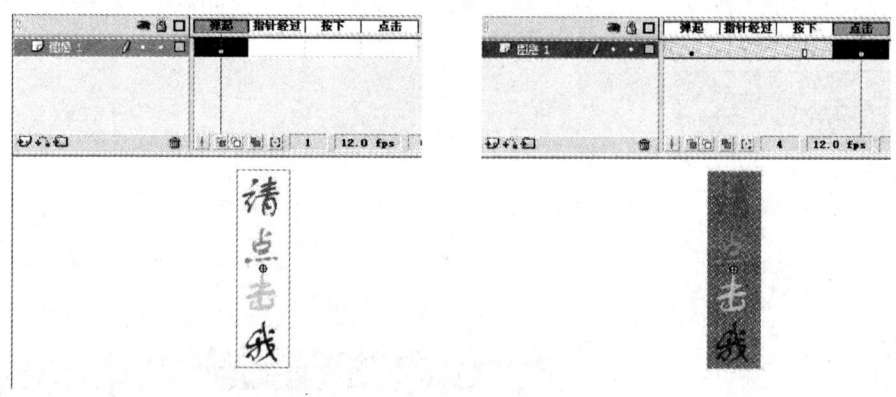

图 11-1-7　设置按钮元件的帧　　　　图 11-1-8　绘制矩形

（4）返回主场景，执行"窗口/组件"命令，将组件面板打开，选取组件面板中的 Alert 组件，将 Alert 组件直接拖入库中，如图11-1-9所示。

（5）新建图层 2，将按钮元件"闪动文字 2"拖入主场景中，如图 11-1-10 所示。

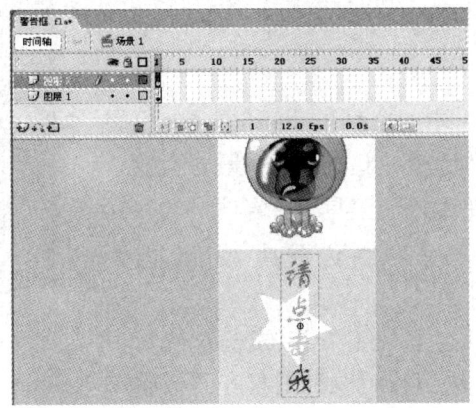

图 11-1-9　拖入 Alert 组件　　　　图 11-1-10　拖入按钮元件

（6）选取当前按钮元件，并设置代码如下。

    on (press){

    // 当用户按下鼠标后触发该事件。当事件触发后，将执行该事件后面大括号{}中的语句

    import mx. controls. Alert

    // 在文件中引入 Alert 对象

    myClickHandler ＝ function (evt){

    // 建立组件监听器

    if (evt. detail ＝＝ Alert. OK){

              getURL("http://www. sina. com. cn");

        }

    // 如果用户单击 OK 按钮，将会打开浏览器，并链接到网址为 http://www. sina. com. cn 的网页

    }

    Alert. show("去新浪?","提示信息", Alert. OK|Alert. CANCEL, this, myClick-Handler);

    // 设置警告框的标题、内容以及按钮标签

    }

（7）测试动画，并以文件名"11.1.2 警告框. fla"保存。

11.1.3　小试身手——文字与图像查看器

设计结果

    设计制作文字与图像查看器，通过组件来加载显示文字与图像。如图 11-1-11 所示。

设计思路

（1）制作背景。

（2）利用 ScrollPane 来加载外部图像。

（3）利用 TextArea 来加载外部文字。

操作提示

（1）创建一个新的 Flash 文档，设置舞台大小为 550×400 像素，背景为灰色。

（2）使用矩形工具 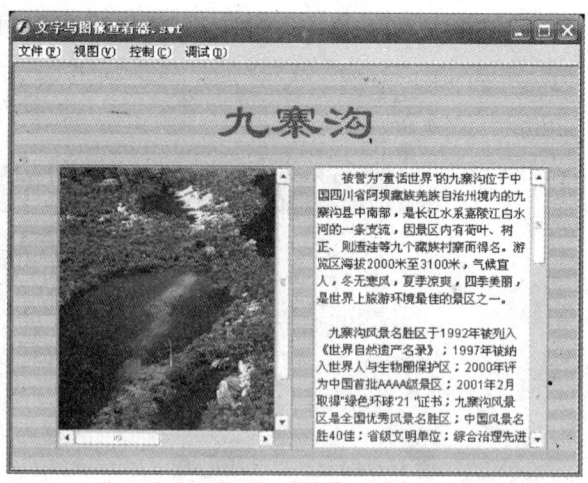，绘制 550×10 像素的白色线条，并设置其 Alpha 值为 20%，如图 11-1-12 所示。

（3）通过复制线条，完成条纹状背景效果，线条的位置可以利用对齐面板中的"间隔"按钮进行调整，如图 11-1-13 所示。

（4）使用文本工具 **A**，输入标题"九寨沟"，如图 11-1-14 所示。

（5）新建图层 2，打开组件面板，将组件 ScrollPane 拖入到舞台中，并在属性面板中设置其大小为 230×280 像素，如图 11-1-15 所示。

图 11-1-11 "文字与图像查看器"效果图

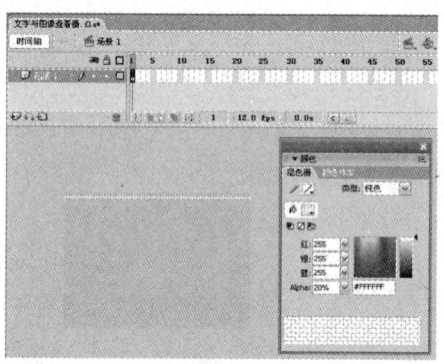

图 11-1-12 绘制白色矩形

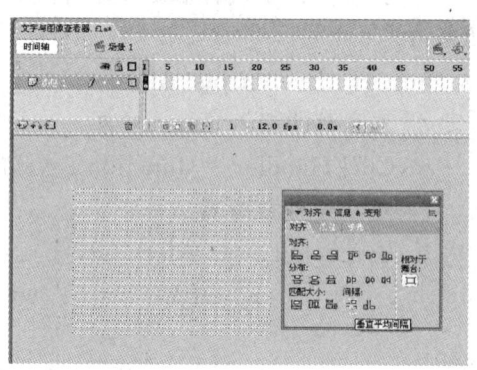

图 11-1-13 完成条纹状背景

图 11-1-14 输入标题

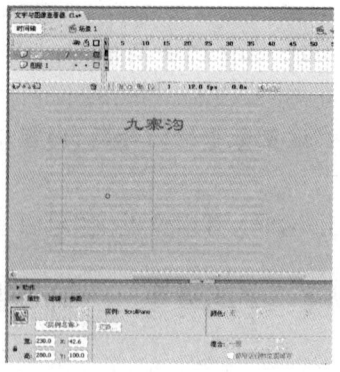

图 11-1-15 设置组件 ScrollPane

（6）选取组件 ScrollPane，将底部面板切换到参数选项卡，设置 contentPath 的参数值为 11.1.3a.jpg，contentPath 参数用于设置外部图像的路径与名称，在本实例中我们要保证素材图片 11.1.3a.jpg 与 Flash 原文件在同一路径下，如图 11-1-16 所示。

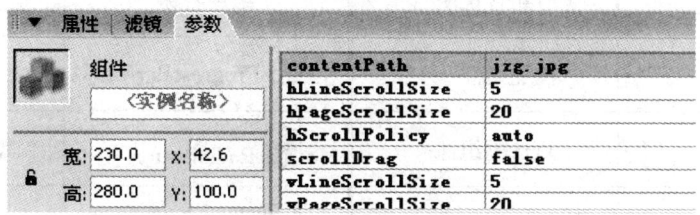

图 11-1-16　设置参数

（7）将组件 TextArea 拖入到舞台中，并在属性面板中设置其大小为 230×280 像素，组件名称为"content"，如图 11-1-17 所示。

（8）选取第 1 帧，添加帧动作，代码具体如下。

```
var my_lv:LoadVars=new LoadVars();
// 创建一个新的 LoadVars 对象
my_lv.onData=function(src:String) {
    if (src==undefined) {
        trace("Error loading content.");
        return;
    }
    content.text=src;
}
```

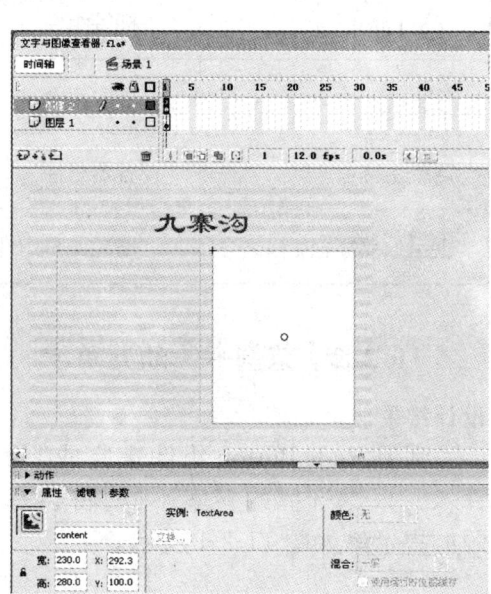

图 11-1-17　设置组件 TextArea

// 当数据从服务器上完全下载时，或者当从服务器下载数据的过程中出现错误时调用

```
my_lv.load("11.1.3b.txt", my_lv);
// 载入文档 11.1.3b.txt
System.useCodepage=true;
// 防止出现中文乱码
```

（9）以文件名"11.1.3 文字与图像查看器.fla"保存，在保证素材图片 11.1.3a.jpg 和素材文本 11.1.3b.txt 与 Flash 原文件在同一路径下时，测试动画。

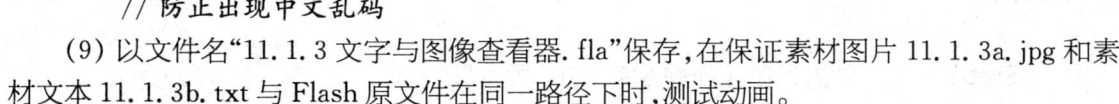

11.2　组件应用（二）

11.2.1　知识点和技能

在上一小节中我们初次使用了组件来完成一些简单的功能。User Interface 类中的组件

是我们最常使用到的,下面的表格是对该类型中的一些常用组件的简单说明。同时,这些组件也是本小节中将要使用到的。

组件名称	组件说明	组件名称	组件说明
Button	按钮组件	ProgressBar	进度条组件
CheckBox	复选框组件	RadioButton	单选按钮组件
ComboBox	组合框组件	ScrollPane	滚动窗格组件
Label	标签组件	TextArea	文本区域组件
List	列表组件	TextInput	文本输入组件
Loader	容器组件	UIScrollBar	文字滚动条组件
NumericStepper	增减调整组件	Window	视窗组件

11.2.2 范例——幼儿算术

设计结果

利用 RadioButton 组件来完成"幼儿算术",根据选择的答案不同,将会有不同的提示。如图 11-2-1 所示。

设计思路

(1)绘制背景。

(2)利用 RadioButton 组件制作选项,并利用代码完成试题的交互性。

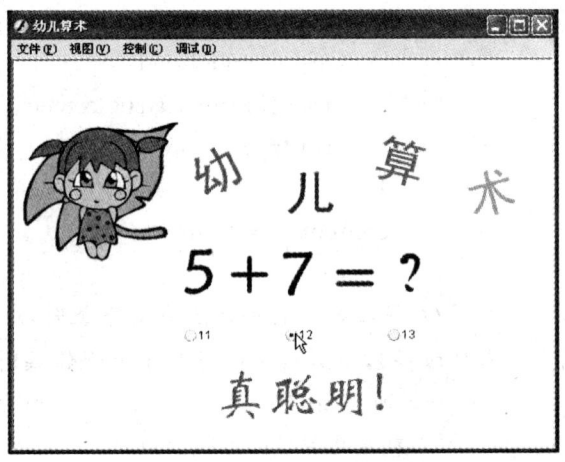

图 11-2-1 "幼儿算术"效果图

范例解题引导

Step1　首先要进行的工作是绘制"幼儿算术"的场景。

(1)创建一个新的 Flash 文档,设置舞台大小为 550×400 像素,背景为白色。

(2)执行"文件/导入/导入到舞台"命令,将素材"11.2.2a.jpg"导入到舞台,并调整到适合的大小及位置,如图 11-2-2 所示。

(3)使用文本工具,输入静态文字"幼"、"儿"、"算"、"术"以及试题"5+7=?",文字的颜色及字体可以自行定义,如图 11-2-3 所示。

图 11-2-2　导入素材图

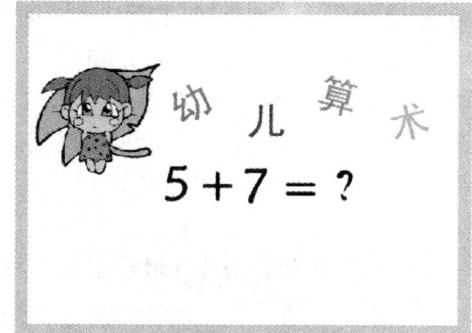

图 11-2-3　输入文字

Step2　接下来利用 RadioButton 组件来完成算术题的制作。

（1）打开组件面板，将组件 RadioButton 拖入到舞台中，并选取当前组件，在底部参数面板中将 label 参数的值设置为 11，如图 11-2-4 所示。

（2）重复上述步骤，完成其他两个选项的制作，其他两个选项的 label 值分别为 12 和 13，如图 11-2-5 所示。

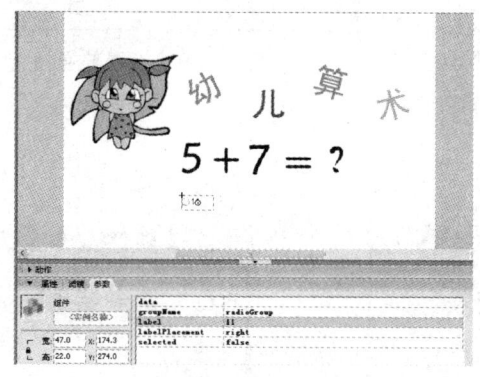

图 11-2-4　制作选项 1

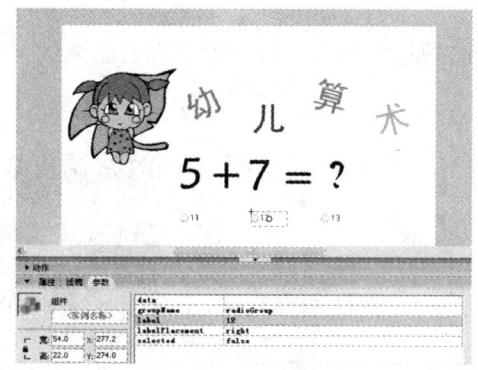

图 11-2-5　制作选项 2、3

（3）使用文本工具，在舞台底部拖入动态文本框，并设置动态文字的字体、大小及颜色，并设置动态文本的实例名称为 answer，如图 11-2-6 和 11-2-7 所示。

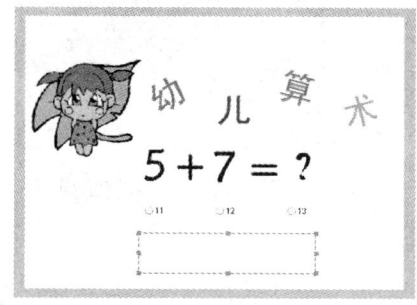

图 11-2-6　制作动态文本框

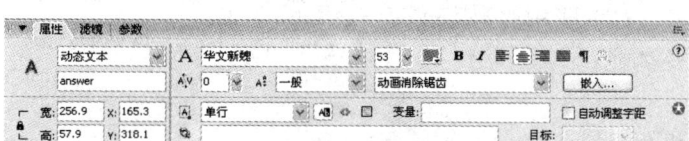

图 11-2-7　设置动态文本属性

(4) 新建图层 2, 在当前层的第一帧中添加帧动作, 添加语句内容具体如下。

```
tt＝radioGroup. selection. label;
// 设置变量 tt 的值为单选按钮组件的 label 值
if (tt＝＝"12"){
    answer. text＝"真聪明!";
}
// 如果 tt 的值为 12, 则动态文本框显示"真聪明!"
if (tt＝＝"11" || tt＝＝"13"){
    answer. text ＝ "加把劲!";
}
// 如果 tt 的值为 11 或 13, 则动态文本框显示"加把劲!"
if (tt＝＝""){
    answer. text＝"";
}
// 如果没有选定任何选项, 则动态文本框不
```
显示内容

(5) 在图层 1 中的第 2 帧插入普通帧, 如图 11-2-8
所示。

(6) 测试动画, 并以文件名"11.2.2 幼儿算术. fla"
保存。

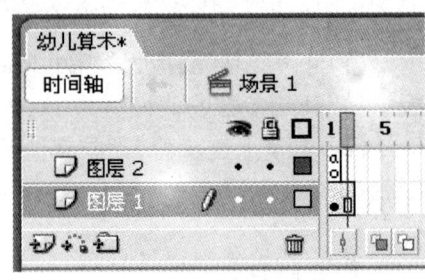

图 11-2-8　设置普通帧

11.2.3　小试身手——网站调查表

设计结果

　　设计制作网站调查
表, 单击提交按钮后,
调查结果将立即显示。
如图 11-2-9 和 11-2-10
所示。

设计思路

　　(1) 完成调查表的
制作。

　　(2) 完成调查结果查
看画面的制作。

　　(3) 使用代码完成交
互功能。

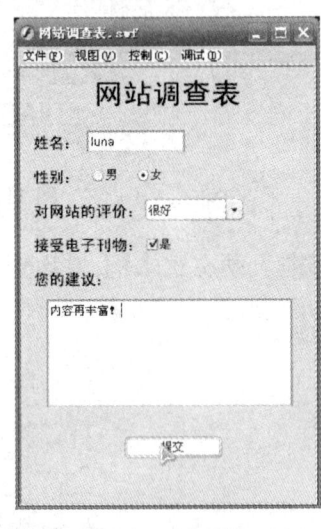

图 11-2-9　网站调查表

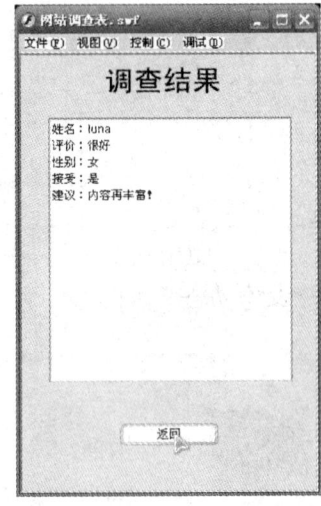

图 11-2-10　调查结果

操作提示

　　(1) 创建一个新的 Flash 文档, 设置舞台大小为 300×450 像素, 颜色为青色。

二维动画制作 Flash 8.0

(2) 在舞台中输入相应文字,如图 11-2-11 所示。

(3) 通过组件面板将各类组件拖入舞台,具体设置如表格所示,最后效果如图 11-2-12 所示。

名　　称	对应组件	实例名称	参数设置
姓名	TextInput	name	
性别	RadioButton		label:男
性别	RadioButton		label:女
对网站的评价	ComboBox	pingjia	labels:好,很好,一般,差
接受电子刊物	CheckBox	jieshou	label:是
您的建议	TextArea	jianyi	
按钮	Button		label:提交

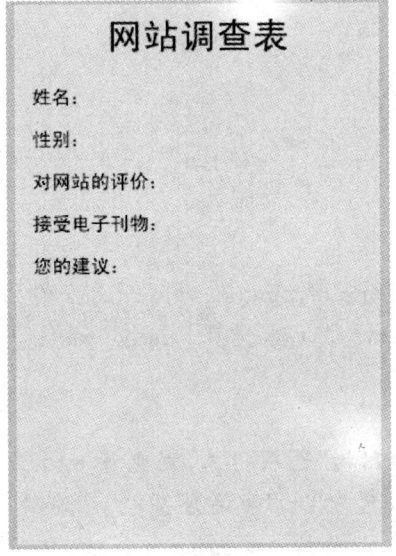

图 11-2-11　输入文字

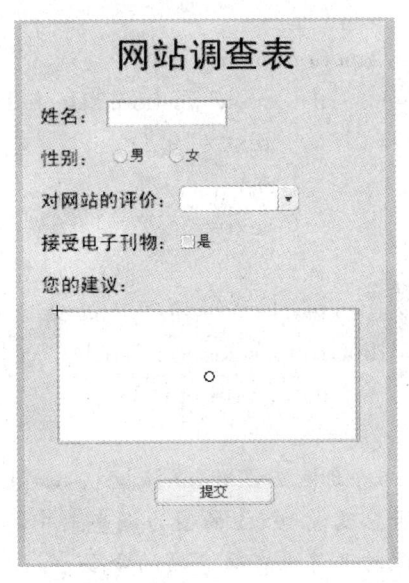

图 11-2-12　添加组件

(4) 在第 2 帧处插入关键帧,完成调查结果画面的制作,具体设置如表格所示,最后效果如图 11-2-13 和 11-2-14 所示。

名　　称	对应组件	实例名称	参数设置
显示结果	TextArea	result	
按钮	Button		label:返回

二维动画制作　Flash 8.0

图 11-2-13 插入关键帧

图 11-2-14 添加组件

（5）添加第 1 帧的帧动作，具体代码如下。

```
stop();
function onclick1() {
    if (_root. jieshou. selected == true) {
        text="是";
      } else {
        text="否";
    }
    text1="姓名:"+name. text+"\r 评价:"+pingjia. value+"\r 性别:"+ra-
dioGroup. selection. label+"\r 接受:"+text+"\r 建议:"+jianyi. text;
    gotoAndStop(2);
}
```

// 自定义函数 onclick1()，如果"接受电子刊物"选项勾选，则变量 text 为是，否则为否。变量 text1 的值为调查表中各个选项值，其中"＋"为连接符，"\r"为换行符。执行跳转并停止在第 2 帧的命令

```
function onclick2() {
    gotoAndStop(1);
}
```

// 自定义函数 onclick2()，执行跳转并停止在第 1 帧的命令

（6）添加第 2 帧的帧动作，具体代码如下。

```
_root. result. text=text1;
```

// 设置组件 result 中显示的内容为变量 text1 的值

（7）选取第 1 帧中的"提交"按钮，为按钮添加动作，具体代码如下。

```
on(click){
```

```
        _root. onclick1();
    }
```

// 单击按钮后触发事件,调用自定义函数 onclick1( )

(8) 选取第 2 帧中的"返回"按钮,为按钮添加动作,具体代码如下。

```
on(click){
        _root. onclick2();
    }
```

// 单击按钮后触发事件,调用自定义函数 onclick2( )

(9) 测试动画,并以文件名"11. 2. 3 网站调查表. fla"保存。

第 12 章　对象的属性

12. 1　Date 对象

12. 1. 1　知识点和技能

　　我们可以通过 Date 对象获取相对于通用时间(格林尼治平均时,现在叫做通用时间或 UTC)或相对于运行 Flash Player 的操作系统的日期和时间值。Date 对象的方法不是静态的,但仅应用于调用方法时指定的 Date 对象的单个实例。

　　在调用 Date 对象时,我们必须先用 Date 对象的构造函数创建一个 Date 对象的实例。然后,就可以用创建的这个实例来进行操作,具体的命令格式如下:

　　实例名＝new Date( )

　　下表为使用 Date 对象的方法:

方　　法	说　　明
Date. getDate	按照本地时间返回某天是当月的第几天
Date. getDay	按照本地时间返回某天是周几
Date. getFullYear	按照本地时间返回 4 位数字的年份数
Date. getHours	按照本地时间返回小时值
Date. getMilliseconds	按照本地时间返回毫秒值
Date. getMinutes	按照本地时间返回分钟值
Date. getMonth	按照本地时间返回月份数
Date. getSeconds	按照本地时间返回秒数
Date. getTime	返回自 1970 年 1 月 1 日午夜(通用时间)以来的毫秒数
Date. getYear	按照本地时间返回年份数
Date. setDate	按照本地时间设置某天是当月的第几天(返回以毫秒为单位的新时间)
Date. setFullYear	按照本地时间设置完整的年份数(返回以毫秒为单位的新时间)
Date. setHours	按照本地时间设置小时值(返回以毫秒为单位的新时间)
Date. setMilliseconds	按照本地时间设置毫秒值(返回以毫秒为单位的新时间)
Date. setMinutes	按照本地时间设置分钟值(返回以毫秒为单位的新时间)
Date. setMonth	按照本地时间设置月份数(返回以毫秒为单位的新时间)
Date. setSeconds	按照本地时间设置秒数(返回以毫秒为单位的新时间)
Date. setTime	以毫秒为单位设置日期(返回以毫秒为单位的新时间)
Date. setYear	按照本地时间设置年份数
Date. toString	返回一个表示存储在指定 Date 对象中的日期和时间的字符串值

12.1.2 范例——卡通电子时钟

设计结果

设计制作具有卡通造型的电子时钟,它能准确地显示当前系统的时间(精确到秒),实用又可爱。如图 12-1-1 所示。

设计思路

(1) 利用绘图工具完成卡通企鹅时钟的造型。

(2) 设置动态文本。

(3) 构造 Date 类型的对象,利用它获得系统的时间。

图 12-1-1 "卡通电子时钟"效果图

范例解题引导

> **Step1** 我们首先要进行的工作是绘制一个卡通企鹅时钟的造型,当然你也可以设计自己喜爱的卡通造型,但注意要留出显示时间的位置。

(1) 创建一个新的 Flash 文档,设置舞台大小为 550×400 像素,背景为白色。

(2) 执行"插入/新建元件"命令,建立一个类型为"影片剪辑"、名称为"卡通企鹅"的元件。

(3) 进入元件的编辑状态,使用椭圆工具 ○ ,并在属性面板设置其属性,将笔触颜色设置为无,填充颜色设置为黑白渐变,如图 12-1-2 所示。

图 12-1-2 设置椭圆工具属性

(4) 使用椭圆工具 ○ 绘制企鹅的身体,利用填充变形工具 ▦ 调整身体的颜色,如图 12-1-3 所示。

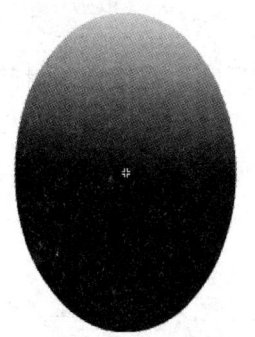

图 12-1-3 绘制椭圆

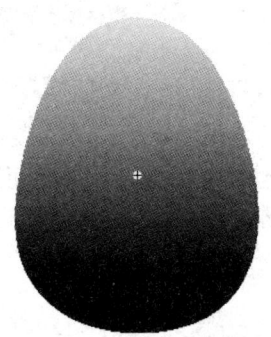

图 12-1-4 调整椭圆

（5）使用选择工具 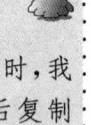 将椭圆设置调整为鹅蛋形状，并利用对齐面板将对象居中对齐，如图 12-1-4 所示。

（6）使用椭圆工具 ⊙ 绘制企鹅白色的眼眶和肚子，笔触颜色设置为无，填充颜色设置为白色，如图 12-1-5 所示。

（7）同理完成企鹅眼珠和脚的造型，其中眼珠为黑色，脚为黄色，如图 12-1-6 所示。

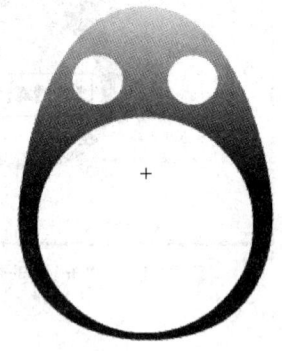 

图 12-1-5　绘制眼眶和肚子　　　　图 12-1-6　绘制眼珠和脚

（8）使用钢笔工具 ♠ 完成企鹅的翅膀和嘴的造型，填充颜色分别设置为黑色和黄色，如图 12-1-7 所示。

图 12-1-7　绘制翅膀与嘴

小贴士

在绘制企鹅翅膀时，我们可以先画一个，然后复制出一个副本。选择"修改/变形/水平翻转"命令，就可以轻松完成另一个翅膀。

Step2　下面我们来设置这个卡通时钟的动态文本，为后面的显示时间做准备。

（1）执行"插入/新建元件"命令，建立一个类型为"影片剪辑"、名称为"显示时间"的元件。

（2）进入元件的编辑状态，使用矩形工具 ▢ 绘制时间显示区域，笔触颜色设置为黑色，笔触高度为 2，填充颜色设置为浅黄色，如图 12-1-8 所示。

（3）单击时间轴上的插入图层按钮 ▨，添加新层。

（4）保持当前层为新层，单击文本工具 **A**，在绘制的矩形区域处插入动态文本，字体为Arial Black，颜色为黑色，字体大小为 30，变量设置为 time，如图 12-1-9 所示。

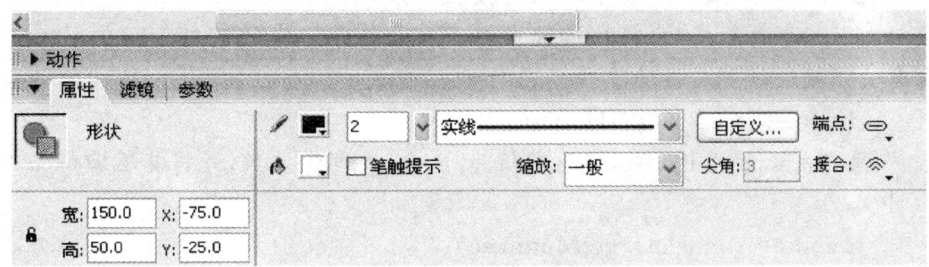

图 12-1-8　绘制矩形

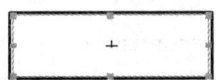

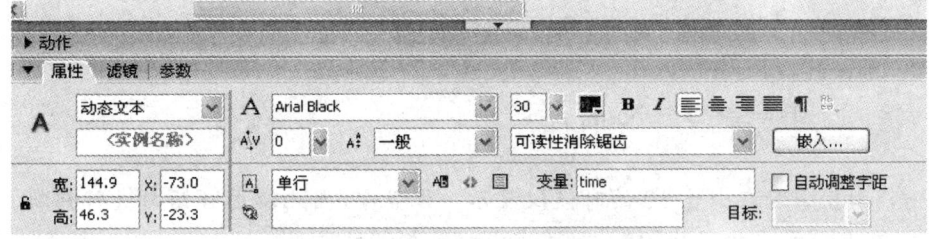

图 12-1-9　设置动态文本

Step3　最后,我们通过具体的代码来实现时钟的功能。

(1) 返回到主场景中,将库中的两个影片剪辑拖入到主场景中,摆放位置如图 12-1-10 所示。

(2) 选取影片剪辑"显示时间",打开动作面板,为当前影片剪辑添加动作,如图 12-1-11 所示。

图 12-1-10　摆放位置

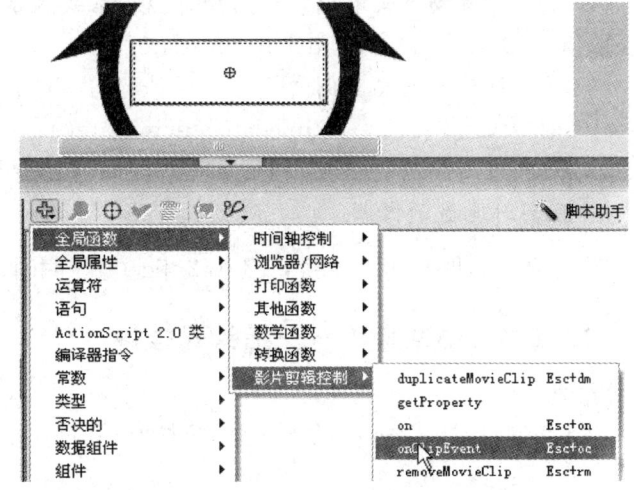

图 12-1-11　添加语句

（3）添加语句内容具体如下。

```
on ClipEvent (enterFrame) {
```

// 当前实例对象（即"显示时间"）被载入后，on ClipEvent（enterFrame）事件将被反复触发。当事件触发后，将执行该事件后面大括号{}中的语句。EnterFrame 是以影片剪辑的帧频连续触发该动作

```
        hour = timedate. getHours();
```

// 获取系统当前小时数，其返回值为 0～23 之间的整数，并将其返回值保存在变量 hour 中

```
        minute= timedate. getMinutes();
```

// 获取系统当前分钟数，其返回值为 0～59 之间的整数，并将其返回值保存在变量 minute 中

```
        second=timedate. getSeconds();
```

// 获取系统当前秒数，其返回值为 0～59 之间的整数，并将其返回值保存在变量 second 中

```
        if (hour<10) {
            hour="0"+hour;
        }
```

// 由于小时在小于 10 的时候仅显示一位数字，因此使用 if 语句进行判断。当小于 10 时，在其前面添加字符"0"。同理完成分钟与秒的设置

```
        if (minute<10) {
            minute="0"+minute;
        }
        if (second<10){
                second="0"+second;
                }
                time=hour+":"+minute+":"+second;
```

// 设置动态文本以"小时:分钟:秒"格式显示

```
                delete timedate;
```

// 删除时间类实例

```
                timedate=new Date();
```

// 重新构造一个新的 Date 对象。由于 timedate 是不断地被赋予新的值，因此能准确且实时地显示出来

（4）测试动画，并以文件名"12.1.2 卡通电子时钟. fla"保存。

12.1.3　小试身手——指针式挂钟

设计结果

设计制作指针式挂钟，效果与真的时钟一样哦。如图 12-1-12 所示。

设计思路

（1）利用绘图工具和变形工具制作完成指针挂钟的底盘。

（2）使用绘图工具完成时针、分针和秒针的绘制。

（3）构造 Date 类型的对象，利用它获得系统的时间，并利用公式换算出指针的角度。

（4）构造 Date 类型的对象，利用它获得系统的日期，通过数组转换显示内容。

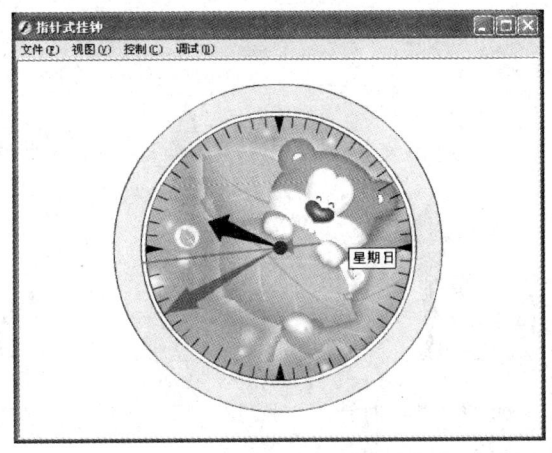

图 12-1-12　"指针式挂钟"效果图

操作提示

（1）创建一个新的 Flash 文档，设置舞台大小为 550×400 像素，背景为白色。

（2）创建影片剪辑元件"底盘"，使用椭圆工具 ◯ 和颜料桶工具 ◢ 绘制指针挂钟的底盘，中心区域以位图方式填充，导入素材"12.1.3a.jpg"并使用填充变形工具 ▦ 调整位图的显示大小及位置，如图 12-1-13 所示。

（3）使用多角星形工具 ◯ 和线条工具 ╱ 完成时钟刻度的制作，时钟刻度可以通过变形面板中的"复制并应用变形"按钮 ▣ ，进行旋转复制，如图 12-1-14 所示。

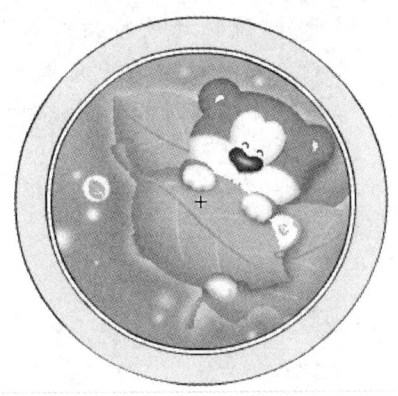

图 12-1-13　挂钟底盘

图 12-1-14　挂钟刻度

小贴士

在使用变形面板复制时钟刻度时，要将复制的刻度中心点位置与挂钟底盘的中心位置重合。复制旋转度数分别为 90 度、30 度和 6 度。

（4）创建影片剪辑元件"时针"、"分针"和"秒针"，使用多角星形工具 ◯ 和线条工具 ╱ 完成时针、分针和秒针的制作，其中时针为黑色、分针为灰色，秒针为红色，如图 12-1-15、12-1-16 和 12-1-17 所示。

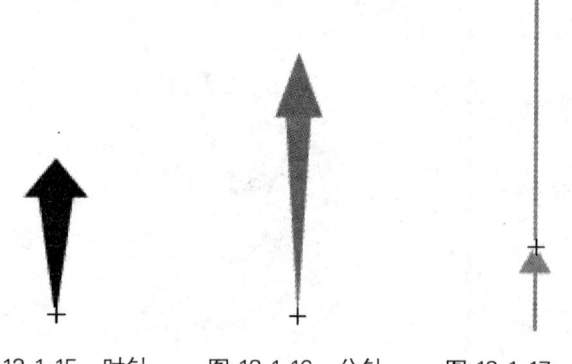

图 12-1-15 时针　　　图 12-1-16 分针　　　图 12-1-17 秒针

（5）返回到主场景中，将库中的影片剪辑拖入舞台，分别将时针的实例名称设置为"hz"，分针的实例名称设置为"mz"，秒针的实例名称设置为"sz"，摆放位置如图 12-1-18 所示。

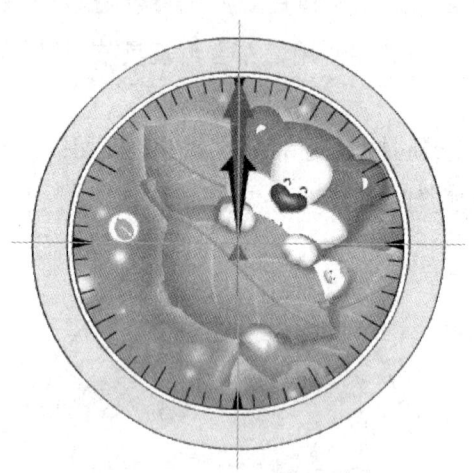

图 12-1-18　摆放位置

（6）在主场景的第一帧中添加帧动作，添加语句内容具体如下。

```
time=new Date()
s=time. getSeconds();
m=time. getMinutes();
h=time. getHours();
// 获取系统当前小时、分钟、秒数的值
setProperty(hz,_rotation, h * 30＋m * 0. 5);
setProperty(mz,_rotation, m * 6);
setProperty(sz,_rotation, s * 6);
// 设置指针的旋转角度
```

（7）新建图层 2，使用矩形工具 在时钟右侧绘制白底黑边的矩形框，并在其中插入动态文本框，动态文本的变量设置为"weekday"，如图 12-1-19 所示。

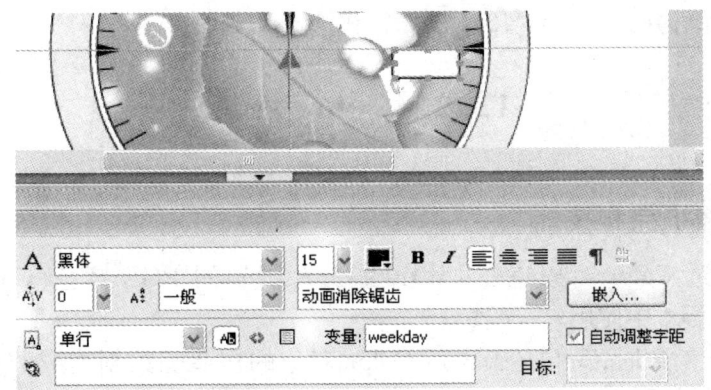

图 12-1-19 设置动态文本

(8) 在原有帧动作中加入如下语句。

weekArray＝new Array('星期日','星期一','星期二','星期三','星期四','星期五','星期六');

// 构建具有特定值(星期日,星期一,星期二,星期三,星期四,星期五,星期六)的数组

time＝new Date();

s＝time.getSeconds();

m＝time.getMinutes();

h＝time.getHours();

weekday＝weekArray[time.getDay()];

// 将 time.getDay()获取的数字(0 代表星期日,1 代表星期一,依此类推)转换为显示具体的中文,如"星期一"

setProperty(hz,_rotation,h * 30＋m * 0.5);

setProperty(mz,_rotation,m * 6);

setProperty(sz,_rotation,s * 6);

(9) 新建图层 3,绘制灰色正圆,作为指针的中心轴,如图 12-1-20 所示。

(10) 将主场景中现有三层图层的第二帧都设置为普通帧,如图 12-1-21 所示。

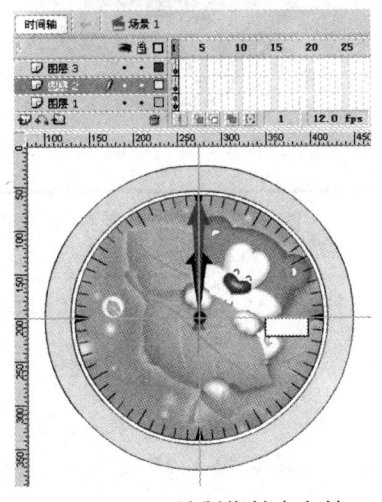

图 12-1-20 绘制指针中心轴

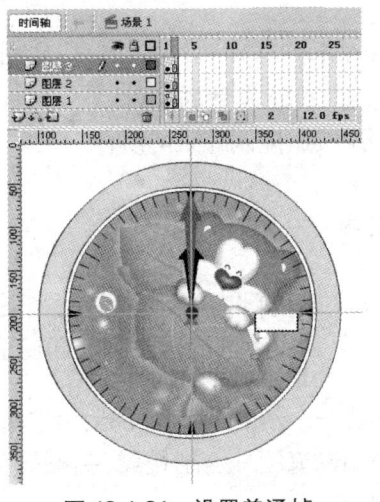

图 12-1-21 设置普通帧

二维动画制作 Flash 8.0

(11) 测试动画,并以文件名"12.1.3 指针式挂钟.fla"保存。

12.2　Color 对象

12.2.1　知识点和技能

我们可以通过 Color 对象来获取和设置影片剪辑的 RGB 颜色,Color 对象只能在 Flash 5 及其后续版本中使用。

在调用 Color 对象时,我们必须先用 Color 对象的构造函数创建一个 Color 对象的实例。然后,就可以用创建的这个实例来进行操作,具体的命令格式如下:

　　new color(target)

　　// target 是使用这个颜色方案的电影剪辑

常用 Color 对象的方法如下。

方　　法	说　　明
getRGB	得到最后一次调用 setRGB 方法时设置的 RGB 值
getTransform	得到最后一次调用 setTransform 方法时设置的色彩变换信息
setRGB	用十六进制形式设置 RGB 色彩
setTransform	设置色彩变换信息

12.2.2　范例——卡通花朵

设计结果

设计漂亮的卡通花朵,花朵的颜色可以随机更换。如图 12-2-1 所示。

设计思路

(1) 绘制花朵。

(2) 构造 Color 类型的对象。

(3) 利用按钮控制花朵的颜色。

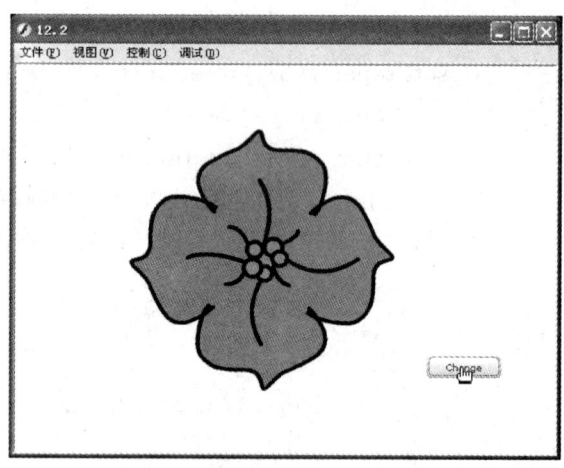

图 12-2-1　"卡通花朵"效果图

范例解题引导

Step1　我们首先要进行的工作是绘制一个卡通花朵的造型,当然你也可以设计自己喜爱的卡通造型。

(1) 创建一个新的 Flash 文档,设置舞台大小为 550×400 像素,背景为白色。

(2) 使用钢笔工具绘制花瓣,笔触颜色设置为黑色,高度为 4,样式为实线,如图 12-2-2 和 12-2-3 所示。

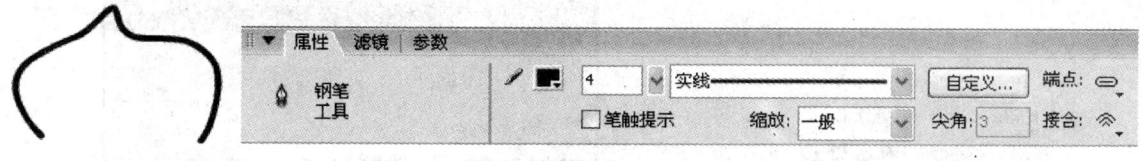

图 12-2-2　绘制花瓣　　　　　　　图 12-2-3　钢笔工具设置

（3）使用任意变形工具 ⊡，将花瓣的中心点位置移至下方，如图 12-2-4 所示。

（4）在变形面板中设置旋转角度为 90 度，连续单击"复制并应用变形"按钮 ⊕ 三次，即复制出三个花瓣副本，且每个副本在前一个基础上旋转 90 度，如图 12-2-5 和 12-2-6 所示。

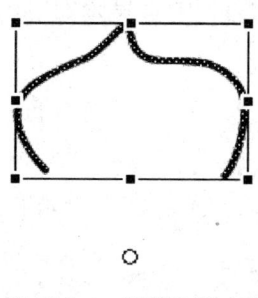

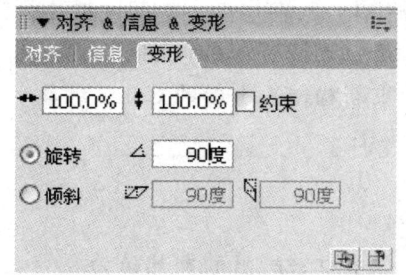

图 12-2-4　调整花瓣中心　　　　　图 12-2-5　设置变形参数

（5）使用椭圆工具 ○ 绘制花蕊，花蕊的笔触颜色设置为黑色，笔触高度为 4，填充颜色为橙色，如图 12-2-7 所示。

（6）使用直线工具 ∕ 绘制花朵中的线条，如图 12-2-8 所示。

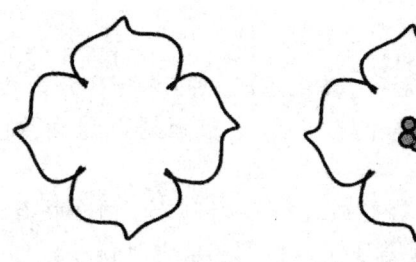  

图 12-2-6　复制花瓣　　　图 12-2-7　绘制花蕊　　　图 12-2-8　绘制花朵中的线条

> **Step2**　我们的花朵造型已经基本完成了，下面我们将要构造 Color 类型的对象了。

（1）新建图层 2，将绘制的花朵复制到新层中，注意位置要相同，如图 12-2-9 所示。

（2）锁定图层 2，使用颜料桶工具 🖌 填充图层 1 中的花朵，填充颜色为白色。

（3）选取图层 1 中的花朵，按 F8 键，将选取对象转换为影片剪辑元件，影片剪辑名称为"花朵"，并在属性面板中将花朵的实例名称设置为"mc"，如图 12-2-10 所示。

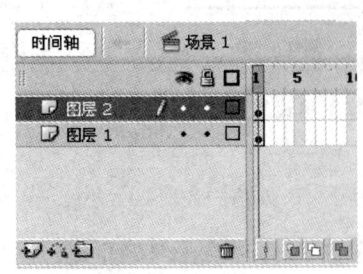

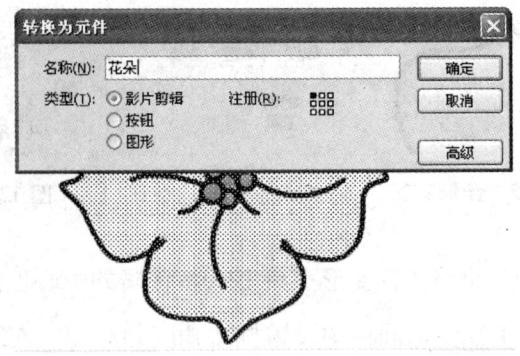

图 12-2-9　复制花朵　　　　　　　　　　图 12-2-10　转换元件

（4）新建图层 3，在当前层的第一帧中添加帧动作，添加语句内容具体如下。

```
changeColor = new Color(mc);
// 重新构造一个新的 Color 对象
r = 0;
g = 0;
b = 0;
// 设置红、绿、蓝的初始值为 0
function mcColor() {
    changeColor.setRGB(r << 16 | g << 8 | b);
// 建立自定义 mcColor()函数，通过 setRGB()设置影片剪辑的颜色
}
```

小贴士

setRGB()用法如下：

mcColor.setRGB(0xRRGGBB);

参数 0xRRGGBB 是 RGB 颜色的十六进制形式，其中 RR、GG 和 BB 分别代表红、绿、蓝色，它们都是十六进制形式的数字。调用这个方法后，它前面调用过的 setTransform 方法所作的设置都将失效。

由于参数是十六进制形式，所以在这里我们需要通过"左移"和"或"两个运算得到颜色的 RGB 值大小。"<<"是移位操作符，其作用是让实例的颜色值发生偏移。

比如 0x886644，16 进制下每 4 位的数字分别是 0，0，8，8，6，6，4，4。其中两个 8 代表红色，两个 6 代表绿色，两个 4 代表蓝色。

我们得出红色值为 136（16 进制 0x88），16 进制下每 4 位的数字分别是 0，0，0，0，0，0，8，8。左移 16 位后就是：0，0，8，8，0，0，0，0。

绿色值为 102（16 进制 0x66），16 进制下每 4 位的数字分别是 0，0，0，0，0，0，6，6。左移 8 位后就是：0，0，0，0，6，6，0，0。

蓝色值为 68（16 进制 0x44），16 进制下每 4 位的数字分别是 0，0，0，0，0，0，4，4。

我们使用"或"将 3 个数值加到一起，就变成了 0，0，8，8，6，6，4，4，从而得到十六进制 0x886644。

（1）新建图层 4，执行"窗口/公用库/按钮"命令，打开公用库，将公用库中的按钮
"rounded double blue"拖入主场景中，注意将按钮拖入新层中，如图 12-2-11 和 12-2-12
所示。

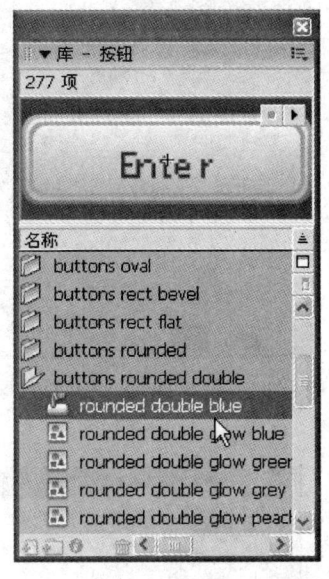

图 12-2-11 打开公用库   图 12-2-12 添加按钮

（2）双击按钮，进入按钮的编辑状态，我们将按钮上的文字"Enter"替换为"Change"。

（3）返回主场景后，选取按钮，为按钮添加如下代码。

```
on (press) {
// 鼠标单击触发事件
    _root. r ＝random(255);
    _root. b ＝random(255);
    _root. g ＝random(255);
// 分别设置 r、g、b 随机产生 0～255 的值
    _root. mcColor();
// 调用自定义 mcColor()函数
}
```

（4）测试动画，并以文件名"12.2.2 卡通花朵. fla"保存。

12. 2. 3　小试身手——五彩气球

设计结果

设计制作向上飘动的五彩气球，气球颜色是随机出现的。如图 12-2-13 所示。

设计思路

（1）完成背景以及气球的绘制，并制作气球向上升起的效果。

（2）设置随机产生多个气球的代码。

（3）构造 Color 类型的对象，产生随机颜色。

操作提示

（1）创建一个新的 Flash 文档，设置舞台大小为默认。

（2）导入素材"12.2.3a.jpg"到舞台，将其左上角与舞台左上角对齐，如图 12-2-14 所示。

（3）单击属性面板中的"文档属性"按钮

550 × 400 像素 ，在打开的文档属性对话框中勾选匹配项中的"内容"选项，使舞台大小自动调节为背景图大小，如图 12-2-15 所示。

图 12-2-13 "五彩气球"效果图

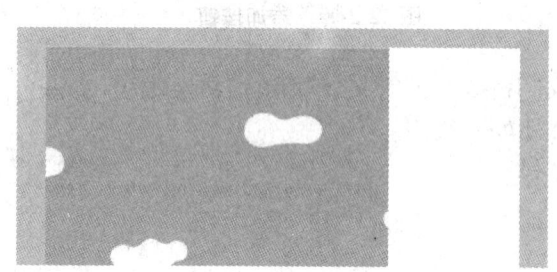

图 12-2-14 设置导入图片位置

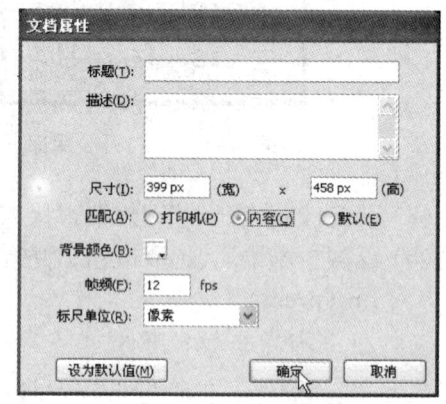

图 12-2-15 设置文档属性

（4）创建图形元件"气球1"，使用椭圆工具 ⬭ 、颜料桶工具 🪣 和线条工具 ✏ 完成气球的绘制。气球颜色设置为放射状渐变，并使用填充变形工具 🗏 调整中心位置，如图 12-2-16 所示。

（5）创建影片剪辑元件"气球2"，使用引导层制作气球向上飘动的效果，如图 12-2-17 所示。

（6）返回到主场景中，将影片剪辑"气球2"拖入主场景，在属性面板中将气球的实例名称设置为"qq"，放置位置如图 12-2-18 所示。

（7）在图层1的第3帧处插入普通帧，如图 12-2-19 所示。

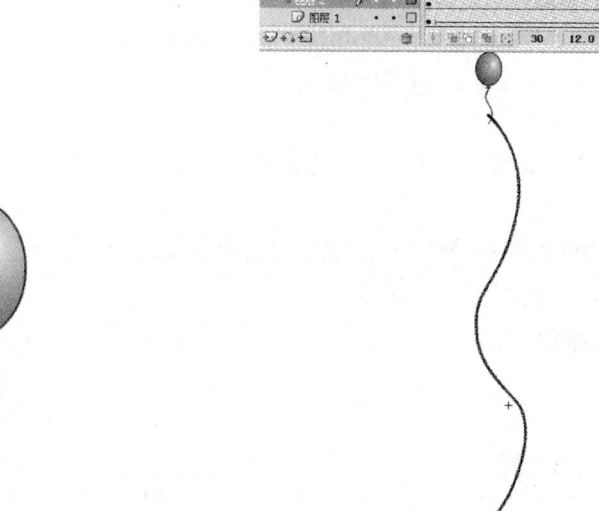

图 12-2-16 绘制气球

图 12-2-17 制作引导层动画

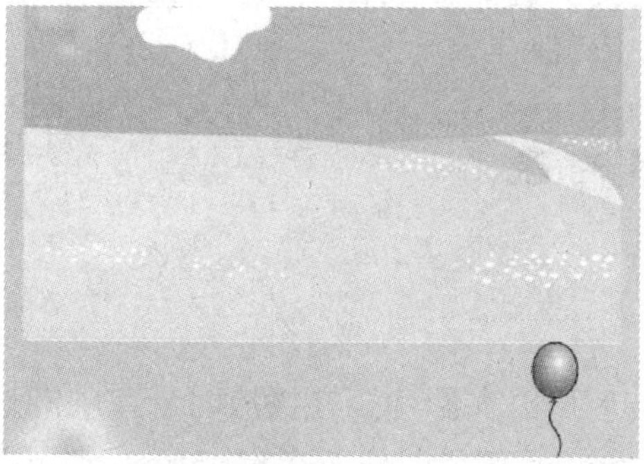

图 12-2-18 放置气球

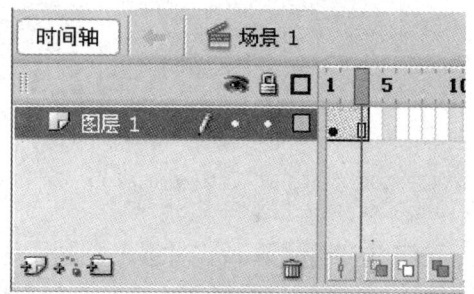

图 12-2-19 设置帧

（8）新建图层 2，并设置三帧空白关键帧，如图 12-2-20 所示。

（9）在第一帧的空白关键帧中添加帧动作，代码如下。

```
i＝0;
```

（10）在第二帧的空白关键帧中添加帧动作，代码如下。

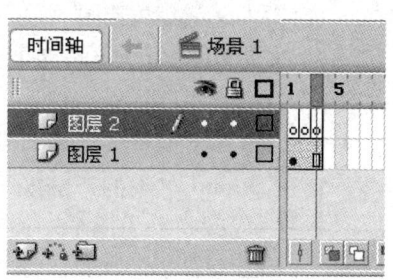

图 12-2-20 设置三帧空白关键帧

```
duplicateMovieClip("qq", "qq"＋i, i);
setProperty("qq"＋i, _x, random(400));
setProperty("qq"＋i, _y, random(500));
// 复制多个气球,并设置其所在位置为随机
myColor＝new Color("qq"＋i);
colorTarget＝ new Object();
```

二维动画制作 Flash 8.0

```
colorTarget. rb＝Math. random( ) ＊510-255；
colorTarget. gb＝Math. random( ) ＊510-255；
colorTarget. bb＝Math. random( ) ＊510-255；
myColor. setTransform(colorTarget)；
i＋＋；
// 构造 color 类型的对象,产生随机颜色。红色(-255-255)/ 绿色(-255-255)/ 蓝色
```
(-255-255)

(11) 在第三帧的空白关键帧中添加帧动作,代码如下。

```
if (i＜20){
        gotoAndPlay(2)；
}
else{
        gotoAndPlay(1)；
}
```

// 如果复制气球多于 20,动画将跳转到第 1 帧,气球数归零;如果复制气球少于 20,动画将跳转到第 2 帧,继续复制气球

(12) 测试动画,并以文件名"12.2.3 五彩气球. fla"保存。

12.3　Sound 对象

12.3.1　知识点和技能

我们可以通过 Sound 对象来控制影片中的声音。可以在影片正在播放时从库中向该影片剪辑添加声音,并控制这些声音。如果在创建新 Sound 对象时没有指定 target,则可以使用方法来控制整个影片的声音。

在调用 Sound 对象时,我们必须先用 Sound 对象的构造函数创建一个 Sound 对象的实例。然后,就可以用创建的这个实例来进行操作,具体的命令格式如下:

new sound(target)

// target 是被控制的电影剪辑

常用 Sound 对象的方法如下:

方　　法	说　　　　明
attachSound	附加在参数中指定的声音
getBytesLoaded	返回为指定声音加载的字节数
getBytesTotal	以字节为单位返回声音的大小
getPan	返回上一个 setPan( )调用的值
getTransform	返回上一个 setTransform( )调用的值
getVolume	返回上一个 setVolume( )调用的值

方　　法	说　　明
loadSound	将 MP3 文件加载到 Flash Player 中
setPan	设置声音的左/右均衡
setTransform	设置要在每个扬声器中播放的每个声道(左声道和右声道)的音量
setVolume	设置声音的音量级别
start	从头开始播放声音,或者可选择从参数中设置的某偏移点开始播放声音
stop	停止指定声音或当前播放的所有声音

12.3.2　范例——声音播放

设计结果

设计漂亮的播放器,通过播放器我们可以控制音乐的播放。如图 12-3-1 所示。

设计思路

(1) 绘制播放器的界面。

(2) 构造 Sound 类型的对象。

(3) 利用按钮控制声音的播放。

范例解题引导

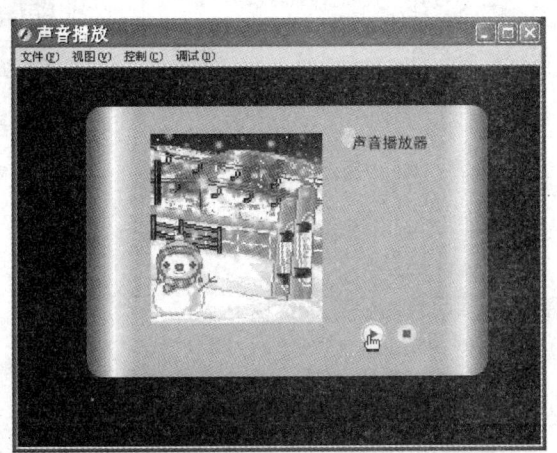

图 12-3-1　"声音播放"效果图

Step1　首先要进行的工作是绘制一个播放器的造型,当然你也可以设计自己喜爱的播放器造型。

(1) 创建一个新的 Flash 文档,设置舞台大小为 550×400 像素,背景为黑色。

(2) 使用矩形工具绘制圆角矩形,边角半径设置为 20 点,如图 12-3-2 和 12-3-3 所示。

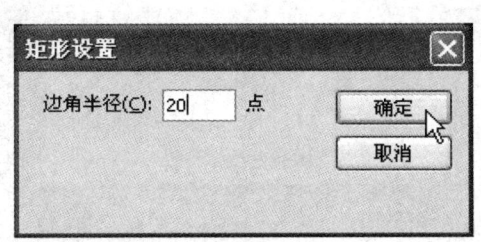

图 12-3-2　设置边角半径

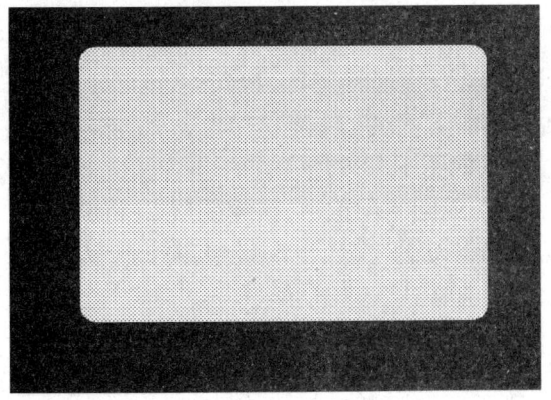

图 12-3-3　绘制圆角矩形

（3）使用颜料桶工具并配合混色器面板设置线性渐变色：蓝到白到淡蓝到白再到蓝，如图12-3-4和12-3-5所示。

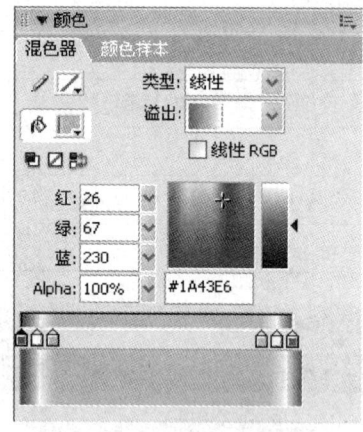

图12-3-4　设置线性渐变

图12-3-5　绘制渐变效果

图12-3-6　导入gif动画

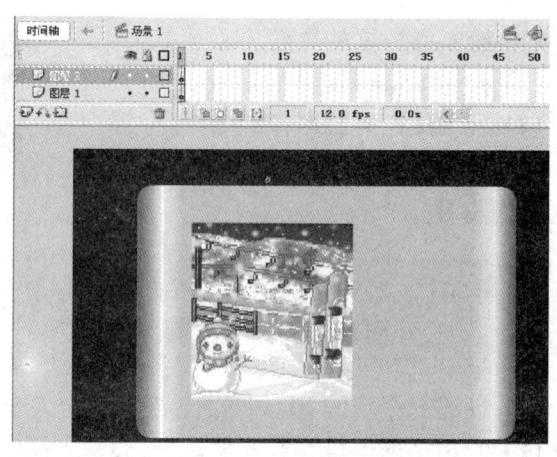

图12-3-7　放入主场景

（4）创建影片剪辑元件"动画"，在当前影片剪辑的编辑状态中，执行"文件/导入/导入到舞台"命令，将素材"12.3.2a.gif"导入舞台，如图12-3-6所示。

（5）返回主场景中，新建图层2，将新建影片剪辑"动画"拖入主场景中，并调整大小及位置，如图12-3-7所示。

（6）选取图层1，使用文本工具，输入静态文字"声音播放器"，字体为黑色，如图12-3-8所示。

图12-3-8　输入文字

Step2 我们的播放器界面已经基本完成了,下面我们来构造 Sound 类型的对象。

(1) 保存当前 Flash 文件,文件名为"12.3.2 声音播放"。

(2) 将素材"jinglebells. mp3"复制到与 Flash 文件相同的目录下。

(3) 选取图层 1,在第一帧中添加帧动作,添加语句内容具体如下。

```
music = new Sound();
// 重新构造一个新的 Sound 对象
music. loadSound("jinglebells. MP3", false);
// 设置导入音乐 jinglebells
```

Step3 最后我们通过按钮来控制音乐和动画的播放。

(1) 新建图层 3,执行"窗口/公用库/按钮"命令,打开公用库,将公用库中的按钮"flat blue play"和"flat blue stop"拖入主场景中,注意将按钮拖入新层中,如图 12-3-9 和 12-3-10 所示。

图 12-3-9　打开公用库

图 12-3-10　添加按钮

(2) 选取影片剪辑"动画",在属性面板中将它的实例名称设置为"mv",并为影片剪辑添加如下代码。

```
onClipEvent (load) {
// 当影片剪辑被加载时触发事件
    stop();
// 影片剪辑停止播放
}
```

(3) 选取播放按钮,为播放按钮添加如下代码。

```
on (press) {
// 鼠标单击触发事件
```

二维动画制作 Flash 8.0

```
        mv. play ( ) ;
    // 播放影片剪辑
        music. start ( ) ;
    // 播放音乐
    }
```

(4) 选取停止按钮，为停止按钮添加如下代码。

```
    on ( press ) {
    // 鼠标单击触发事件
        mv. stop ( ) ;
    // 停止播放影片剪辑
        music. stop ( ) ;
    // 停止播放音乐
    }
```

(5) 测试动画，并以文件名"12.3.2声音播放"保存。

12.3.3 小试身手——左右声道

设计结果

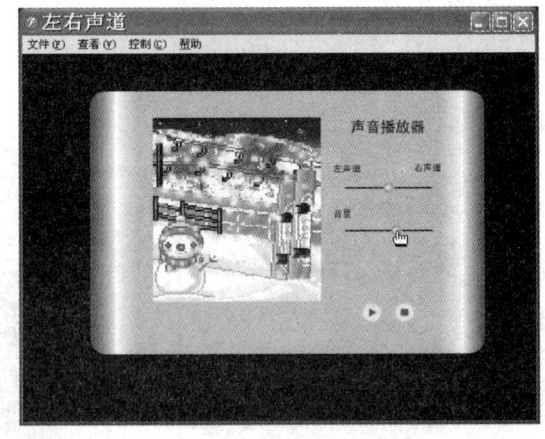

图 12-3-11 "左右声道"效果图

在上一个实例的基础上我们再加入音量和左右声道的调节按钮。如图 12-3-11 所示。

设计思路

(1) 制作声道调节按钮，并用代码控制。

(2) 制作音量调节按钮，并用代码控制。

操作提示

(1) 打开上一实例"12.3.2声音播放"。

(2) 新建影片剪辑元件"声道按钮"，并将公用库中的按钮"bubble 2 blue"拖入影片剪辑中，通过编辑当前按钮，将按钮上的文字删除，如图 12-3-12 所示。

(3) 新建影片剪辑元件"声道"，在影片剪辑中绘制蓝色直线，笔触高度为 3，线宽为 200，X 坐标为-100，Y 坐标为 0，如图 12-3-13 所示。

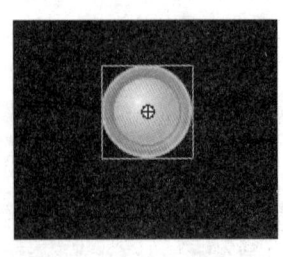

图 12-3-12 编辑按钮

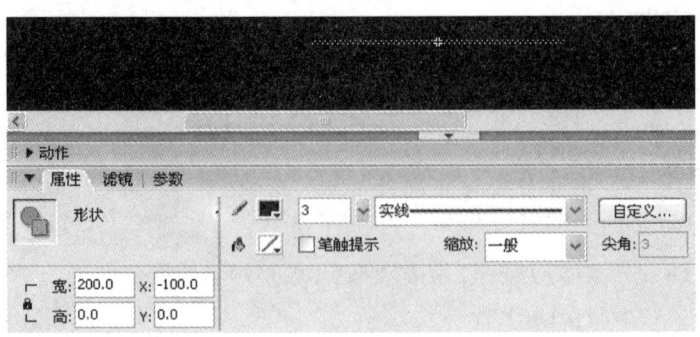

图 12-3-13 绘制线条

(4) 将影片剪辑"声道按钮"拖入影片剪辑"声道"中,中心对齐,并将影片剪辑"声道按钮"的实例名设置为"hua1",如图 12-3-14 所示。

(5) 选取实例"hua1",为影片剪辑添加如下代码。

```
on (press) {
// 鼠标按下触发事件
    startDrag("", false, -100, 0, 100, 0);
// 拖曳当前影片剪辑,且影片剪辑的拖曳位置为 X 坐标-100 至 100,Y 坐标 0
}
on (release, releaseOutside) {
// 鼠标释放(在影片剪辑上及其之外区域)触发事件
    stopDrag();
// 停止拖曳
}
```

(6) 同理制作"音量按钮"和"音量"影片剪辑,不同的是我们要将绘制的线条的 X 坐标设置为 0,其余参数不变,影片剪辑"音量按钮"的实例名设置为"hua2",如图 12-3-15 所示。

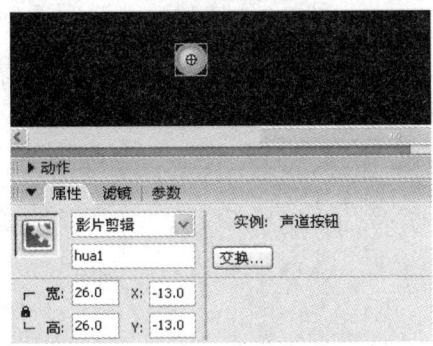

图 12-3-14 "声道"影片剪辑

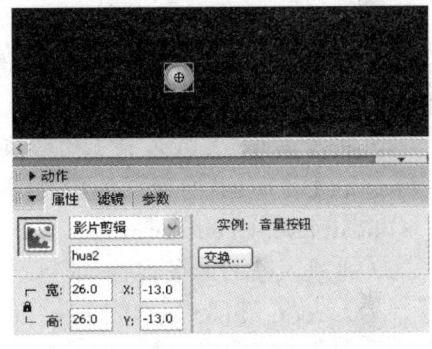

图 12-3-15 "音量"影片剪辑

(7) 选取实例"hua2",为影片剪辑添加如下代码。

```
on (press) {
// 鼠标按下触发事件
    startDrag("", false, 0, 0, 200, 0);
// 拖曳当前影片剪辑,且影片剪辑的拖曳位置为 X 坐标 0 至 200,Y 坐标 0
}
on (release, releaseOutside) {
// 鼠标释放(在影片剪辑上及其之外区域)触发事件
    stopDrag();
// 停止拖曳
}
```

(8) 返回主场景,新建图层 4,将影片剪辑"声道"和"音量"拖入播放器中,并适当调整大小和位置,如图 12-3-16 所示。

(9) 新建图层 5,输入相应文字,如图 12-3-17 所示。

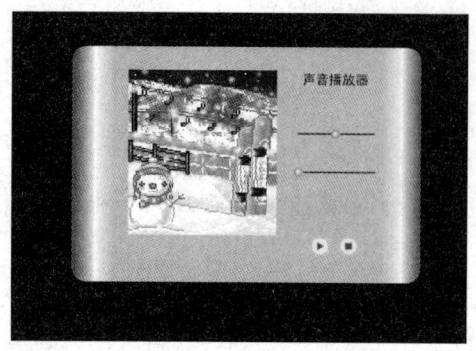
图 12-3-16　拖入影片剪辑

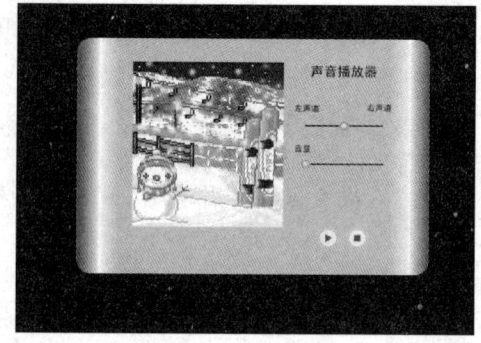
图 12-3-17　输入文字

(10) 选取影片剪辑"声道",为影片剪辑添加如下代码。

```
onClipEvent (enterFrame) {
// 当进入帧的时候,执行下列动作
    _root. music. setPan(hua1. _x);
}
```

　　// setPan 为指定声音的左右均衡。有效值的范围为-100 到 100,其中 -100 表示仅使用左声道,100 表示仅使用右声道,而 0 表示在两个声道间平均地均衡声音

　　// 将滑块 hua1 在 X 轴上的数值赋值给 pan

(11) 选取影片剪辑"音量",为影片剪辑添加如下代码。

```
onClipEvent (enterFrame) {
// 当进入帧的时候,执行下列动作
    _root. music. setVolume(hua2. _x/2);
}
```

　　// setVolume 指定音量,有效值的范围为 0～100,表示声音级别。100 为最大音量,而 0 为没有音量

　　// 取值为 hua2 在 X 轴上的位置

(12) 测试动画,并以文件名"12. 3. 3 左右声道. fla"保存。

二维动画制作 Flash 8.0